RLM

Diretor Geral: Jadson Siqueira
Diretor Editorial: Javert Falco
Editor(a): Mateus Ruhmke Vazzoller
Gerente de Editoração: Alexandre Rossa
Diagramador(a): Emilly Lazarotto

Dados Internacionais de Catalogação na Publicação (CIP)
Jéssica de Oliveira Molinari CRB-8/9852

R364

RLM de A a Z / Equipe de professores alfacon. -- Cascavel, PR : AlfaCon, 2023.
340 p.

Bibliografia
ISBN 978-65-5918-678-5

1. Serviço público - Concursos – Brasil 2. Raciocínio lógico matemático

23-4978 **CDD 351.81076**

Índices para catálogo sistemático:
1. Serviço público - Brasil - Concursos

Atualizações e erratas

Esta obra é vendida como se apresenta. Atualizações - definidas a critério exclusivo da Editora AlfaCon, mediante análise pedagógica - e erratas serão disponibilizadas no site www.alfaconcursos.com.br/codigo, por meio do código disponível no final do material didático Ressaltamos que há a preocupação de oferecer ao leitor uma obra com a melhor qualidade possível, sem a incidência de erros técnicos e/ou de conteúdo. Caso ocorra alguma incorreção, solicitamos que o leitor, atenciosamente, colabore com sugestões, por meio do setor de atendimento do AlfaCon Concursos Públicos.

Dúvidas?
Acesse: www.alfaconcursos.com.br/atendimento
Núcleo Editorial:
Rua: Paraná, nº 3193, Centro – Cascavel/PR
CEP: 85810-010

SAC: (45) 3037-8888

Data de fechamento 1ª impressão:
26/09/2023

Apresentação

Parabéns por adquirir este livro, e obrigado pela confiança no meu trabalho.

Tenha certeza de que o livro RLM de A a Z **irá te ajudar muito rumo à tua tão sonhada aprovação.**

O livro foi estruturado pensando numa sequência lógica de aprendizado da matéria e contemplando teoria e questões, visto que, a prática irá validar se você realmente aprendeu o que estudou.

Quando estiver estudando nessa obra aproveite tudo que ela lhe oferece, pois aqui, você tem o passo a passo do que precisa para aprender a disciplina de RLM, e consequentemente, chegar **no tão sonhado resultado da aprovação.**

Lembre-se sempre! Que concurso público é **"até"** passar, portanto, faça o que tem de ser feito e que só pode ser feito por você (aceita que dói menos).

Segue a Regra!

Daniel Lustosa

Que este livro possa transformar e mudar a vida de quem dele se aproprie!

App AlfaCon Notes

O **AlfaCon Notes** é um aplicativo perfeito para registrar suas **anotações de leitura**, deixando seu estudo **mais prático.** Viva a experiência Alfacon Notes. Para instalar, acesse o Google Play ou a Apple Store.

Cada capítulo do seu livro contém **um Código QR** ao lado.

Escolha o tópico e faça a leitura do Código QR utilizando o aplicativo AlfaCon Notes para registrar sua anotação.

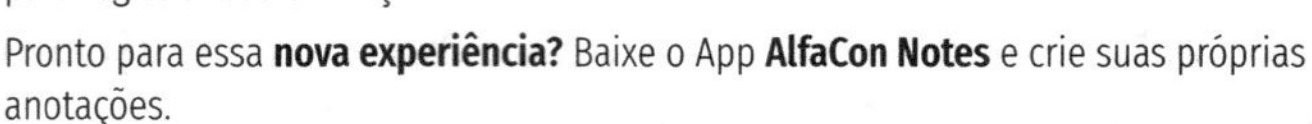

Pronto para essa **nova experiência?** Baixe o App **AlfaCon Notes** e crie suas próprias anotações.

Acesse seu material complementar:

1. Acesso o site **www.alfaconcursos.com.br** para se cadastrar **gratuitamente** ou para efetuar seu login.

2. Na aba **Resgatar código**, digite o código abaixo, que estará disponível por 120 dias a partir do primeiro acesso.

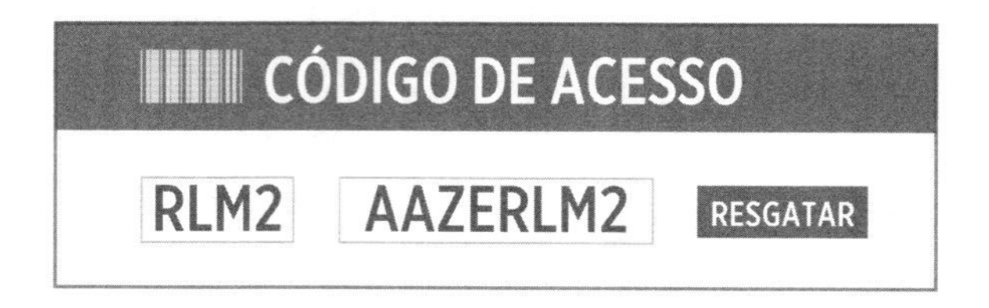

3. Após a validação do código, você será redirecionado para a página em que constam seus materiais (atualizações, material complementar e erratas). Todo esse conteúdo ficará disponível gratuitamente.

Mais que um livro, uma experiência!

Sumário

1 PSICOTÉCNICO

Psicotécnico é a arte de pensar organizado ou a organização do pensamento.

Em concurso, são as questões que não têm teoria prévia para ser aprendida, ou seja, é o conhecimento na prática.

Contudo, devem ser respeitados e seguidos os pilares da Lógica, que são:

- Busca pela Verdade: a lógica sempre trabalha em busca da verdade dos fatos ou coisas, portanto, se nada for dito a respeito das informações, devemos considerar "tudo" e seguir a partir disso;
- Certeza ou Garantia: é uma situação interessante que podemos resumir da seguinte forma: se "pode ser", então não é "garantido", mas a lógica trabalha com a garantia ou com a certeza, não com a possibilidade;
- Não Contradição: informações contraditórias devem ser descartadas, pois faltam com a verdade e não devem ser usadas.

Os principais assuntos da lógica psicotécnica são:

1.1 Associações lógicas e correlacionamento

- Associações lógicas: associam as informações oferecidas no texto para chegar aos resultados necessários ou exigidos pela questão.
- Correlacionamento: relaciona as informações oferecidas na questão para chegar aos resultados esperados.

1.2 Sequências lógicas

Aqui, temos as mais diversas sequências possíveis, tanto de números quanto de figuras, letras, palavras, objetos.

O mais importante nessas questões é determinar (por observação) a lei de formação da sequência e segui-la para determinar o que a questão estiver pedindo.

1.3 Verdades e mentiras

Sem dúvidas, o assunto mais difícil/trabalhoso da parte psicotécnica.

Nesse assunto, as contradições são o ponto de atenção, lembrando que o raciocínio lógico não aceita contradição, então informações contraditórias estão erradas.

1.4 Raciocínio matemático e princípio da casa de pombos

No raciocínio matemático, o mais importante é observar a matemática envolvida nos problemas e as GARANTIAS existentes.

Vale lembrar que a GARANTIA é um dos pilares do RLM, sem garantia, não podemos afirmar nada.

No princípio da casa de pombos, as questões relacionam uma determinada quantidade de "coisas" para garantir que algo aconteça.

1.5 Datas e calendários, orientação espacial e temporal, jogos e afins

Nas datas e calendários, a atenção é para as contas matemáticas que precisam ser feitas ou as curiosidades relacionadas a elas, para chegar às respostas solicitadas pela questão.

Na orientação espacial e temporal, a regra é analisar as informações das questões, entender e encontrar o que está sendo solicitado.

Nos jogos, a ideia é seguir a regra, a fim de chegar no que foi pedido pela questão.

Questões comentadas

1. **(FCC – 2023 – TRT/18ª REGIÃO – TÉCNICO JUDICIÁRIO)** Alberto, Breno e Carlos pretendem viajar nas próximas férias e irão para cidades diferentes, Rio de Janeiro, Florianópolis e Belo Horizonte, não necessariamente nessa ordem. Além disso, utilizarão meios de transporte diferentes, ônibus, carro e avião, não necessariamente nessa ordem. Breno vai de ônibus, Alberto vai para o Rio de Janeiro e quem viaja para Belo Horizonte vai de carro. É correto afirmar:

   a) Alberto vai de avião e Breno vai para Florianópolis.

   b) Carlos vai de avião e Breno vai para Florianópolis.

   c) Alberto vai de ônibus e Carlos vai para Florianópolis.

   d) Carlos vai de avião e Breno vai para Belo Horizonte.

   e) Alberto vai de avião e Breno vai para o Rio de Janeiro.

Organizando os dados de acordo com as informações:

- Breno vai de ônibus;

- Alberto vai para o Rio de Janeiro;

- Quem viaja para Belo Horizonte vai de carro.

Nome	Cidade	Meio de transporte
Breno		Ônibus
Alberto	Rio de Janeiro	
	Belo Horizonte	Carro

Complementando as informações:

Nome	Cidade	Meio de transporte
Breno	Florianópolis	Ônibus
Alberto	Rio de Janeiro	Avião
Carlos	Belo Horizonte	Carro

GABARITO: A.

Texto para as próximas 3 questões.

(CESPE/CEBRASPE - 2023 – PO/AL - PERITO CRIMINAL) Uma equipe de três agentes da polícia científica (Ana, Bruna e Carla), com especialidades distintas (papiloscopia, biomedicina e engenharia de *software*) e tempos de experiência diferentes (16, 19 e 22 anos), foi designada para investigar uma cena de crime. Sabe-se que Carla não é a papiloscopista e tem 16 anos de experiência, a biomédica tem 22 anos de experiência e Ana não é engenheira de *software* e não tem 22 anos de experiência.

Com base nessa situação hipotética, julgue os itens seguintes.

2. Bruna tem 22 anos de experiência.

Certo ( ) Errado ( )

Organizando os dados de acordo com as informações:

- Carla não é a papiloscopista e tem 16 anos de experiência:

Nome	Função	Tempo de experiência
Carla		16 anos

- A biomédica tem 22 anos de experiência:

Nome	Função	Tempo de experiência
Carla		16 anos
	Biomédica	22 anos

- Ana não é engenheira de *software* e não tem 22 anos de experiência (com isso

Ana só pode ser papiloscopista e ter 19 anos de experiência, sobrando para Carla ser a engenheira e Bruna será biomédica):

Nome	Função	Tempo de experiência
Carla	Engenheira	16 anos
Bruna	Biomédica	22 anos
Ana	Papiloscopista	19 anos

GABARITO: CERTO.

3. Ana tem 16 anos de experiência.

Certo ( ) Errado ( )

Não tem como Ana ter 16 anos de experiência, pois esse é o tempo de experiência de Carla (conforme enunciado).

GABARITO: ERRADO.

4. Carla é engenheira de *software.*

Certo ( ) Errado ( )

Organizando os dados de acordo com as informações:

- Carla não é a papiloscopista e tem 16 anos de experiência:

Nome	Função	Tempo de experiência
Carla		16 anos

- A biomédica tem 22 anos de experiência:

Nome	Função	Tempo de experiência
Carla		16 anos
	Biomédica	22 anos

- Ana não é engenheira de software e não tem 22 anos de experiência (com isso Ana só pode ser papiloscopista e ter 19 anos de experiência, sobrando para Carla ser a engenheira e Bruna será biomédica):

Nome	Função	Tempo de experiência
Carla	Engenheira	16 anos
Bruna	Biomédica	22 anos
Ana	Papiloscopista	19 anos

GABARITO: CERTO.

Texto para as próximas 3 questões.

(CESPE/CEBRASPE - 2023 – SEPLAN/RR - ANALISTA DE PLANEJAMENTO E ORÇAMENTO) Cinco grupos de trabalho, G1 a G5, reúnem-se periodicamente de acordo com o seguinte calendário:

Calendário de reuniões		
3/3	18/3	29/3
4/5	19/5	27/5

Os grupos podem utilizar as salas, conforme a figura seguinte:

A distribuição dos cinco grupos em cinco salas obedece à regra a seguir.

"Se o grupo Gi ocupa a sala Sj, então, o grupo Gi+1 ocupará a sala Sj+1".

Além disso, há a regra de que, se o dia marcado para a reunião cair em uma segunda-feira, o grupo G1 ocupará a sala S2; se cair na terça-feira, o grupo G1 ocupará a sala S3; e assim, sucessivamente.

Com base nessa situação hipotética, considerando que o dia 3 de março cairá em uma quinta-feira e o dia 4 de maio irá cair em uma quarta-feira, bem como que as reuniões não acontecem aos fins de semana, julgue os itens subsequentes.

5. O Grupo G2 ocupará a sala S6 na reunião do dia 18 de março.

Certo ( ) Errado ( )

Se dia 03/03 é uma quinta, então 18/03 é uma sexta-feira, e nesse dia quem ocupa a sala S6 é o grupo G1.

GABARITO: ERRADO.

6. O Grupo G4 ocupará a sala S8 na reunião do dia 19 de maio.

Certo ( ) Errado ( )

Se dia 04/05 é uma quarta, então 19/05 é uma quinta, e nesse dia a ocupação das salas serão:

Sala S5 = grupo G1;

Sala S6 = grupo G2;

Sala S7 = grupo G3;

Sala S8 = grupo G4;

Sala S9 = grupo G5.

GABARITO: CERTO.

7. A sala S10 não será ocupada nenhuma vez durante as reuniões do mês de maio.

Certo ( ) Errado ( )

Se dia 04/05 é uma quarta, então 19/05 é uma quinta e dia 27/05 é uma sexta.

Assim sendo, as ocupações das salas no dia 27/05 serão:

sala S6 = grupo G1;

sala S7 = grupo G2;

sala S8 = grupo G3;

sala S9 = grupo G4;

sala S10 = grupo G5.

Portanto, em 27/05, a sala S10 estará ocupada.

GABARITO: ERRADO.

8. **(FGV – 2023 – PGM/NITERÓI – TÉCNICO DE PROCURADORIA)** Seis carros participaram de uma corrida e a ordem de largada foi: A, B, C, D, E, F.

Durante a corrida, os eventos a seguir ocorreram em sequência:

- O 3º fez uma ultrapassagem;
- O último fez duas ultrapassagens;
- O penúltimo fez três ultrapassagens;
- O 3º fez duas ultrapassagens.

Nada mais aconteceu e a corrida terminou.

É correto afirmar que:

a) F terminou em 4º lugar;

b) A terminou em 1º lugar;

c) C terminou em 2º lugar;

d) D terminou em 3º lugar;

e) E terminou em 5º lugar.

Seguindo os eventos e realizando as ultrapassagens, tem-se:

Início: A, B, C, D, E, F.

O 3º fez uma ultrapassagem: A, C, B, D, E, F;

O último fez duas ultrapassagens: A, C, B, F, D, E;

O penúltimo fez três ultrapassagens: A, D, C, B, F, E.

O 3º fez duas ultrapassagens: C, A, D, B, F, E.

Final: C, A, D, B, F, E.

GABARITO: D.

9. **(FUNDATEC – 2023 – PREFEITURA DE SÃO JOÃO DA URTIGA/RS – OPERADOR DE MÁQUINAS PESADAS)** A palavra "alegria" está para a palavra "regalia" assim como 1756981 está para:

a) 9561781.

b) 1591876.

c) 6958171.

d) 8567191.

e) 2867092.

Analisando as palavras ALEGRIA e REGALIA, vemos que houve apenas um rearranjo das letras, mas o final IA permanece igual.

Seguindo a mesma ideia das palavras com o 1756981, temos então -----81, e a única alterativa que termina em 81 é a alternativa A.

Para corroborar com essa ideia, olhe o R nas palavras, em ALEGRIA o R ocupa a 5ª posição e em REGALIA, a 1ª posição.

Aplicando em 1756981, temos 9----81.

GABARITO: A.

10. **(IDESG – 2023 – PREFEITURA DE VILA VALÉRIO/ES – FISCAL DE OBRAS)** No corredor de uma universidade, as salas de aula recebem numerações que seguem uma estrutura lógica, como nas 3 primeiras salas: 1357, 2446, 3535. Qual alternativa apresenta a numeração da próxima sala de aula?

a) 4624.

b) 4545.

c) 5283.

d) 5237.

Reposicionando e analisando a sequência temos:

1357

2446

3535

Note que a dezena da frente dos números está aumentando de 11 em 11 (13, 24, 35) e que a dezena de trás dos números está diminuindo de 11 em 11 (57, 46, 35).

Seguindo o padrão observado, a próxima sala terá a numeração 4624.

GABARITO: A.

11. **(OBJETIVA – 2023 – PREFEITURA DE HORIZONTINA/RS – MOTORISTA)** Sabendo–se que a sequência numérica abaixo foi construída a partir de certo padrão, é CORRETO afirmar que o próximo termo da sequência será:

3, 8, 18, 38, 78,?

a) 78

b) 98

c) 138

d) 158

Podemos analisar a sequência de duas formas.

A primeira é que de um termo para o seguinte basta dobrar o número e somar mais duas unidades, veja:

3, (3 x 2 + 2) = 8, (8 x 2 + 2) = 18, (18 x 2 + 2) = 38, (38 x 2 + 2) = 78,?

Seguindo essa ideia, o próximo termo será: 78 x 2 + 2 = 156 + 2 = 158.

Outra forma de ver a sequência é:

3, (3 + 5) = 8, (8 + 10) = 18, (18 + 20) = 38, (38 + 40) = 78,?

Seguindo essa ideia, o próximo termo será: 78 + 80 = 158.

GABARITO: D.

12. **(CONSULPLAN – 2023 – FEPAM/RS – ADMINISTRADOR)** As alunas Ana; Eva; Dalila; e, Ester receberam suas provas de matemática corrigidas e algumas delas fizeram os comentários a seguir sobre as suas notas:

- Comentário de Ana: Dalila tirou 9 pontos e Eva tirou 8 pontos.
- Comentário de Eva: Dalila tirou 8 pontos e Ester tirou 7 pontos.
- Comentário de Dalila: Ester tirou 6 pontos e Ana tirou 8 pontos.

Cada uma das três alunas disse uma verdade e uma mentira, não necessariamente nessa ordem. Considerando a ordem decrescente de suas notas, assinale, a seguir, a sequência correta dos nomes das quatro alunas.

a) Ester; Dalila; Ana; e, Eva.

b) Eva; Ester; Dalila; e, Ana.

c) Ana; Eva; Ester; e, Dalila.

d) Eva; Ester; Ana; e, Dalila.

e) Dalila; Ana; Ester; e, Eva.

Como cada uma disse uma afirmação verdadeira e outra falsa temos que testar as diversas possibilidades e descartar as contradições.

Vamos lá:

Se da afirmação de Ana, Dalila tirou 9 = V, então Eva tirou 8 = F

Com isso, da afirmação de Eva, Dalila tirou 8 = F e Ester tirou 7 = V

Por fim, da afirmação de Dalila, Ester tirou 6 = F e Ana tirou 8 = V

Organizando as alunas pelas notas, com base nos valores de V e F dados, fica:

Dalila = 9

Ana = 8

Ester = 7

Eva = 6 (por dedução)

Veja que com esses valores não temos contradições, então essa é uma situação verdadeira.

Contudo, precisamos checar a outra opção de valores. Vejamos:

Se da afirmação de Ana, Dalila tirou 9 = F, então Eva tirou 8 = V

Com isso, da afirmação de Eva, Dalila tirou 8 = F e Ester tirou 7 = V

Por fim, da afirmação de Dalila, Ester tirou 6 = F e Ana tirou 8 = V

Note que com esses valores temos uma contradição na aluna com nota 8, então essa é uma situação falsa.

GABARITO: E.

13. **(INSTITUTO MAIS – 2023 – PREFEITURA DE SANTANA DE PARNAÍBA/SP – AGENTE DE DEFESA CIVIL)** Em uma pizzaria havia 13 pessoas participando de uma comemoração. Desse modo, é correto afirmar que

a) apenas uma pessoa estava fazendo aniversário.

b) uma pessoa estava de roupa branca.

c) pelo menos uma pessoa era mulher.

d) pelo menos duas dessas pessoas fazem aniversário no mesmo mês.

Com 13 pessoas, a única CERTEZA possível é de que pelo menos duas dessas pessoas fazem aniversário no mesmo mês.

Note que não é dito qual o mês, nem que são exatamente duas pessoas.

GABARITO: D.

14. **(INSTITUTO MAIS – 2023 – PREFEITURA DE SANTANA DE PARNAÍBA/SP – MOTORISTA)** Camila sempre realiza a festa do dia de Natal, 25 de dezembro, em sua casa. Se no ano de 2013, este dia caiu em uma quarta–feira, e sabendo que 2016 e 2020 são anos bissextos, assinale a alternativa que apresenta em que dia da semana caiu o Natal no ano de 2021.

a) Terça-feira.

b) Quarta-feira.

c) Quinta-feira.

d) Sábado.

De um ano para outro, em anos "normais", o mesmo dia do ano passa para o dia seguinte da semana; já em anos bissextos, o dia "pula" dois dias da semana.

Por exemplo, se 25/12/2013 foi numa quarta, então 25/12/2014 será na quinta, 25/12/2015 será na sexta e 25/12/2016 será no domingo (porque em anos bissextos o dia da semana pula dois dias).

Seguindo o padrão:

25/12/2017 - maior segunda-feira

25/12/2018 - maior terça-feira

25/12/2019 – quarta-feira

25/12/2020 - maior sexta-feira

25/12/2021 – sábado

Portanto, o dia em 2021 será sábado.

GABARITO: D.

15. **(INSTITUTO AOCP – 2023 – SESA/BA – TÉCNICO ADMINISTRATIVO)** Dois médicos, Dr. Marcos e Dr. Rogério, plantonistas do PA de uma Unidade de Saúde, atendem juntos, no máximo, 25 pacientes por plantão. Sabe–se que Dr. Marcos atende, por plantão, pelo menos 10 pacientes. Para que Dr. Rogério atenda o máximo de pacientes possíveis, mantendo o limite de 25 pacientes, somando os atendimentos dos dois médicos, Dr. Marcos deve atender

a) no mínimo 15 pacientes.

b) no máximo 14 pacientes.

c) no máximo 10 pacientes.

d) no mínimo 14 pacientes.

e) no mínimo 10 pacientes.

Se eles atendem, juntos, no máximo 25 pacientes, e, se o Dr. Marcos atende pelo menos 10 pacientes, então, para que o Dr. Rogério atenda o máximo de pacientes possíveis, ele terá que atender 15 pacientes, com isso o Dr. Marcos só pode atender, no máximo, os 10 que ele já atende.

Essa questão é interessante no uso dos termos "máximo" e "mínimo".

E atente-se que a pedida da questão é em relação ao Dr. Marcos.

GABARITO: C.

16. **(VUNESP – 2022 – TJ/SP – PSICÓLOGO JUDICIÁRIO)** Hugo, Isabelly e Yasmin moram em cidades diferentes e praticam esportes diferentes, cada um praticando um único esporte. Eles moram nas cidades de São Paulo, São Pedro e São Vicente, não necessariamente, nessa ordem, e os esportes que praticam são mergulho, parapente e *skate*, também, não necessariamente, nessa ordem. Sabe–se que quem voa de parapente não mora em São Vicente; Yasmin não mergulha e não mora em São Paulo; Hugo mora em São Pedro e não voa de parapente; e quem mora em São Paulo não mergulha.

Com essas informações, conclui-se corretamente que

a) Isabelly pratica parapente.

b) quem mergulha mora em São Vicente.

c) quem mora em São Paulo pratica skate.

d) Yasmin mora em São Pedro.

e) Hugo pratica *skate*.

Organizando os dados de acordo com as informações:

- Hugo mora em São Pedro e não voa de parapente:

Nome	Cidade	Esporte
Hugo	São Pedro	

- Yasmin não mergulha e não mora em São Paulo;

- Quem voa de parapente não mora em São Vicente.

Assim, Yasmin só pode morar em São Vicente e andar de *skate* e sobra Isabelly morando em São Paulo:

Nome	Cidade	Esporte
Hugo	São Pedro	
Yasmin	São Vicente	*Skate*
Isabelly	São Paulo	

- Quem mora em São Paulo não mergulha (para quem mora em São Paulo só tem o parapente, e, portanto, para quem mora em São Pedro fica o mergulho):

Nome	Cidade	Esporte
Hugo	São Pedro	Mergulho
Yasmin	São Vicente	Skate
Isabelly	São Paulo	Parapente

GABARITO: A.

17. **(FGV – 2022 – SEFAZ/BA – AGENTE DE TRIBUTOS ESTADUAIS)** As amigas Ana, Bia e Carol têm idades diferentes. Uma delas é médica, outra é enfermeira e a outra é professora. Cada uma delas tem um animal de estimação diferente: gato, cachorro e peixe de aquário.

Sabe-se que:

- A mais nova é a professora;
- Ana adora seu cachorro;
- A enfermeira é a dona do gato;
- Carol não é a médica;
- Bia é a mais velha;
- A médica não é a mais velha.

É correto concluir que

a) Ana é a enfermeira.

b) Bia é a dona do peixe.

c) Carol é a mais velha.

d) Ana é a mais nova.

e) Bia é a dona do gato.

Organizando os dados de acordo com as informações:

- **A mais nova é a professora;**
- **Bia é a mais velha;**
- **A médica não é a mais velha.**

Como a professora é a mais nova e a médica não é a mais velha, então a médica só pode ser a "do meio" e Bia é a mais velha:

Nome	Profissão	Animal de estimação	Idade
Bia			Mais velha
	Médica		Do "meio"
	Professora		Mais nova

- **Carol não é a médica;**
- **A enfermeira é a dona do gato.**

Como Carol não é médica, então ela só pode ser a professora, sobrando para Bia ser a enfermeira e a dona do gato:

Nome	Profissão	Animal de estimação	Idade
Bia	Enfermeira	Gato	Mais velha
	Médica		Do "meio"
Carol	Professora		Mais nova

- **Ana adora seu cachorro.**

Observando a organização das informações, deduzimos que Ana é a médica e dona do cão, sobrando para Carol ser a dona do peixe:

Nome	Profissão	Animal de estimação	Idade
Bia	Enfermeira	Gato	Mais velha
Ana	Médica	Cão	Do "meio"
Carol	Professora	Peixe	Mais nova

GABARITO: E.

18. **(CEFET/MG – 2022 – CEFET/MG – TÉCNICO LABORATÓRIO)** Antônia, Joana e Lúcia são amigas que moram em cidades distintas: Brasília, Belo Horizonte e São Paulo. Cada uma delas frequenta apenas um dos seguintes cursos: Engenharia, Direito e Arquitetura. Não há duas delas que moram na mesma cidade nem que frequentam o mesmo curso. Além disso, sabe–se que:

I. Antônia não mora em Belo Horizonte.

II. Joana não mora em São Paulo.

III. A amiga que mora em Belo Horizonte não cursa Direito.

IV. A amiga que mora em São Paulo cursa Arquitetura.

V. Joana não cursa Engenharia.

Com base nessas informações, é correto afirmar que Lúcia mora em __ e cursa __.

Os termos que preenchem, correta e respectivamente, as lacunas são:

a) Brasília e Direito

b) Brasília e Engenharia

c) São Paulo e Arquitetura

d) Belo Horizonte e Engenharia

e) Belo Horizonte e Arquitetura

Organizando os dados de acordo com as afirmações:

II - Joana não mora em São Paulo;

IV - A amiga que mora em São Paulo cursa Arquitetura;

V - Joana não cursa Engenharia.

A partir dessas afirmações, temos que Joana não cursa Engenharia e, como não mora em São Paulo, também não cursa Arquitetura, portanto, Joana cursa Direito:

Nome	Cidade	Curso
Joana		Direito
	São Paulo	Arquitetura

I - Antônia não mora em Belo Horizonte;

III - A amiga que mora em Belo Horizonte não cursa Direito.

Como Joana cursa Direito, então não mora em Belo Horizonte e como ela não mora em São Paulo, ela só pode morar em Brasília; disso também temos que Antônia só pode morar em São Paulo, e, por consequência, cursa Arquitetura; por fim, Lúcia mora em Belo Horizonte e cursa Engenharia:

Nome	Cidade	Curso
Joana	Brasília	Direito
Antônia	São Paulo	Arquitetura
Lucia	BH	Engenharia

GABARITO: D.

19. **(IPEFAE – 2022 – CÂMARA DE ESPÍRITO SANTO DO PINHAL/SP – COORDENADOR DE ADMINISTRAÇÃO E FINANÇAS)** Vera fez quatro atividades na última semana: lavou roupa, tocou guitarra, assistiu um filme e leu um livro. Cada atividade foi feita uma única vez na semana em dias diferentes que foram: segunda–feira, terça–feira, sexta–feira ou sábado. Em cada dia ela utilizou um adorno diferente na cabeça: boné, chapéu, tiara ou laço. Usando as pistas abaixo podemos afirmar que o dia da semana e o adorno de cabeça que ela utilizou quando assistiu um filme foram respectivamente:

Pistas:

I. Vera lavou roupa no sábado, mas não utilizou boné nesse dia.

II. Vera tocou guitarra depois de ter assistido um filme. Nesse dia ela utilizou um chapéu.

III. Vera usou um laço quando leu um livro, que não foi na segunda-feira.

IV. Vera não utilizou laço na sexta-feira.

a) Segunda-feira e boné.

b) Terça-feira e laço.

c) Sexta-feira e chapéu.

d) Sábado e tiara.

Organizando os dados de acordo com as pistas e fixando os dias:

I - Vera lavou roupa no sábado, mas não utilizou boné nesse dia;

III - Vera usou um laço quando leu um livro, que não foi na segunda-feira;

IV - Vera não utilizou laço na sexta-feira.

Dessas informações, podemos deduzir que o livro foi lido na terça e nesse dia ela usou o laço, e, a roupa foi lavada no sábado:

Atividade	Dias	Adorno
	Segunda	
Livro	Terça	Laço
	Sexta	
Lavou roupa	Sábado	

I - Vera lavou roupa no sábado, mas não utilizou boné nesse dia;

II - Vera tocou guitarra depois de ter assistido um filme. Nesse dia ela utilizou um chapéu.

Disso deduzimos que a guitarra foi tocada na sexta e foi usado o chapéu. O filme foi assistido na segunda e usado boné porque o boné não pode ser no sábado, sobrando para o sábado usar a tiara:

Atividade	Dias	Adorno
Assistiu um filme	Segunda	Boné
Livro	Terça	Laço
Guitarra	Sexta	Chapéu
Lavou roupa	Sábado	Tiara

GABARITO: A.

20. (VUNESP – 2022 – CÂMARA MUNICIPAL DE SÃO JOSÉ DOS CAMPOS/SP – TÉCNICO LEGISLATIVO) Cinco poltronas, numeradas de 1 a 5, estão lado a lado em uma fileira. Ao lado da poltrona 1, só está a poltrona 2, ao lado da poltrona 5, só está a poltrona 4, e ao lado da poltrona 3, estão as poltronas 2 e 4. Cinco amigos, identificados apenas pelas iniciais P, Q, R, S e T, irão se sentar nessas poltronas de acordo com as seguintes regras:

- Entre P e Q deve haver exatamente uma poltrona.
- Entre R e S deve haver exatamente duas poltronas.
- T não deve se sentar ao lado de Q e nem ao lado de S.

Obedecidas essas regras, quem irá se sentar na poltrona 3 é

a) P.
b) Q.
c) R.
d) S.
e) T.

Organizando os amigos com base nas regras tem-se:

• Entre P e Q deve haver exatamente uma poltrona:

1	2	3	4	5
P		Q		

• Entre R e S deve haver exatamente duas poltronas:

1	2	3	4	5
P	R	Q		S

• T não deve se sentar ao lado de Q e nem ao lado de S:

1	2	3	4	5
P	R	Q	T	S

Note que, dessa forma, a última regra não foi cumprida, mas perceba também que se trocar P e Q de lugar e trocar R e S de lugar teremos uma organização certa de acordo com as regras.

Veja:

1	2	3	4	5
Q	S	P	T	R

Então, quem está sentado na poltrona 3 é o amigo P.

GABARITO: A.

21. **(CESPE/CEBRASPE – 2022 – SECONT/ES – AUDITOR DO ESTADO)** Após análise realizada em determinada empresa, um auditor enumerou 15 procedimentos que devem ser realizados mensalmente por alguns funcionários para a melhoria da transparência e da eficiência da empresa. Nessa enumeração, destaca-se o seguinte:

- Os procedimentos de 1 a 5 são independentes entre si e podem ser realizados em qualquer ordem, mas não simultaneamente;
- O sexto procedimento somente pode ser realizado após a conclusão dos 5 primeiros;
- As execuções dos procedimentos de 7 até o 15 só podem ser realizadas quando o procedimento anterior for concluído.

Com base nessas informações, julgue o item a seguir.

Suponha-se que Antônio, Beatriz, Carlos, Douglas e Elaine sejam os servidores responsáveis, respectivamente, pelos procedimentos 1, 2, 3, 4 e 5. Considere-se, ainda, que, em determinado mês, seja combinado que

- Beatriz só pode realizar o procedimento a ela destinado após Carlos e Elaine concluírem os seus;
- Douglas deve realizar o seu procedimento após Beatriz e Carlos;
- Antônio realiza seu procedimento depois de Carlos e antes de Beatriz;
- Elaine não é a primeira ou a segunda pessoa a fazer o procedimento naquele mês.

Dessa situação hipotética, é correto concluir que os procedimentos foram realizados na seguinte ordem: 3, 1, 5, 2 e 4.

Certo ( ) Errado ( )

Como o processo 1 é de Antônio, o 2 é de Beatriz, o 3 é de Carlos, o 4 é de Douglas e o 5 é de Elaine, então, a ordem que foram realizados os procedimentos foi:

1º	2º	3º	4º	5º

• Beatriz só pode realizar o procedimento a ela destinado após Carlos e Elaine concluírem os seus:

1º	2º	3º	4º	5º
Carlos	Elaine	Beatriz		

• Douglas deve realizar o seu procedimento após Beatriz e Carlos:

1º	2º	3º	4º	5º
Carlos	Elaine	Beatriz	Douglas	

• Antônio realiza seu procedimento depois de Carlos e antes de Beatriz:

1º	2º	3º	4º	5º
Carlos	Elaine	Antônio	Beatriz	Douglas

• Elaine não é a primeira ou a segunda pessoa a fazer o procedimento naquele mês:

1º	2º	3º	4º	5º
Carlos	Antônio	Elaine	Beatriz	Douglas

Portanto, os procedimentos foram realizados na seguinte ordem:

3, 1, 5, 2, 4

GABARITO: CERTO.

22. **(FGV – 2022 – MPE/GO – SECRETÁRIA ASSISTENTE)** Cinco amigas, Ana, Bia, Carol, Deise e Elisa, foram ao cinema e sentaram–se em cinco cadeiras consecutivas.

Passados 5 minutos, Ana trocou de lugar com Deise e Carol trocou de lugar com Elisa. Passados mais 5 minutos, Bia trocou de lugar com Ana e Deise trocou de lugar com Elisa.

Após essas trocas, a ordem delas era: Ana, Elisa, Bia, Carol e Deise (AEBCD).

Representando cada uma delas pela letra inicial do respectivo nome, a ordem inicial em que elas estavam sentadas foi

a) BCAED.

b) DCBEA.

c) DAEBC.

d) EABDC.

e) BADEC.

Organizando os lugares com base nas trocas feitas e na posição final delas tem-se ("vindo de trás pra frente" na ordem das trocas).

Posição final após a 2ª troca:

AEBCD.

Antes da 2ª troca – Bia trocou de lugar com Ana e Deise trocou de lugar com Elisa – os lugares eram (Posição após a 1ª troca):

BDACE.

Antes da 1ª troca – Ana trocou de lugar com Deise e Carol trocou de lugar com Elisa – os lugares eram (Posição no início):

BADEC

Então, os lugares iniciais eram os da alternativa E.

GABARITO: E.

23. **(CEFET/MG – 2022 – CEFET/MG – TECNÓLOGO)** Uma das questões de uma prova de concurso consistia em analisar três sentenças como sendo, cada uma delas, verdadeira (V) ou falsa (F). As respostas de três candidatos, Carlos, Daniel e Vânia, para essas sentenças, estão registradas no quadro a seguir:

	Vânia	Daniel	Carlos
Resposta da 1ª sentença	F	V	V
Resposta da 2ª sentença	F	F	V
Resposta da 3ª sentença	V	F	F

Sobre as respostas desses candidatos a essas sentenças, sabe-se que um deles acertou todas elas, que um deles errou todas e que o outro respondeu corretamente a apenas duas delas.

Com base nessas informações, é correto afirmar que

a) Daniel errou todas as respostas.

b) Vânia errou apenas duas das respostas.

c) Carlos acertou apenas duas das respostas.

d) Daniel e Vânia acertaram, cada um, apenas uma resposta.

e) Carlos acertou todas as repostas e Daniel errou apenas uma das respostas.

Como um deles acertou tudo e o outro errou tudo, esses candidatos só podem ser Vânia e Carlos, já que eles têm as respostas todas diferentes um do outro.

Sabendo que o outro candidato, no caso Daniel, acertou 2 respostas, usaremos esse para determinar quem entre Vânia e Carlos é o que acertou tudo e o que errou tudo.

Considerando que Vânia tenha acertado todas as respostas, Daniel só tem uma resposta coincidente com Vânia, mas Daniel acertou 2 respostas, logo quem acertou tudo não pode ser Vânia.

Se quem acetou tudo não foi Vânia, então só pode ter sido Carlos, e comparando ele com Daniel, Daniel tem duas respostas coincidentes com Carlos, o que garante ser Carlos quem acertou tudo.

GABARITO: E.

24. **(VUNESP – 2022 – PC/SP – INVESTIGADOR DE POLÍCIA)** Considere o padrão de regularidade da sequência, que representa os 7 primeiros termos.

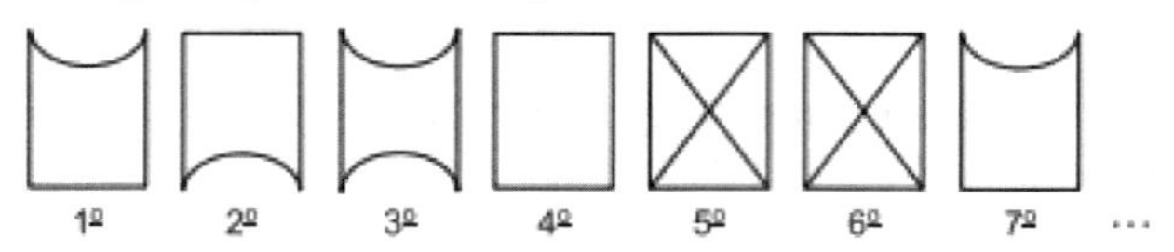

Do sétimo termo em diante, a sequência repete o padrão exibido, logo o termo dessa sequência que está na posição 3333 é:

Nesta questão, as figuras se repetem a cada 6 figuras (de 6 em 6), conforme o próprio enunciado ("do sétimo termo em diante, a sequência repete o padrão exibido").

Para saber então qual figura está na posição 3333º, basta dividir 3333 por 6 e observar o resto da divisão.

Se o resto for igual a 1, a figura da 3333ª posição será igual a 1ª, se o resto for 2 será igual a 2ª, se o resto for 3 será igual a 3ª, se o resto for 4 será igual a 4ª e se o resto for 5 será igual a 5ª, ainda, se a divisão for exata a figura da posição 3333ª será igual a 6ª.

Calculando:

3333/6 = 555 sequências completas e resto 3, logo a figura da posição 3333ª é igual a figura da 3ª posição e portanto a figura .

GABARITO: D.

25. **(IBADE – 2022 – SEA/SC – ANALISTA DE INFORMÁTICA)** A sequência numérica a seguir segue um padrão lógico matemático. O próximo elemento da sequência é:

1 - 4 - 27 - 256 - ...

a) 512.

b) 3.125.

c) 1.024.

d) 625.

e) 2.048.

Analisando a sequência notamos a seguinte regra:

$1 = 1^1$

$4 = 2^2$

$27 = 3^3$

$256 = 4^4$

Assim sendo, o próximo elemento da sequência será: $5^5 = 5 \cdot 5 \cdot 5 \cdot 5 \cdot 5 = 3125$.

GABARITO: B.

26. **(FGV – 2022 – SEFAZ/AM – TÉCNICO DE ARRECADAÇÃO DE TRIBUTOS ESTADUAIS)** Uma sequência de números inteiros é tal que cada termo, a partir do terceiro, é a soma do seu termo antecessor com o dobro do antecessor do antecessor.

Sabe-se que o sexto termo dessa sequência é 85 e, o oitavo, é 341.

O quarto termo da referida sequência é

a) 15.

b) 17.

c) 19.

d) 21.

e) 23.

Neste caso, o texto da questão informa qual é o padrão de formação da sequência e termos e solicita que sejam encontrados os números a partir das informações.

Já sabemos que o sexto termo é o 85 e o oitavo é o 341, e que o padrão é a soma do seu termo antecessor com o dobro do antecessor do antecessor, assim, para chegar ao 341 deve-se somar o dobro de 85 (170) com o antecessor de 341, logo, para encontrarmos o antecessor de 341 (o sétimo termo), basta subtrairmos 170 de 341, portanto 171 (341 – 170 = 171):

1º, 2º, 3º, 4º, 5º, **85, 171, 341,** 9º, ...

Feito isso, temos a sequência do sexto, sétimo e oitavos termos, e agora continuamos fazendo as operações – inversas – até encontramos o quarto termo.

Como o sétimo termo é o 171 e seu antecessor é 85, temos que o dobro do antecessor do antecessor de 171 deve ser 86 (171 – 85 = 86), e, portanto, o quinto termo da sequência é o 43 (86/2 = 43):

1º, 2º, 3º, 4º, **43, 85, 171, 341**, 9º, ...

Usando o mesmo raciocínio, o dobro do antecessor do antecessor de 85 deve ser o 42 (85 – 43 = 42), logo, o quarto termo será 21 (42/2 = 21):

1º, 2º, 3º, **21, 43, 85, 171, 341**, 9º, ...

GABARITO: D.

27. **(FGV – 2022 – SSP/AM – ASSISTENTE OPERACIONAL)** Eva, Bia e Gal encontraram–se para almoçar e estavam com bolsas parecidas, mas com cores diferentes. Uma bolsa era cinza, outra era marrom e outra era preta.

Das afirmativas seguintes, somente uma é verdadeira:

- Eva está com a bolsa preta.
- Bia não está com a bolsa marrom.
- Gal não está com a bolsa preta.

É correto afirmar que

a) Eva tem a bolsa marrom.
b) Bia tem a bolsa preta.
c) Gal tem a bolsa marrom.
d) Eva tem a bolsa cinza.
e) Bia não tem a bolsa cinza.

Se só uma das afirmativas é verdadeira, vamos analisar as possibilidades e verificar as contradições com base nisso:

1ª possibilidade:

Eva está com a bolsa preta = V

Bia não está com a bolsa marrom = F

Gal não está com a bolsa preta = F

Eva = bolsa preta

Bia = bolsa marrom

Gal = bolsa preta

Nessa possibilidade, há um problema, pois Eva e Gal estariam com a bolsa preta.

2ª possibilidade:

Eva está com a bolsa preta = F

Bia não está com a bolsa marrom = V

Gal não está com a bolsa preta = F

Eva = bolsa marrom

Bia = bolsa cinza

Gal = bolsa preta

Nessa possibilidade, temos cada uma com uma bolsa diferente, logo, é a possibilidade correta.

3ª possibilidade:

Eva está com a bolsa preta = F

Bia não está com a bolsa marrom = F

Gal não está com a bolsa preta = V

Eva = bolsa cinza

Bia = bolsa marrom

Gal = bolsa cinza

Nessa possibilidade, há problema também, pois Eva e Gal estariam com a bolsa cinza.

Baseados na possibilidade correta (2ª possibilidade), a alternativa correta é a letra A – Eva tem a bolsa marrom.

GABARITO: A.

28. **(CEFET/MG – 2022 – CEFET/MG – TECNÓLOGO)** Beatriz, professora de Matemática, sabia que apenas um de seus alunos, dentre Clara, Pedro, Artur, Lara ou Júlia, tinha obtido a nota máxima em uma prova. Porém, ela não se lembrava do nome desse(a) aluno(a) e perguntou a eles, que, brincando com a professora, deram as seguintes respostas:

Clara: – "Eu não tirei a nota máxima".

Pedro: – "Foi a Júlia quem obteve a nota máxima".

Artur: – "Clara está dizendo a verdade".

Lara: – "Pedro está mentindo".

Júlia: – "Foi a Lara quem obteve a nota máxima".

Sabendo que apenas um deles está mentindo, quem tirou a nota máxima foi

a) Arthur.

b) Pedro.

c) Clara.

d) Júlia.

e) Lara.

Nas questões em que dentre as afirmações existe alguma afirmando que outra pessoa ou falou a verdade ou mentiu, o caminho mais fácil é iniciar por essa afirmação.

Como Lara afirma que 'Pedro está mentindo', caso ela diga a verdade, Pedro será o mentiroso, porém, se Pedro falar a verdade, Lara será a mentirosa.

Agora, como sabemos que somente um dos alunos mentiu, já sabemos que será um dos dois (Pedro ou Lara), e os demais, Clara, Artur e Júlia estão falando a verdade.

Assim, pela afirmação de Júlia, já descobrimos que quem tirou a nota máxima foi Lara, e que Pedro é quem está mentindo.

GABARITO: E.

29. **(VUNESP – 2022 – PC/SP – INVESTIGADOR DE POLÍCIA)** Ao visitar a tradicional ilha, onde parte dos habitantes só falam verdades e os demais habitantes só falam mentiras, um turista encontrou três habitantes, um vestido de verde, outro de vermelho e outro de azul. O turista perguntou ao habitante de azul qual a cor da própria camisa, em seguida pediu para o habitante de vermelho fazer uma afirmação e finalmente pediu ao que estava vestido de verde para repetir o que havia respondido o habitante de azul. O turista obteve, respectivamente, as seguintes respostas: "verde", "quem está de verde está mentindo", "verde".

Os habitantes vestidos de verde, vermelho e azul falam, respectivamente,

a) verdades, mentiras, verdades.

b) mentiras, mentiras, verdades.

c) mentiras, verdades, mentiras.

d) verdades, verdades, mentiras.

e) verdades, mentiras, mentiras

Em questões como essa é necessário atentar para as perguntas e respostas dos personagens descritos no texto.

No caso, temos o habitante de camisa azul afirmando que está de camisa verde, logo, ele mente.

O habitante de camisa verde repetiu o que o habitante de camisa azul havia falado, ou seja, afirmou que estava usando camiseta verde, portanto, fala a verdade.

E o habitante de camisa vermelha mente, pois afirma que quem está de camisa verde está mentindo.

Assim, temos que na sequência proposta pela questão, quem fala verdade e mentira são:

Verde – verdade;

Vermelho – mentira;

Azul – mentira.

GABARITO: E.

30. **(FGV – 2022 – MPE/GO – SECRETÁRIA ASSISTENTE)** Renata, Sara e Tânia estão, nessa ordem, em uma fila. Sabe–se que há 10 pessoas na frente de Renata, 8 pessoas entre Renata e Sara e 7 pessoas depois de Tânia. Sabe–se ainda que Sara está no centro da fila.

O lugar que Tânia ocupa nessa fila é o

a) 30º.

b) 31º.

c) 32º.

d) 33º.

e) 34º.

Colocando essas mulheres na fila de acordo com o que foi dito no enunciado, tem-se:

10 pessoas, **Renata**, 8 pessoas, **Sara,** X pessoas, **Tania,** 7 pessoas.

Como Sara está no meio da fila e há 19 pessoas antes dela, então ela ocupa a 20ª posição e tem 19 pessoas depois dela também, ficando a fila com 39 pessoas ao todo.

Assim sendo, tendo 7 pessoas depois de Tânia, ela – Tânia – ocupa a 32ª posição da fila (39 – 7 = 32).

GABARITO: C.

31. (AOCP – 2022 – IPE PREV – ANALISTA EM PREVIDÊNCIA) Na figura a seguir, há um quadro com nove células, com 3 linhas e 3 colunas, tal que os números em cada célula foram dispostos seguindo determinada regra, sendo que não foi identificado o número correspondente à letra X, que ocupa a célula central do quadro:

- 4	26	20
38	X	-10
8	2	32

Seguindo tal regra, o número inteiro e positivo que corresponde à letra X, nesse quadro, é igual a

a) 26.

b) 18.

c) 14.

d) 30.

e) 22.

Analisando a tabela, vemos que a soma das colunas e das linhas são sempre iguais, veja:

-4 + 38 + 8 = 42

20 – 10 + 32 = 42

-4 + 26 + 20 = 42

8 + 2 + 32 = 42

Assim sendo, o valor de x é:

26 + x + 2 = 42

X + 28 = 42

X = 42 – 28

X = 14

Para provar o valor de x:

38 + x – 10 = 42

X + 28 = 42

X = 42 – 28

X = 14

Logo, seguindo a regra de preenchimento da tabela o valor de x é 14.

GABARITO: C.

32. **(FCC – 2022 – TRT/4ª REGIÃO – TÉCNICO JUDICIÁRIO)** Cada um dos amigos de Ana somou os algarismos de seu dia e mês de aniversário, escreveu em um cartão e entregou a Ana. Por exemplo, se um amigo nasceu em 28 de abril, ele somou 2 + 8 + 0 + 4 = 14. Em seguida, Ana somou os números de todos os cartões e obteve 35. Todos os amigos de Ana fazem aniversário em datas diferentes. O número máximo de amigos que Ana pode ter é:

a) 12.

b) 11.

c) 14.

d) 15.

e) 13.

Para que Ana tenha a maior quantidade de amigos, esses amigos precisam ter nascido em dias e meses cuja soma desses valores seja a menor possível.

Como a soma dos cartões é 35, tem-se a seguinte situação:

Um amigo faz aniversário em 01/01 (cartão com soma 2)

Outro amigo faz aniversário em 10/01 (cartão com soma 2)

Outro amigo faz aniversário em 01/10 (cartão com soma 2)

Outro amigo faz aniversário em 10/10 (cartão com soma 2)

Soma-se 8 com 4 amigos:

Outro amigo faz aniversário em 02/01 (cartão com soma 3)

Outro amigo faz aniversário em 20/01 (cartão com soma 3)

Outro amigo faz aniversário em 11/01 (cartão com soma 3)

Outro amigo faz aniversário em 01/02 (cartão com soma 3)

Outro amigo faz aniversário em 10/02 (cartão com soma 3)

Outro amigo faz aniversário em 11/10 (cartão com soma 3)

Outro amigo faz aniversário em 20/10 (cartão com soma 3)

Outro amigo faz aniversário em 01/11 (cartão com soma 3)

Outro amigo faz aniversário em 10/11 (cartão com soma 3)

Soma-se 27 com 9 amigos:

Somando 8 com 27, chegamos na soma 35, e com isso o número máximo de amigos que Ana pode ter é 13 amigos (4 + 9 = 13).

GABARITO: E.

33. **(VUNESP – 2022 – PC/SP – INVESTIGADOR DE POLÍCIA)** Em um acampamento, as pessoas foram divididas em 3 grupos. O grupo de crianças, com 44 pessoas, o grupo de jovens, com 37 pessoas e o grupo de adultos, com 60 pessoas. Para uma atividade, todas essas pessoas serão chamadas pelo nome, mas sem uma ordem definida. O menor número de pessoas que devem ser chamadas para garantir que já foram chamadas 2 crianças é

a) 4.

b) 99.

c) 6.

d) 49.

e) 60.

Para garantir/ter certeza de que pelo menos 2 crianças foram chamadas é necessário que todos os adultos e todos os jovens tenham sidos chamados, além das duas crianças.

Somando esses valores, chega-se a 99 (60 + 37 + 2) pessoas.

Portanto, só com 99 pessoas teremos a garantia de que 2 crianças foram chamadas.

GABARITO: B.

34. (FGV – 2022 – PREFEITURA DE MANAUS-AM – MOTORISTA DE AUTOS) Duas urnas A e B têm, cada uma, 7 bolas. As bolas da urna A são todas verdes e as da urna B são todas amarelas. Transferem–se, aleatoriamente, 3 bolas da urna A para a urna B. A seguir, também aleatoriamente, transferem–se 4 bolas da urna B para a urna A.

É correto concluir que, após essas transferências,

a) há mais bolas verdes do que amarelas na urna A.

b) há mais bolas amarelas do que verdes na urna B.

c) pelo menos uma bola da urna A é amarela.

d) pelo menos uma bola da urna B é verde.

e) há tantas bolas verdes quanto bolas amarelas na urna A.

Como cada urna tem 7 bolas e da urna A foram transferidas 3 bolas para a urna B, então a urna B ficou com 7 bolas amarelas e 3 bolas verdes.

Agora, transferindo 4 bolas da urna B para a urna A, a urna A ficará com 8 bolas, podendo ser desde 4 bolas verdes e 4 bolas amarelas até 7 bolas verdes e 1 bola amarela.

Logo, a única certeza que se tem é que pelo menos 1 bola da urna A é amarela.

GABARITO: C.

35. (IBADE – 2022 – PREFEITURA DE SÃO PAULO/SP – GUARDA CIVIL METROPOLITANO) Considere que em uma sala de aula há N alunos. O professor afirma aos alunos que há, pelo menos, 4 alunos diferentes fazendo aniversário no mesmo mês. Para tornar essa afirmação obrigatoriamente verdadeira, o valor mínimo de N é:

a) 4.

b) 12.

c) 48.

d) 25.

e) 37.

Para ter certeza de que entre um determinado número de pessoas há pelo menos 4 delas que fazem aniversário em um mesmo mês, é necessário que pelo menos 3 pessoas façam aniversário em cada um dos 12 meses do ano, e, que em algum mês tenha essas 4 pessoas.

Colocando isso em números (por valores mínimos) fica:

$12 \cdot 3 = 36$

$36 + 1 = 37$ é a quantidade mínima de alunos necessários para que a afirmação do professor seja obrigatoriamente verdadeira.

GABARITO: E.

36. **(FGV – 2022 – SEFAZ/AM – ASSISTENTE ADMINISTRATIVO DA FAZENDA ESTADUAL)** Ana arruma o seu armário toda segunda sexta–feira de cada mês. Se Ana arrumou o seu armário no dia 11 de março, a arrumação seguinte ocorreu no dia

a) 6 de abril.

b) 7 de abril.

c) 8 de abril.

d) 9 de abril.

e) 10 de abril.

Algumas questões envolvendo calendário exigem conhecimento sobre quais meses do ano possuem 30 ou 31 dias.

Para o caso, temos que o dia 11 de março é a segunda sexta-feira do mês, assim, as próximas sextas-feiras ocorreram nos dias 18 e 25 de março.

Passados sete dias após 25/03, e sendo o mês de março um mês de 31 dias, teremos a primeira sexta-feira de abril no dia primeiro (01/04), e mais sete dias adiante, no dia 8 de abril, temos a segunda sexta-feira de abril e o dia em que Ana arruma seu armário.

GABARITO: C.

37. **(IBFC – 2022 – IBGE – AGENTE CENSITÁRIO)** Paulo fez uma visita técnica a um estabelecimento no dia 12 de abril que foi numa quarta–feira, então, nesse mesmo ano, ao retornar a esse estabelecimento no dia 18 de setembro, o dia da semana será:

a) quinta-feira.

b) segunda-feira.

c) Sábado.

d) Domingo.

e) sexta-feira.

De 12 de abril até 18 de setembro são 159 dias, portanto, 159 dias depois da quarta-feira, o dia da semana (a semana tem 7 dias) será (dividindo 159 por 7):

159/7 = 22 semanas completas + 5 dias

5 dias, além da quarta-feira (quinta, sexta, sábado, domingo, segunda), dá numa segunda-feira.

Assim sendo, 18/09 é uma segunda-feira.

GABARITO: B.

38. **(FGV – 2022 – MPE/GO – ANALISTA EM INFORMÁTICA)** João foi a pé de sua casa até a casa de Maria. Para isso, ele caminhou duas quadras para o norte (N), uma quadra para o leste (L), mais uma quadra para o norte (N) e, finalmente, duas quadras para oeste (O). O caminho percorrido por João pode ser representado por: NNLNOO.

João voltou para casa percorrendo o mesmo caminho em sentido contrário.

Usando o mesmo tipo de representação (use S para representar sul, se necessário), o caminho de volta para casa de João é representado por

a) SSOSLL.

b) OONLNN.

c) OOSLSS.

d) LLNLNN.

e) LLSOSS.

Fazendo o caminho de volta ao caminho NNLNOO, tem-se o caminho (indo do final para o começo):

LLSOSS.

GABARITO: E.

39. **(CESPE/CEBRASPE – 2022 – PC/PB – PERITO)** Durante uma perseguição, uma viatura policial seguia em linha reta quando virou repentinamente para a esquerda, em um ângulo de 30°; seguiu mais um pouco em linha reta e deu nova guinada para a esquerda, agora sob um ângulo de 25°; depois de mais um tempo seguindo em linha reta, virou 15° para a direita.

Nessa situação hipotética, essa sequência de giros corresponde a um único giro de

a) 70º para a esquerda.

b) 40º para a esquerda.

c) 40º para a direita.

d) 10º para a esquerda.

e) 10º para a direita.

30º para a esquerda "mais" 25º para a esquerda, resulta em 55º para a esquerda;

55º para a esquerda "menos" 15º para a direita, resulta em 40º para a esquerda.

GABARITO: B.

40. **(FCC – 2022 – PGE/AM – ASSISTENTE PROCURATORIAL)** Beatriz quer escrever um número inteiro de 1 a 4 em cada um dos quadradinhos de um tabuleiro 4 × 4, de tal forma que não haja números repetidos na mesma linha ou na mesma coluna. A figura abaixo mostra alguns números que ela já escreveu.

1			3
	2		
			4
		3	

Se Beatriz terminar de preencher o tabuleiro corretamente, a soma dos números que estarão nos quadradinhos destacados será:

a) 5.
b) 6.
c) 7.
d) 8.
e) 9.

Essas questões são baseadas em um jogo chamado *Sudoku,* em que as linhas e colunas nunca possuem mais de uma vez o mesmo número.

Para resolver, buscamos as casas, células ou quadradinhos, que só podem ser preenchidas(os) por um único número, a exemplo da casa na linha 2 e coluna 4, que só pode ser preenchida pelo número 1, pois na coluna já aparecem os números 3 e 4, e, na linha aparece o número 2.

1			3
	2		1
			4
		3	

Por consequência, a casa da linha 4 e coluna 4, agora, só pode ser preenchida pelo número 2, pois os demais números já aparecem na coluna.

1			3
	2		1
			4
		3	2

Segue assim o preenchimento da tabela, sempre buscando células que só possuem uma opção para preenchimento.

1			3
	2		1
			4
4		3	2

Depois:

1			3
3	2		1
			4
4	1	3	2

Ao final do preenchimento, teremos:

1	4	2	3
3	2	4	1
2	3	1	4
4	1	3	2

E a soma dos quadrinhos destacados será: 3+1+2=6.

GABARITO: B.

Texto para as próximas 3 questões.

(CESPE/CEBRASPE - 2021 – CBM/AL – SOLDADO) Em uma festa de confraternização do Corpo de Bombeiros, foi proposto um jogo para as crianças com as seguintes regras. Inicialmente, elas serão divididas em duas equipes: equipe cinza e equipe branca. Cada equipe receberá 61 estrelas da mesma cor de sua equipe e um dado de seis faces, identificadas pelas seguintes letras: Z, P, P, I, I e D. Um tabuleiro com 120 posições será utilizado. Cada equipe terá um capitão, e os capitães lançarão os dados simultaneamente na presença dos juízes. A cada nova rodada, cada capitão lançará o dado uma vez, e um número de estrelas será posicionado ou não no tabuleiro, conforme a letra indicada como resultado do lançamento do dado, de acordo com a seguinte regra: Z = não colocar nenhuma estrela no tabuleiro; P = colocar duas estrelas no tabuleiro; I = colocar três estrelas no tabuleiro; D = colocar no tabuleiro a quantidade de estrelas correspondente ao dobro do valor do último lançamento de dado da equipe. A equipe vencedora será aquela que primeiro colocar as suas 61 estrelas no tabuleiro.

A figura a seguir ilustra um possível momento do jogo, em que as estrelas de cor cinza ocupam a parte superior do tabuleiro e as estrelas brancas ocupam a parte inferior.

	1	2	3	4	5	6	7	8	9	10	11	12
1					★	★	★	★	★	★	★	★
2							★	★	★	★	★	★
3									★	★	★	★
4											★	★
5												
6	☆	☆	☆	☆								
7	☆	☆	☆	☆	☆							
8	☆	☆	☆	☆	☆							
9	☆	☆	☆	☆	☆							
10	☆	☆	☆	☆	☆							

Considerando essa situação hipotética, julgue os itens seguintes.

41. O número de estrelas brancas indicadas na figura poderá ser obtido com a seguinte sequência de resultados do lançamento do dado: P–P–I–Z–P–D–D–I.

Certo ( ) Errado ( )

De acordo com as regras do jogo, a sequência P-P-I-Z-P-D-D-I resulta em:

P-P-I-Z-P-D-D-I = 2 + 2 + 3 + 0 + 2 + 4 + 8 + 3 = 24 estrelas.

Logo, a questão está certa, pois tem no tabuleiro 24 estrelas brancas.

GABARITO: CERTO.

42. É possível que uma equipe seja a vencedora do jogo após quatro lançamentos do dado.

Certo ( ) Errado ( )

Com 4 jogadas, e mesmo que em todas elas saia no dado uma letra que dê um número máximo de estrelas, tem-se:

I-D-D-D = 3 + 6 + 12 + 24 = 45 estrelas.

Contudo, para vencer o jogo é necessário colocar as 61 estrelas no tabuleiro, o que não acontece com 4 jogadas.

GABARITO: ERRADO.

43. Após 61 lançamentos do dado, uma equipe necessariamente vencerá o jogo.

Certo ( ) Errado ( )

Se em todas as 61 jogadas sair a letra Z para ambas equipes, as duas equipes não terão posto nenhuma estrela no tabuleiro, e, portanto, não terão vencido o jogo.

GABARITO: ERRADO.

Vamos praticar

1. **(FUNDEP – 2023 – FUTEL/MG – PROCURADOR)** Cinco pessoas de diferentes profissões chegaram em um restaurante e pediram pratos diferentes. Eles foram atendidos e servidos de acordo com a ordem de chegada de cada um. Seguem algumas informações sobre esses clientes:

   - O policial não foi o primeiro nem o último a chegar;
   - O professor pediu um hambúrguer;
   - Os dois primeiros pedidos foram, respectivamente, filet mignon e macarrão;
   - O advogado foi o terceiro a ser atendido;
   - A dentista chegou imediatamente após a médica;
   - Alguém pediu batatas fritas;
   - Alguém, que não foi o advogado, pediu pizza.

   Considerando verdadeiras essas informações, é correto concluir que o policial pediu

   a) batatas fritas.
   b) filet mignon.
   c) macarrão.
   d) pizza.

2. **(FUNDEP – 2023 – FUTEL/MG – PROCURADOR)** Observe a sequência numérica 1, 2/3, 2, 3/4, 3, 4/5, 4, 5/6... e considere que esse padrão se repete infinitamente.

   A razão entre o 25º e o 26º termos dessa sequência, nessa ordem, é igual a

   a) 143/15.
   b) 156/14.
   c) 182/15.
   d) 195/14.

3. **(VUNESP – 2023 – TCM/SP – AUXILIAR TÉCNICO DE CONTROLE EXTERNO)** Meire, Ana e Rita não têm a mesma idade, moram em cidades distintas, sendo Santo André, São Bernardo e São Caetano, e cada uma tem um passatempo predileto, sendo correr, ler ou nadar, não necessariamente nessas ordens. Sabe-se que: Rita mora em Santo André e gosta de correr; Meire tem mais idade que Ana e que Rita; quem mora em São Bernardo é mais nova que Rita e gosta de nadar. Com essas informações, assinale a alternativa que contém uma associação correta.

   a) Rita é a mais nova.
   b) Ana mora em São Caetano.
   c) Ana gosta de ler.

d) Quem mora em São Caetano gosta de ler.

e) Quem gosta de correr é a amiga mais nova.

4. (VUNESP – 2023 – TCM/SP – AUDITOR DE CONTROLE EXTERNO) Alberto, Carlos, Douglas e Edgar têm 35, 38, 40 e 41 anos, não necessariamente nessa ordem. Cada um deles trabalha com um tipo de veículo, sendo eles caminhão, carro, motocicleta e ônibus, em municípios distintos, sendo Campinas, Limeira, Marília e Santos, não necessariamente nas ordens apresentadas. Sabe–se que o de maior idade trabalha com carro e seu local de trabalho não é Limeira e, tampouco, Marília; Alberto tem menos idade que Douglas, trabalha em Campinas, não com ônibus, e o mais novo deles trabalha em Limeira, com motocicleta; Edgar não trabalha com ônibus e é mais velho que Alberto e que Douglas. A alternativa que apresenta uma associação correta dessas pessoas é:

a) Alberto trabalha com caminhão.

b) Douglas tem 38 anos.

c) Edgar trabalha em Marília.

d) Douglas trabalha em Campinas.

e) Alberto tem 40 anos.

5. (VUNESP – 2023 – DPE/SP – OFICIAL DE DEFENSORIA) A sequência a seguir, criada com um padrão lógico, tem 22 termos e o último termo é o 56.

100, 1, 99, 2, 97, 4, 94, 7, ...

A diferença entre o 17º e o 18º termos é igual a

a) 27.

b) 28.

c) 29.

d) 30.

e) 31.

6. (VUNESP – 2023 – EPC – ASSISTENTE DE EMPRESA PÚBLICA DE COMUNICAÇÃO) Na sequência numérica 4, 2, 16, 8, 36, 18, 64, 32, 100, ..., o número 4 é o primeiro elemento. Mantendo–se o padrão da sequência, a diferença entre o 22o e o 20o termos é igual a

a) 24.

b) 26.

c) 38.

d) 42.

e) 76.

7. **(VUNESP – 2023 – TCM/SP – AUDITOR DE CONTROLE EXTERNO)** Observe a sequência de figuras:

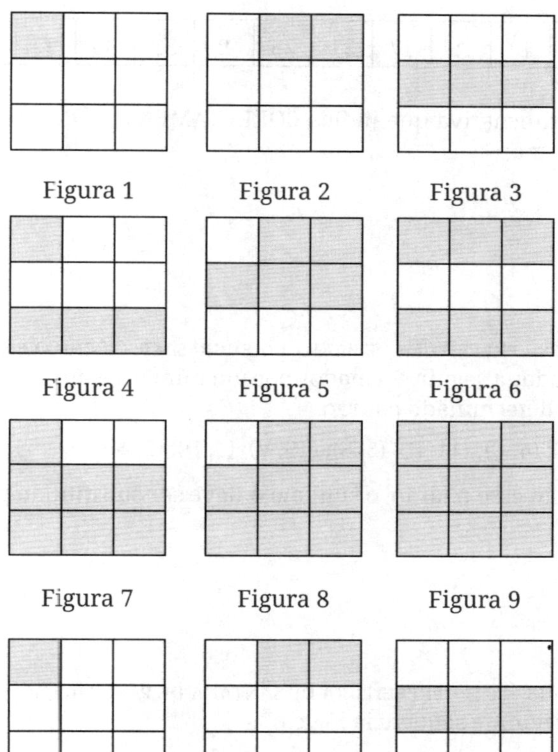

Nessa sequência de figuras, a figura 10 é igual à figura 1, a figura 11 é igual à figura 2, a figura 12 é igual à figura 3, e assim por diante. Dessa forma, na figura 325, o número de quadradinhos com o interior na cor branca será igual a

a) 8.

b) 6.

c) 4.

d) 2.

e) 0.

8. **(OBJETIVA – 2023 – PREFEITURA DE NOVA BRÉSCIA/RS – OPERADOR DE MÁQUINAS)** Analise a sequência a seguir:

5	9	13	A	17	21	25	B	29	33	37	C	...

Assinalar a alternativa que indica CORRETAMENTE o décimo sexto termo da sequência acima:

a) 41.
b) 45.
c) 49.
d) D.

9. **(SELECON – 2023 – PREFEITURA DE BARRA DO BUGRES/MT – TÉCNICO EM INFORMÁTICA)** Os pares ordenados a seguir, formados por um número e uma letra, foram escritos segundo um determinado padrão.

(8, N); (13, Q); (4, C); (11, D); (5, S); (19, V); (9, D); (2, ♣)

De acordo com esse padrão, o símbolo ♣ deve ser substituído pela letra:

a) T.
b) Q.
c) P.
d) S.

10. **(INSTITUTO MAIS – 2023 – PREFEITURA DE SANTANA DE PARNAÍBA/SP – MOTORISTA)** Carla observou a seguinte sequência lógica:

203, 183, 165, 149, 135, ...

Após pensar um pouco, Carla concluiu, corretamente, que o 9º termo dessa sequência é o número

a) 97.
b) 99.
c) 101.
d) 105.

11. **(INSTITUTO MAIS – 2023 – PREFEITURA DE SANTANA DE PARNAÍBA/SP – AGENTE DE SERVIÇOS DE ALIMENTAÇÃO)** Observe a seguinte sequência lógica: 7, 10, 14, 19, 25, ... Sabendo que a lei de formação dessa sequência se mantém infinitamente, assinale a alternativa que apresenta qual será seu oitavo termo.

a) 48.
b) 49.
c) 50.
d) 51.

12. **(FGV – 2023 – BANESTES – ASSISTENTE SECURITÁRIO)** Alguns dos números que podem ser escritos na forma de fração apresentam periodicidade quando representados na forma decimal. Isto é, a partir de uma certa casa decimal, um dígito (ou uma sequência de dígitos) passa a se repetir infinitamente. Como exemplo, temos:

1/13 = 0,076923076923076923076...

Nessa representação decimal, o 1232º dígito após a vírgula é

a) 7.

b) 6.

c) 3.

d) 2.

e) 0.

13. **(CPCON – 2023 – PREFEITURA DE CATOLÉ DO ROCHA/PB – PSICÓLOGO)** Pedro, Vitória e Hugo são donos das lanchonetes X, Y e Z, não necessariamente nessa ordem, e cada um é dono de uma única lanchonete. As especialidades dessas lanchonetes são Pastel de Carne, Coxinha de Frango e Bolinho de Bacalhau. Sabe–se ainda que:

I. A lanchonete Y não é de Hugo.

II. A especialidade da lanchonete Z é Bolinho de Bacalhau.

III. Hugo é dono da lanchonete cuja especialidade é Coxinha de Frango.

IV. A lanchonete de Vitória não é especialista em Bolinho de Bacalhau.

Com base nas informações acima, é CORRETO afirmar que:

a) Hugo é dono da lanchonete Z.

b) A lanchonete X, que não é de Vitória, é especialista em Coxinha de Frango.

c) A lanchonete Z, que pertence a Pedro, é especialista em Coxinha de Frango.

d) Pedro é dono da lanchonete que é especialista em Pastel de Carne.

e) Vitória é dona da lanchonete Z.

14. **(CONSULPLAN – 2023 – PREFEITURA DE ORLÂNDIA/SP – CONSULTOR JURÍDICO)** A respeito do esporte praticado por quatro amigos, são dadas as seguintes informações:

- André e João não praticam tênis;
- Fabrício e Dênis não praticam polo aquático e nem *beisebol;*
- Dênis não pratica futebol; e,
- André não pratica polo aquático.

Considerando que os amigos praticam esportes distintos dentre os citados, quem pratica *beisebol?*

a) João.

b) Dênis.

c) André.

d) Fabrício.

15. **(CONSULPLAN – 2023 – PREFEITURA DE ORLÂNDIA/SP – PROCURADOR JURÍDICO)** Três estudantes de medicina, Ana, Betina e Cristiana, pretendem se especializar nas áreas de Pneumologia, Geriatria e Mastologia, mas não necessariamente nessa ordem. Além disso, elas utilizam, cada uma, um dos seguintes meios de transporte para chegar até a faculdade: carro, metrô e ônibus. Considere que as seguintes afirmativas são verdadeiras:

- A estudante que pretende se especializar em mastologia utiliza o carro para ir até a faculdade;
- Cristiana utiliza o ônibus para ir até a faculdade; e,
- Ana pretende se especializar em geriatria.

Sabendo que as estudantes desejam se especializar em áreas distintas da medicina e utilizam meios de transportes também distintos, é correto afirmar que:

a) Betina utiliza o carro para ir até a faculdade.
b) Betina pretende se especializar em pneumologia.
c) Cristiana pretende se especializar em mastologia.
d) Ana não utiliza o metrô para chegar até a faculdade.

16. **(CONSULPLAN – 2023 – PREFEITURA DE ORLÂNDIA/SP – PROCURADOR JURÍDICO)** Diego, Leandro e Patrick possuem um cachorro, um gato e uma tartaruga, mas não necessariamente nessa ordem. Das afirmações a seguir, somente uma é verdadeira:

- Leandro possui um cachorro;
- Patrick não possui um gato; e,
- Leandro não possui uma tartaruga.

Considerando que cada um possui apenas um único animal, é correto afirmar que:

a) Leandro possui um gato.
b) Patrick possui um cachorro.
c) Diego possui uma tartaruga.
d) Leandro possui um cachorro.

17. **(INSTITUTO MAIS – 2023 – PREFEITURA DE SANTANA DE PARNAÍBA/SP – OPERADOR DE MÁQUINAS)** Gisele ouve um *podcast* que vai ao ar todo dia 15 de cada mês. Se em certo ano bissexto o podcast de fevereiro saiu em um sábado, assinale a alternativa que apresenta que dia da semana foi ao ar o podcast de abril nesse mesmo ano.

a) Segunda-feira.
b) Quarta-feira.
c) Sexta-feira.
d) Terça-feira.

18. **(INSTITUTO MAIS – 2023 – PREFEITURA DE SANTANA DE PARNAÍBA/SP – AGENTE DE SERVIÇOS GERAIS)** Márcia possui 5 sobrinhos de idades diferentes: José, Felipa, Camila, Cristina e Renato. Renato é mais velho que Felipa e mais novo que Camila, José é mais novo que Cristina e Renato, Cristina é mais velha que Renato e Camila. Com base nessas informações, assinale a alternativa que apresenta o segundo sobrinho mais velho de Márcia.

a) Felipa.

b) José.

c) Cristina.

d) Camila.

19. **(CONSULPLAN – 2023 – FEPAM/RS – AGENTE ADMINISTRATIVO)** Fernando, Gustavo, Henrique, Igor e Juliano são amigos e brincavam de esconde–esconde na casa de Fernando até que um deles quebrou um vaso na sala. Furiosa, a mãe de Fernando perguntou aos cinco quem foi o responsável pelo acidente e obteve as seguintes declarações:

- Eu quebrei, disse Juliano.
- Não fui eu, disse Igor.
- Juliano mentiu, disse Henrique.
- Eu não quebrei e Henrique também não, disse Gustavo.
- Foi Gustavo ou Juliano, disse Fernando.

Considerando que apenas um dos amigos fez uma declaração mentirosa, é possível concluir logicamente que o responsável por quebrar o vaso é:

a) Igor.

b) Juliano.

c) Gustavo.

d) Henrique.

e) Fernando.

20. **(CONSULPLAN – 2023 – FEPAM/RS – AGENTE ADMINISTRATIVO)** Em suas férias, cinco colegas de trabalho cariocas optaram por passar uma semana em Minas Gerais. Certo dia, elas decidiram ir a um restaurante e experimentaram cinco comidas locais: feijão tropeiro; fígado com jiló; frango ao molho pardo; vaca atolada; e, arroz com pequi. Sobre o prato preferido de cada uma delas, sabe–se que:

- Bárbara e Kelly não gostaram do feijão tropeiro.
- Noemi, Gabriela e Eduarda não gostaram do fígado com jiló e nem do frango ao molho pardo.
- Eduarda não gostou da vaca atolada e nem do arroz com pequi.
- Bárbara não gostou do fígado com jiló.
- Gabriela não gostou do arroz com pequi.

Considerando que os pratos preferidos de todas as cinco colegas de trabalho são distintos, aquela que tem o frango ao molho pardo como prato preferido é:

a) Kelly.
b) Noemi.
c) Bárbara.
d) Eduarda
e) Gabriela.

21. **(AOCP – 2023 – SESA/BA – TÉCNICO ADMINISTRATIVO)** Lucas, Jaqueline, Rodrigo e Eloise são pessoas que acabaram de se conhecer. Cada um deles faz uma declaração:

Rodrigo: A Eloise é enfermeira.

Jaqueline: O Rodrigo é enfermeiro.

Eloise: O Rodrigo está mentindo.

Lucas: Eu não sou enfermeiro.

Sabendo que uma dessas pessoas está mentindo, é correto afirmar que

a) Lucas é enfermeiro.
b) Jaqueline é enfermeira.
c) Eloise é enfermeira.
d) Rodrigo é enfermeiro.
e) Nenhum dos quatro é enfermeiro.

22. **(UFPR – 2023 – IF/PR – ADMINISTRADOR)** Considere a seguinte sequência de números:

1, 8, 3, 6, 4, 7, 2, 9, 1, 8, 3, 6, 4, 7, 2, 9, 1, 8, 3, 6, 4, 7, 2, 9, ...

A soma dos primeiros 2023 números dessa sequência é:

a) 10.111.
b) 12.203.
c) 14.268.
d) 18.751.
e) 22.023.

23. **(FGV – 2022 – CBM/AM – OFICIAL)** Os amigos Abel, Breno e Caio são casados e suas esposas chamam–se Manuela, Nina e Paula. Sabe–se que:

- Duas dessas três moças são irmãs.
- Paula não é esposa de Abel.
- Breno é casado com a irmã de Paula.
- O casamento de Manuela ocorreu depois do casamento de Abel.

É correto concluir que

a) Caio é casado com Nina.
b) Manuela não é esposa de Breno.

c) Abel é casado com Nina.

d) Nina é a irmã de Paula.

e) Nina é esposa de Breno.

24. **(FGV – 2022 – PREFEITURA DE MANAUS/AM – ESPECIALISTA EM SAÚDE)** Três amigos, Gael, Miguel e Gabriel moram em três bairros diferentes de Manaus. Um mora no Centro, outro mora em Flores e outro, em Aleixo.

Considere as seguintes informações:

- Gael é casado com a irmã de Gabriel e é mais velho do que quem mora em Aleixo.
- Quem mora em Flores é filho único e é o mais novo dos três amigos.

É correto concluir que

a) Gael mora em Flores.

b) quem mora no Centro é mais novo que Miguel.

c) Gabriel mora em Aleixo.

d) quem mora no Centro é mais novo que Gabriel.

e) o mais velho não mora no Centro.

25. **(FGV – 2022 – PREFEITURA DE MANAUS/AM – ESPECIALISTA EM SAÚDE)** Rafael fez certo percurso partindo do ponto A da figura a seguir, andando apenas sobre as linhas do quadriculado e fazendo diversos movimentos em sequência. A unidade de movimento de um percurso é o lado de um quadradinho.

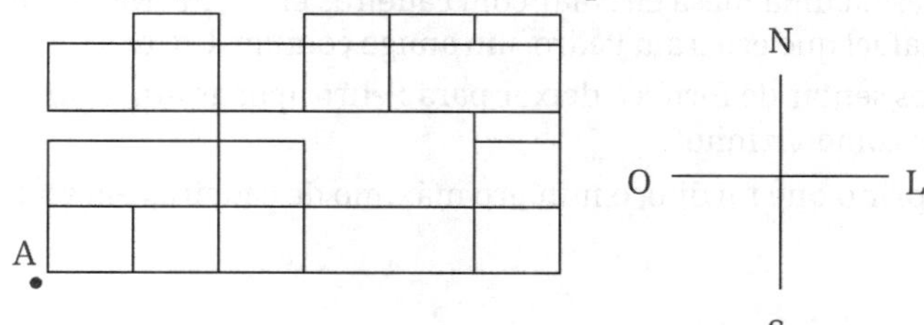

Cada uma das quatro letras a seguir representa o movimento de 1 unidade em cada uma das quatro direções: N = norte, S = sul, L = leste e O = oeste.

Rafael fez, em sequência, os movimentos representados pelo código L L N L L L N N O N L N, chegando ao ponto B.

Um código que permite a Rafael sair de B e chegar em A é

a) O S S O O O S L S S O O.

b) O O S S O S S O O.

c) L S S S O S O O S O O.

d) O O S S S O S S O O.

e) O O S O S S L S O O O S.

26. **(FGV – 2022 – MPE/GO – ANALISTA EM INFORMÁTICA)** Em uma urna há 3 bolas brancas, 4 amarelas, 5 vermelhas e 6 pretas. São retiradas ao acaso dessa urna N bolas.

Se há certeza de que, entre as bolas retiradas há, pelo menos, uma bola amarela ou uma bola preta, o menor valor possível de N é

a) 8.

b) 9.

c) 10.

d) 11.

e) 12.

27. **(FGV – 2022 – PREFEITURA DE MANAUS/AM – MOTORISTA DE AUTOS)** Em uma gaveta há 6 meias brancas e 8 meias azuis. Joaquim retira, sem olhar, N meias da gaveta.

O menor valor de N para o qual Joaquim tem certeza de haver retirado pelo menos 2 meias azuis é

a) 4.

b) 6.

c) 8.

d) 10.

e) 12.

28. **(FGV – 2022 – SEFAZ/AM – TÉCNICO DE ARRECADAÇÃO DE TRIBUTOS ESTADUAIS)** Em uma sala de reuniões há uma mesa circular com cadeiras em volta. Nessa sala estão Abel, Daniel e Rafael que esperam Pedro, um amigo comum. Um dos três presentes diz: "Vamos nos sentar de forma a deixar para Pedro apenas um lugar que não tenha um de nós como vizinho".

Para cumprir o que foi dito, o número máximo de cadeiras em volta dessa mesa deve ser

a) 6.

b) 7.

c) 8.

d) 9.

e) 10.

29. **(FGV – 2022 – SEFAZ/ES – CONSULTOR DO TESOURO ESTADUAL)** Na mesa de Antônio há três gavetas: A, B e C. Uma gaveta contém documentos, outra contém chocolates e a terceira contém dinheiro.

Sabe-se que das afirmativas a seguir sobre as gavetas somente uma é verdadeira.

- A tem dinheiro.
- B não tem chocolates.
- C não tem dinheiro.

Assim, é correto afirmar que

a) A tem chocolates.

b) B tem dinheiro.

c) C tem chocolates.

d) A tem documentos.

e) B não tem documentos.

30. (FGV – 2022 – PC/ AM – INVESTIGADOR DE POLÍCIA) Um relógio que atrasa 2 minutos por dia, todos os dias, foi acertado à meia–noite de certo dia deste ano de 2022.

Após exatamente 1 ano, à meia-noite, esse relógio marcará

a) 11h50min.

b) 12h10min.

c) 12h20min.

d) 12h50min.

e) 13h10min.

31. (VUNESP – 2022 – PC/SP – INVESTIGADOR DE POLÍCIA) Três amigos têm José como primeiro nome e, para distingui–los, um deles usa apelido Zé, outro usa Jô e o terceiro, Zeca. Em uma disputa entre esses amigos para ver quem faz mais flexões, José Roberto fez mais do que José Carlos e José Francisco fez menos do que José Carlos. Camilo, que era o juiz da disputa, fez uma tabela para indicar o resultado, onde se lia: 1º lugar: Zeca, 2º lugar: Jô, 3º lugar: Zé. O apelido de

a) José Carlos é Zeca.

b) José Roberto é Zé.

c) José Francisco é Zeca.

d) José Francisco é Jô.

e) José Carlos é Jô.

32. (VUNESP – 2022 – PC/SP – ESCRIVÃO DE POLÍCIA) A seguir estão os seis primeiros termos de uma sequência cíclica desses seis termos, infinita, em que cada termo é um quadriculado com uma bolinha.

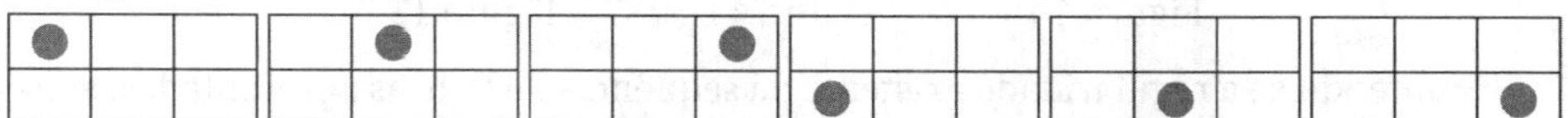

Identifique os termos das posições de número 32, 47 e 64. Se as bolinhas desses termos fossem colocadas em um único quadriculado, nas respectivas posições em que ocorrem, o quadriculado resultante seria

a) b) c)

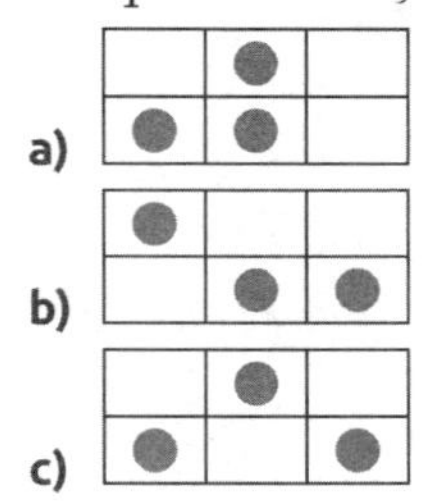

d) e)

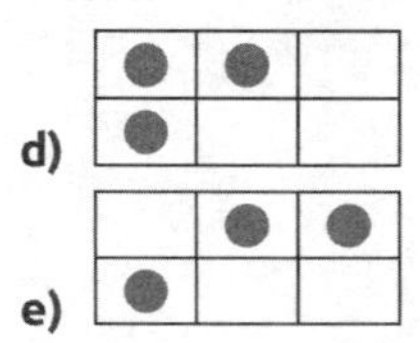

33. **(VUNESP – 2022 – TJ/SP – PSICÓLOGO JUDICIÁRIO)** Considere a sequência a seguir, em que cada figura tem uma característica, o que permite que uma figura de determinada posição possa ser substituída por outra figura, desde que mantenha a característica daquela posição.

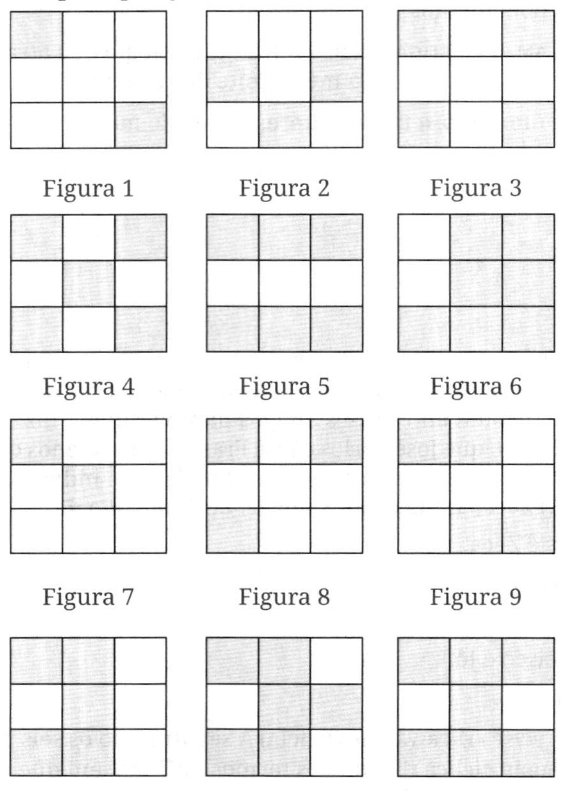

Mantendo-se a regularidade existente na sequência de figuras apresentadas, assinale a alternativa que contém uma figura que pode ser inserida nessa sequência, como Figura 983.

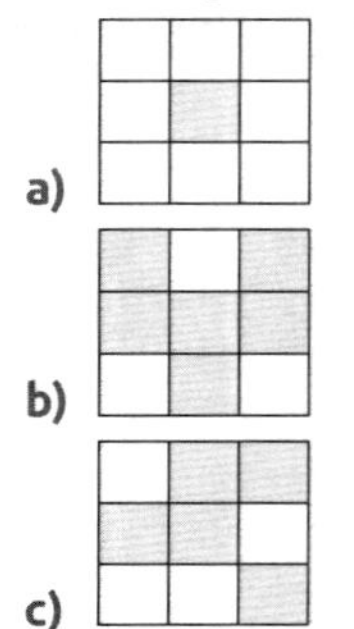

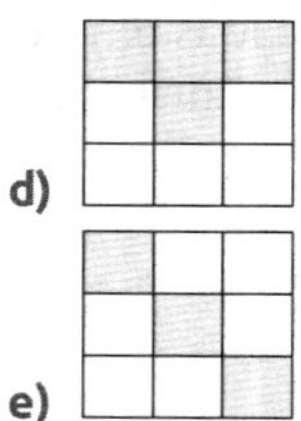

34. **(VUNESP – 2022 – PC/SP – ESCRIVÃO DE POLÍCIA)** A sequência a seguir foi criada com um padrão lógico e é ilimitada.

1, 3, 5, 7, 10, 11, 13, 15, 17, 20, 21, 23, 25, 27, 30, 31, 33, 35, 37, 40, 41, ...

Identifique os seguintes números que pertencem a esta sequência:

- O número que antecede o 90.
- O número que é o sucessor do 127.
- O número que antecede o 503.

A soma desses três números identificados apresenta como algarismo da unidade, o algarismo

a) 9.
b) 6.
c) 3.
d) 1.
e) 8.

35. **(VUNESP – 2022 – AL/SP – ANALISTA LEGISLATIVO)** A sequência de números a seguir foi construída com um padrão lógico e é uma sequência ilimitada:

1, 2, 3, 4, 5, 10, 11, 12, 13, 14, 15, 20, 21, 22, 23, 24, 25, 30, 31, 32, 33, 34, 35, 40, ...

A partir dessas informações, identifique o termo da posição 74 e o termo da posição 95. A soma destes dois termos é igual a

a) 266.
b) 244.
c) 277.
d) 233.
e) 255.

36. **(VUNESP – 2022 – PC/SP – INVESTIGADOR DE POLÍCIA)** Considere a sequência de infinitos termos (8, 10, 70, 74, 690, 696, 6890, 6898, ...), que segue um padrão definido pela posição em que cada elemento, do segundo em diante, se encontra. O décimo segundo elemento dessa sequência é

a) 688902.
b) 68992.
c) 69700.
d) 690700.
e) 689762.

37. **(VUNESP – 2022 – PC/SP – ESCRIVÃO DE POLÍCIA)** Para realizar um treinamento, as pessoas envolvidas foram separadas em 4 grupos distintos: K com 9 participantes, L com 13 participantes, M com 12 participantes e N com 15 participantes. Os participantes dos grupos K e L ficaram reunidos juntos na sala 1 e o mesmo aconteceu com os participantes dos grupos M e N na sala 2. Será retirada, aleatoriamente, certa quantidade de pessoas da sala 1, de modo a se ter certeza de que, pelo menos, duas dessas pessoas sejam do grupo L. Será também retirada, da sala 2, certa quantidade de pessoas, de modo a se ter certeza de que, pelo menos, três dessas pessoas sejam do grupo N. Sendo assim, o número total de pessoas a serem retiradas das duas salas será igual a

a) 5.

b) 21.

c) 30.

d) 26.

e) 13.

38. **(VUNESP – 2022 – PC/SP – INVESTIGADOR DE POLÍCIA)** Hugo, José e Luiz têm alturas diferentes entre si, de maneira que cada altura pode ser representada por um número inteiro de centímetros. Eles fizeram as seguintes afirmações:

Hugo: tenho 190 cm de altura.

José: sou mais alto que Hugo.

Luiz: José está mentindo.

Sabendo que um desse amigos tem 189 cm de altura e sabendo que Hugo falou a verdade e Luiz mentiu, ordenando esses amigos do mais baixo para o mais alto, têm-se, respectivamente:

a) José, Luiz, Hugo.

b) Luiz, Hugo, José.

c) Hugo, José, Luiz.

d) José, Hugo, Luiz.

e) Luiz, José, Hugo.

39. **(IBFC – 2022 – IBGE – COORDENADOR CENSITÁRIO)** Em determinado ano, o dia 23 de maio foi numa terça–feira. Desse modo, no mesmo ano, o dia 23 de novembro será numa:

a) quinta-feira.

b) sexta-feira.

c) sábado.

d) domingo.

e) segunda-feira.

40. **(CEFET/MG – 2022 – CEFET/MG – TÉCNICO LABORATÓRIO)** Os amigos João, Carlos, Maria, Laura e Miguel têm diferentes idades. Sabe–se que:

I. Maria é mais nova que Miguel.

II. João e Miguel são mais novos que Carlos.

III. Laura é mais velha que Carlos.

IV. João é mais velho que Miguel.

Com base nessas informações, em ordem decrescente de idades, esses amigos podem ser corretamente ordenados da seguinte maneira:

a) Maria, Miguel, João, Carlos e Laura.

b) Maria, João, Miguel, Carlos e Laura.

c) Laura, Carlos, João, Miguel e Maria.

d) Laura, Carlos, João, Maria e Miguel.

e) Carlos, Laura, Miguel, João e Maria.

41. **(CEFET/MG – 2022 – CEFET/MG – TECNÓLOGO)** Um código usado para decifrar mensagens é construído a partir da troca de letras. Considerando a ordem alfabética, cada letra será trocada, na sequência enviada, da seguinte forma: substitui–se cada consoante dessa sequência pela consoante anterior e cada vogal pela vogal posterior, dando assim origem à palavra recebida. Uma sequência de letras foi enviada e, após decifrada, deu origem à palavra PERIGO.

Dessa forma, a sequência de letras enviada foi

a) NIQOFU.

b) NAQEFO.

c) QASEHI.

d) QISOHU.

e) QFSJHP.

42. **(FUNDATEC – 2022 – SPGG/RS – ANALISTA DE PLANEJAMENTO, ORÇAMENTO E GESTÃO)** Os amigos Rafael, Marcos e Júlio, têm idades diferentes. Sabendo que é verdade que, entre os três amigos, Rafael não é o mais novo e que Marcos é o mais velho, é correto afirmar que:

a) Rafael é o mais velho.

b) Rafael é mais novo do que Júlio.

c) Júlio é o mais novo.

d) Júlio é o mais velho e Marcos é o mais novo.

e) Marcos é mais novo do que Júlio.

43. **(FCC – 2022 – TRT/4ª REGIÃO – TÉCNICO JUDICIÁRIO)** Rafael, Jairo, Víctor e Verônica são amigos. Rafael é mais velho do que Verônica, Jairo é mais velho do que Víctor e mais novo do que Verônica. A lista ordenada, do mais jovem ao mais velho, é:

a) Víctor, Verônica, Rafael e Jairo.

b) Verônica, Víctor, Jairo e Rafael.

c) Jairo, Víctor, Verônica e Rafael.

d) Víctor, Jairo, Verônica e Rafael.

e) Víctor, Verônica, Jairo e Rafael.

44. (FCC – 2022 – PGE/AM – ASSISTENTE PROCURATORIAL) Um quadriculado 2 × 2 é preenchido com números do conjunto {0, 1, 2, 3, 4, 5, 6, 7, 8, 9}, sem repetição. Em seguida, os números formados nas linhas e nas colunas são somados. Por exemplo, para o preenchimento do quadriculado abaixo, temos

3	2	32
0	1	1
30	21	

Nessas condições, a maior soma possível é:

a) 339.

b) 357.

c) 348.

d) 396.

e) 354.

45. (IBADE – 2022 – SEA/SC – ANALISTA DE INFORMÁTICA) Observando o calendário de 2022, sabe–se que o dia 18 de setembro cairá em um domingo. Sabendo que o ano de 2020 foi um ano bissexto, o dia 18 de setembro de 2030 cairá em uma:

a) segunda-feira.

b) terça-feira.

c) quarta-feira.

d) quinta-feira.

e) sexta-feira.

46. (SELECON – 2022 – PREFEITURA DE SÃO GONÇALO/RJ – TÉCNICO DE APOIO ESPECIALIZADO) Observe as expressões abaixo:

$4^2 - 3^2 = 7$

$5^2 - 4^2 = 9$

$6^2 - 5^2 = 11$

$9748^2 - 9747^2 = t$

A sequência (7, 9, 11, ..., t) representa os resultados das diferenças dos quadrados de dois números inteiros consecutivos.

O valor de t é igual a:

a) 19475.

b) 19485.

c) 19495.

d) 19575.

47. **(SELECON – 2022 – SEJUSP/MG – POLICIAL PENAL/AGENTE PENITENCIÁRIO)** “Com a colaboração de comerciantes locais e da prefeitura municipal, o Presídio de Nepomuceno, no Sul de Minas, iniciou, na segunda quinzena de novembro, a fabricação de blocos de concreto.”

(FONTE: http://www.seguranca.mg.gov.br/S.Acesso em 02/12/2021)

Considera-se que, na tabela a seguir, esteja registrado o número de unidades de blocos de concreto que deverá ser produzido nos seis primeiros meses de 2022.

Mês	Janeiro	Fevereiro	Março	Abril	Maio	Junho
Produções em unidades	1600	1636	1664	1700	1744	1796

Nesse planejamento, a quantidade a ser produzida em cada mês segue um determinado padrão. Se este padrão for mantido até o mês de dezembro de 2022, em outubro será produzida a seguinte quantidade de unidades de blocos de concreto:

a) 1964.

b) 2000.

c) 2084.

d) 2176.

48. **(OBJETIVA – 2022 – PREFEITURA DE HORIZONTINA/RS – AGENTE COMUNITÁRIO DE SAÚDE)** No quadro abaixo, a segunda palavra foi obtida a partir da primeira, seguindo certa regra na remoção das suas sílabas. Sendo assim, assinalar a alternativa que contém a palavra que substitui o ponto de interrogação CORRETAMENTE:

1ª Palavra	2ª Palavra
ESCOPO	COPO
CÔMICO	MICO
DECORO	CORO
LEGADO	?

a) LEGO.

b) LEDO.

c) LAGO.

d) GELO.

e) GADO.

49. **(OBJETIVA – 2022 – PREFEITURA DE SÃO MARCOS/RS – PROFESSOR)** Analisando–se o padrão de construção da sequência numérica abaixo, assinalar a alternativa que apresenta o próximo termo dessa sequência, de modo que o padrão seja mantido:

5, 15, 30, 90, 180, 540, 1080,?

a) 3.620.

b) 3.240.

c) 2.560.

d) 2.160.

50. **(OBJETIVA – 2022 – PREFEITURA DE ALECRIM/RS – AGENTE COMUNITÁRIO DE SAÚDE)** A sequência abaixo foi criada seguindo certo padrão. Sendo assim, assinalar a alternativa que apresenta o próximo termo dessa sequência, de modo que o padrão seja mantido:

3, 9, 12, 36, 39, 117, 120, 360,?

a) 361.

b) 363.

c) 930.

d) 1.080.

51. **(FUNDEP – 2022 – CÂMARA DE PIRAPORA/MG – ASSESSOR JURÍDICO)** Um quadrado mágico é uma tabela quadrada, com números, em que a soma de cada coluna, de cada linha e das duas diagonais são iguais. Observe o quadrado mágico a seguir.

21	10	Y	Z
H	15	11	20
P	Q	12	W
18	13	X	6

Considerando o quadrado mágico anterior, o valor de Y + Z - P será

a) 16.

b) 21.

c) 23.

d) 30.

52. **(AVANÇA SP – 2022 – PREFEITURA DE LARANJAL PAULISTA/SP – PROFESSOR)** Observe a sequência de números abaixo:

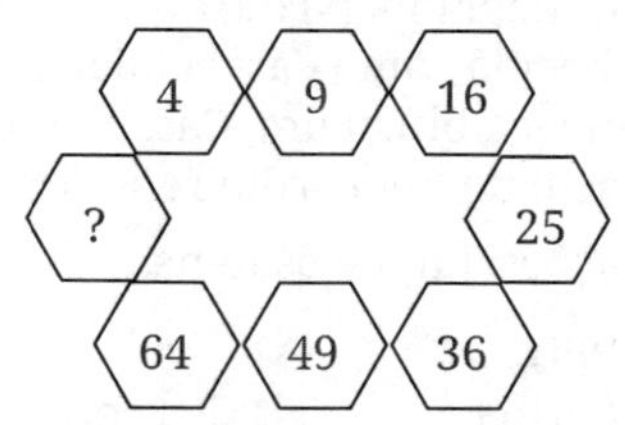

Qual será o próximo número dessa sequência?

a) 65.
b) 68.
c) 72.
d) 79.
e) 81.

53. **(NUCEPE – 2022 – PM/PI – SOLDADO)** Manoela, Natacha e Perla são profissionais da área de segurança. Uma delas é policial militar; outra, agente de polícia civil e a outra, delegada; não necessariamente nessa ordem. Sabe–se que somente uma das afirmações seguintes é verdadeira:

Manoela é policial militar.

Natacha não é policial militar.

Perla não é agente de polícia civil.

Afirma-se, então, CORRETAMENTE, que

a) Manoela é policial militar, e Natacha é delegada.
b) Manoela é agente de polícia civil, e Perla é delegada.
c) Perla é policial militar, e Natacha é agente de polícia civil.
d) Natacha é delegada, e Perla é policial militar.
e) Perla é policial militar, e Manoela é agente polícia civil.

Texto para as próximas 2 questões.

(QUADRIX - 2022 – CRMV/RJ - AUXILIAR ADMINISTRATIVO) O primeiro dia de 1988, um ano bissexto (com 366 dias), foi uma sexta-feira. Com base nessa informação, julgue os itens.

54. O último dia do ano de 1988 foi um sábado.

Certo ( ) Errado ( )

55. O centésimo septuagésimo quinto dia de 1988 foi uma quinta–feira.

Certo ( ) Errado ( )

Texto para as próximas 2 questões.

(QUADRIX - 2022 – CRC/PR - ANALISTA DE INFORMÁTICA) Em 10 de dezembro de 2022, Cássia Rejane Eller, mais conhecida como Cássia Eller, completaria 60 anos de idade. Uma das maiores vozes da música brasileira, Cássia morreu no dia 29 de dezembro de 2001, em razão de um infarto do miocárdio repentino.

Com base nessas informações, julgue os itens.

56. Cássia Eller nasceu em 1961.

Certo ( ) Errado ( )

57. Cássia Eller morreu aos 40 anos de idade.

Certo ( ) Errado ( )

Texto para as próximas 2 questões.

(QUADRIX - 2022 - CRP 18ª REGIÃO - AUXILIAR ADMINISTRATIVO) De acordo com a astrologia chinesa, 2022 é ano do Tigre, o qual ocorre de 12 em 12 anos. Considerando essa informação, julgue os itens.

58. O ano de 1914 foi ano do Tigre.

Certo ( ) Errado ( )

59. O ano de 4422 será ano do Tigre.

Certo ( ) Errado ( )

Gabarito

1	D	21	D	41	C
2	D	22	A	42	C
3	D	23	C	43	D
4	A	24	C	44	B
5	A	25	E	45	C
6	D	26	B	46	C
7	A	27	C	47	C
8	D	28	E	48	E
9	A	29	A	49	B
10	B	30	A	50	B
11	B	31	E	51	A
12	A	32	A	52	E
13	B	33	B	53	B
14	C	34	E	54	CERTO
15	A	35	C	55	CERTO
16	B	36	A	56	ERRADO
17	B	37	D	57	ERRADO
18	D	38	B	58	CERTO
19	B	39	A	59	CERTO
20	C	40	C		

2 PROPOSIÇÃO

Proposição é uma **declaração** com **verbo** (ação) e **classificação**.

- **Declaração**: afirmação ou negação;
- **Verbo** = ação;
- **Classificação:** ou VERDADEIRO ou FALSO.

Podemos também falar que a proposição tem 'sentido' completo, é uma sentença fechada, já que a classificação advém exatamente desse 'sentido'.

Fique ligado!

Ter sentido ≠ fazer sentido.

Ter sentido é poder ser julgada/classificada; fazer sentido é ser de senso comum dentro do cotidiano.

O elefante voa, por exemplo, tem sentido e pode ser classificada como falsa, mas não faz sentido já que elefantes não voam.

Obs.: Os valores lógicos das proposições são 'OU **verdadeiro** OU **falso'**

Por isso, que essa lógica – proposicional – também é chamada de lógica bivalente.

Exs.:

A: os peixes caminham rapidamente;

P: Ana nasceu no dia 20 de abril;

b: Susan trabalha em casa;

q: Helena brinca todo dia;

R: $2 + 4 = 7$;

s: $9 > 1 + 8$.

As letras do alfabeto – maiúsculas ou minúsculas – servem para representar/simbolizar as proposições.

2.1 Não são proposições

- Perguntas (Ex.: você tem 25 anos?);
- Exclamações (Ex.: você é jovem!);

- Ordens (Ex.: aceita que dói menos.);
- Frase sem verbo (Ex.: 12 de maio: dia do enfermeiro);
- Sentenças abertas (Ex.: ele escreve muito bem sobre matemática).

As sentenças abertas – com sujeito indefinido ou que não dá para classificar – podem se tornar proposição, bastando, para isso, haver uma definição do sujeito e, consequentemente, a sua classificação (Ex.: André escreve muito bem sobre matemática).

Fique ligado!

As opiniões e os paradoxos-contradições também não são proposições.

Cuidado na hora da prova.

2.2 Princípios/propriedades das proposições

- **Princípio da não-contradição:** uma proposição não pode ser verdadeira e falsa ao mesmo tempo (Ex.: todos somos mentirosos);
- **Princípio da identidade:** uma proposição verdadeira sempre será verdadeira (2 é par) e uma proposição falsa é sempre falsa (3 é par);
- **Princípio do terceiro excluído:** a uma proposição só podem ser atribuídos dois valores, ou *verdadeiro* ou *falso*, não existindo um terceiro valor.

Fique ligado!

Para ser proposição também tem que atender aos princípios das proposições.

Questões comentadas

1. (QUADRIX – 2023 – CREF/3ª REGIÃO – ADMINISTRADOR) No que se refere à lógica proposicional, julgue o item.

A sentença “x = 2023” é uma proposição.

Certo ( ) Errado ( )

Não temos referência para afirmar que x é ou não 2023, portanto, se a sentença não tem como ser classificada em ou verdadeiro ou falso, não é uma proposição.

GABARITO: ERRADO.

2. **(QUADRIX – 2023 – CREF/3ª REGIÃO – ADMINISTRADOR)** No que se refere à lógica proposicional, julgue o item.

   "*Red Hot Chili Peppers* é a maior banda de *funk rock* de todos os tempos!" é uma proposição.

   Certo ( ) Errado ( )

Exclamações não são proposições.

GABARITO: ERRADO.

3. **(IDECAN – 2022 – CBM/MS – OFICIAL)** Assinale a alternativa em que apresenta uma proposição.

   a) Chamem os bombeiros!
   b) Todo bombeiro recebe treinamento para resgate no mar?
   c) Além do treinamento para incêndio, os bombeiros também recebem treinamento para resgate.
   d) Apaguem aquele foco de incêndio.
   e) Todos os carros dos bombeiros são vermelhos?

Perguntas (alternativas B e E), exclamações (alternativa A) e ordens (alternativa D) não são proposições.

Dessa forma, a única alternativa que tem uma declaração que pode ser classificada e é uma proposição é a alternativa C.

GABARITO: C.

2.3 Quantificadores lógicos

Os quantificadores lógicos são os operadores lógicos que usamos para transformar sentenças abertas em proposições.

Fique ligado!

Em alguns editais, o assunto dos quantificadores lógicos é cobrado como Lógica de 1ª Ordem, em outros como Proposições Categóricas.

Os quantificadores se dividem em:

- Universais:
  - » TODO (∀) – universal positivo ou afirmativo;
  - » NENHUM (∄) – universal negativo.
- Existenciais:
  - » ALGUM (∃) – existencial (ou particular) afirmativo ou positivo;
  - » ALGUM NÃO (∃) – existencial (ou particular) negativo.

O símbolo do ALGUM e do ALGUM NÃO são iguais e a distinção entre um e outro é apenas no contexto da proposição/questão.

Fique ligado nos sinônimos dos quantificadores:

- TODO = QUALQUER UM, TODOS, OS, AS;
- ALGUM = EXISTE, EXISTE UM, PELO MENOS UM, ALGUÉM, NEM TODOS (nem todos = algum não);
- NENHUM = NÃO EXISTE, NINGUÉM.

2.4 Negação de proposição (modificador lógico)

Negar uma proposição é MUDAR o seu valor lógico, além de *negar* a ação verbal.

Os símbolos de negação mais usuais são o ~ (til) e ¬ (cantoneira) que aparecem antes da letra que representa a proposição, indicando sua negação.

Obs.: Outras simbologias (A', $\overline{A}$) podem ser usadas para indicar a negação de uma proposição, mas as mais usuais são o "~" e a "¬".

Exs.:

P: Luiza viajou para Paris (V)

~P: Luiza **não** viajou para Paris (F)

A: Maria correu no parque (F)

~A: Maria **não** correu no parque (V)

Fique ligado!

Nas negações de proposições, é importante não mudar o contexto da proposição; caso isso ocorra – mudança de contexto – não teremos uma negação da proposição.

Ex.:

B: Bia joga vôlei (F)

~B: Bia não joga vôlei (V)

D: Bia joga basquete (V)

Note que as proposições B e D são diferentes, pois os contextos são diferentes, apesar de entre elas ter havido mudança de valor.

Outra ideia importante nas negações de proposição é o uso dos antônimos em determinadas situações, quando são possíveis.

Veja:

M: a porta da sala está fechada

~M: a porta da sala está aberta (não está fechada)

S: Lia é bonita

~S: Lia não é bonita (não podemos dizer que "Lia é feia", pois o 'conceito' de bonito e feio é muito singular, contudo, a depender do contexto da questão, esse antônimo poderá ser usado sim)

Fique ligado!

Outras formas de indicar a negação de proposição são os termos: "não é verdade que", "é mentira que", "é falso que".

A **DUPLA NEGAÇÃO** é uma situação em que a proposição 'volta' para sua originalidade ao negá-la duas vezes, veja no exemplo.

Ex.:

Z: 3 é ímpar (V)

~Z: 3 é par (F)

~(~Z): 3 não é par = 3 é ímpar (V)

Questões comentadas

1. **(CESPE/CEBRASPE – 2022 – MPC/SC – TÉCNICO EM ATIVIDADES ADMINISTRATIVAS)** Considere a proposição a seguir.

   P: "A maioria dos seguidores não acredita que seu líder não mente".

   Admitindo que as palavras maioria e minoria signifiquem, respectivamente, mais de 50% e menos de 50%, julgue o item seguinte, à luz da lógica sentencial.

   "A maioria dos seguidores acredita que seu líder não mente" é uma maneira apropriada de se negar a proposição P.

   Certo ( ) Errado ( )

A negação de proposição consiste em negar o verbo (ação) da proposição, sem 'mexer' nos complementos. Na questão, a ação é de "não acreditar", cuja negação fica "acreditar".

GABARITO: CERTO.

2. **(CESPE/CEBRASPE – 2022 – PREFEITURA DE SÃO CRISTÓVÃO/SE – AGENTE COMUNITÁRIO DE SAÚDE)** Considere as seguintes proposições.

   P: "Se eu sou convidado para a festa do chefe e me recuso a ir, eu sou taxado de antissocial."

   Q: "Se eu sou convidado para a festa do chefe e vou, eu sou taxado de puxa-saco."

   R: "Se eu sou taxado de antissocial ou de puxa-saco, eu fico constrangido."

C: “Se eu sou convidado para a festa do chefe, eu fico constrangido.”

Acerca dessas proposições, julgue o item a seguir.

No contexto apresentado, “me recuso a ir”, presente na proposição P, pode ser entendido como negação de “vou”, presente na proposição Q.

Certo ( ) Errado ( )

Essa questão é bem interessante e vale a reflexão. A negação de ‘vou’ é ‘não vou’. Dito isso, o fato de ‘me recuso a ir’ é sinônimo de ‘não vou’, e foi exatamente isso que a questão falou: pode ser entendido como.

GABARITO: CERTO.

2.5 Conectivos lógicos

Conectivos lógicos são operadores lógicos que têm a função de unir proposições simples para formar proposições compostas.

Os conectivos lógicos são: “e”, “ou”, “se..., então”, “se, e somente se” e “ou..., ou”.

Além de saber quais são os conectivos, temos que saber também seus nomes, símbolos, sinônimos e ideias de cada um deles (quando for conveniente, porque algumas bancas estão suprimindo os conectivos nas suas formas originais ou seus sinônimos e têm usado essas ‘ideias’ juntamente à interpretação do português).

Veja o quadro a seguir com essas características:

Conectivo	Nome	Símbolo	Sinônimo	Ideia
E	Conjunção	$\wedge$	Mas Porém Nem = e não	Tudo “ao mesmo tempo”
Ou	Disjunção	$\vee$		Substituição (mas pode ser tudo)
Se..., então	Condicional	$\rightarrow$	Como Quando Pois Porque	Condição Conclusão Consequência
Se, e somente se	Bicondicional	$\leftrightarrow$		Igualdade
Ou..., ou	Disjunção Exclusiva	$\underline{\vee}$		Uma coisa **OU** outra (nunca as duas)

Atente às ideias dos conectivos, pois as bancas de concurso estão suprimindo os conectivos originários ou seus principais sinônimos e usando a 'ideia do conectivo' para tentar dificultar as questões.

Fique ligado!

Algumas bancas consideram a negação como conectivo, mas isso não é uma verdade, visto que conectivo forma proposição composta e negação modifica o valor da proposição.

Contudo, a depender do contexto da questão e para não perder o ponto, apenas siga a orientação do enunciado, faça o que a questão pede.

2.6 Tipos de Proposição

As proposições são divididas em dois tipos: proposição **SIMPLES** (única ou atômica) ou proposição **COMPOSTA** (várias ou moleculares).

A principal diferença entre uma proposição simples e uma proposição composta é a presença do conectivo lógico – na proposição composta.

Proposições compostas **TÊM** conectivo lógico (o conectivo serve exatamente para unir proposições simples e formar proposições compostas).

Exs.:

P: Luiza **viajou** para Paris;

A: Maria **brincou** na piscina;

M: Luiza **viajou** para Paris *e* Maria **brincou** na piscina;

D: *Se* Maria **brincou** na piscina, *então* Luiza **viajou** para Paris;

Veja que as proposições P e A são simples, únicas, com uma única ação (um verbo) e que não pode ser separada ou dividida, pois ficariam sem sentido (lembre-se que proposição tem sentido).

Já as proposições M e D são compostas, têm 2 proposições unidas por um conectivo, com mais de uma ação (mais de um verbo) e que podem ser divididas/separadas.

Simbolicamente (a estrutura lógica), as proposições M e D seriam:

M: $P \wedge A$

D: $A \rightarrow P$

Quadro resumo dos tipos de proposição

Proposição Simples	Proposição Composta
NÃO tem CONECTIVO	Tem CONECTIVO
NÃO pode ser DIVIDIDA	Pode ser DIVIDIDA
Tem só 1 verbo (ação)	Tem +1 verbo (+1 ação)

Questões comentadas

1. (CESPE/CEBRASPE – 2023 – SEPLAN/RR – ANALISTA DE PLANEJAMENTO E ORÇAMENTO) Considerando os conectivos lógicos usuais, que as letras maiúsculas representam proposições lógicas e que o símbolo ~ representa a negação de uma proposição, julgue o item subsecutivo.

   A sentença "O monte Roraima e o monte Caburaí são exemplos de formações geológicas decorrentes de movimentações de placas tectônicas ocorridas há centenas de milhões de anos" pode ser representada corretamente pela proposição lógica $R \rightarrow (P \wedge Q)$.

   Certo ( ) Errado ( )

A sentença em questão tem um sujeito composto, contudo a ideia presente na sentença é única ("são exemplos de...") e por mais que a sentença seja extensa, ela é uma proposição simples.

Uma boa ideia para avaliar se a proposição é simples ou composta é tentar dividir a sentença e ver se as partes separadas ficam com sentido e podem ser classificadas.

Na questão, não dá para dividir a proposição, logo, a proposição é simples.

GABARITO: ERRADO.

2. (IDECAN – 2023 – SEFAZ/RR – TÉCNICO EM INFRAESTRUTURA DE TECNOLOGIA DA INFORMAÇÃO) A proposição "Se desenvolvo o *back–end*, então outro programador trabalha no *front–end* e diagrama o visual dos gráficos" pode ser expressa simbolicamente por:

   a) $p \rightarrow q$
   b) $(p \vee q) \rightarrow r$
   c) $p \rightarrow (q \wedge r)$
   d) $p \leftrightarrow (q \vee r)$
   e) $(p \wedge r) \rightarrow q$.

A questão tem três conectivos, o SE, ENTÃO e o E. organizando a estrutura da proposição de forma simbólica fica:

"Se *desenvolvo o back-end*, então *outro programador trabalha no front-end* e *diagrama o visual dos gráficos*" = $p \rightarrow (q \wedge r)$.

Veja que tem uma proposição entre o 'se' e o 'então' e duas proposições depois do 'então' e ligadas pelo 'E'.

GABARITO: C.

2.7 Tabela-verdade

A tabela-verdade é o **dispositivo** usado para atribuir valores lógicos às proposições compostas – de acordo com os conectivos presentes na proposição composta – quando **NÃO SE SABE** os valores lógicos das proposições simples que a compõem.

Obs.: os valores das proposições compostas também são ou verdadeiro ou falso. A determinação desse valor é que depende dos valores das proposições simples que compõem a proposição composta e dos conectivos utilizados, e, para cada conectivo existe uma regra.

Fique ligado!

Lembre-se, a tabela-verdade só é necessária quando não são sabidos os valores das proposições simples.

Duas coisas são importantes saber para desenvolver a tabela-verdade: a primeira, é o número de linhas da tabela; a segunda, é o preenchimento do cabeçalho (primeira linha) da tabela:

1º) O número de linhas da tabela-verdade é determinado pelo número de proposições simples **diferentes** que compõem a proposição composta:

Para determinar a quantidade de linhas usamos a fórmula:

2^n, cujo “n” é o número de proposições simples.

Obs.: A quantidade de linhas é justificada pela necessidade de relacionar todos os valores, verdadeiro e falso, entre as proposições simples.

Ex.:

Considerando a proposição composta $P \wedge Q \rightarrow R$ (proposição composta por três proposições simples diferentes), essa proposição composta terá 8 linhas, visto que $2^3 = 2 \times 2 \times 2 = 8$ linhas:

P	Q	R
V	V	V
V	V	F
V	F	V
V	F	F
F	V	V
F	V	F
F	F	V
F	F	F

Note que todas as relações foram feitas, desde as 3 proposições verdadeiras até as 3 proposições falsas, passando por 2 verdadeiras e 1 falsa e 1 verdadeira e duas falsas.

A forma de preencher o início da tabela é também uma forma prática de obter todas as relações: na primeira coluna, coloque a primeira metade dos valores verdadeiros e a segunda metade dos valores falsos, a partir da segunda coluna, divida as metades já existentes da coluna anterior ao meio e coloque na parte de cima os valores verdadeiros e na parte de baixo os valores falsos; a última coluna de valores das proposições simples terão os valores alternados – linha a linha – em verdadeiro e falso.

Considerando a proposição composta A v B↔~A (proposição composta por 2 proposições simples – a negação de proposição não gera uma proposição diferente), essa proposição composta terá 4 linhas, visto que $2^2 = 2 \times 2 = 4$ linhas.

A	B	~A
V	V	F
V	F	F
F	V	V
F	F	V

Note que todas as relações foram feitas, as duas proposições verdadeiras, uma verdadeira e outra falsa, e as duas proposições falsas.

Veja também a negação da proposição A, note que houve apenas a mudança dos valores.

2º) O preenchimento do cabeçalho – primeira linha da tabela – deve seguir as seguintes regras:

- Colocar as proposições simples e suas negações (se houver negações) – com os respectivos valores de todas as relações V e F;
- Resolver primeiro o que está dentro dos parênteses ( ), depois dos colchetes [ ], e por último o que está dentro das chaves { };
- Se não houver ( ), [ ] ou { }, siga a ordem de prioridade dos conectivos, que é:

  Conjunção e disjunção (sem prioridade entre elas)

  Condicional

  Bicondicional (e disjunção exclusiva);
- Determinação do conectivo principal: o conectivo principal é aquele que é resolvido por último, ele é o que "manda" na proposição;
- Última coluna da tabela: a última coluna da tabela-verdade deve ser a coluna de TODA a proposição composta que se está 'dando' valor.

Fique ligado!

É importante a determinação do conectivo principal porque é dele que faremos as equivalências e negações de proposição composta – quando as questões pedirem.

Ex.:

Preencha o cabeçalho da proposição [(P ∧ Q) → R] ∨ P

- Colocando as proposições simples:

P	Q	R			
V	V	V			
V	V	F			
V	F	V			
V	F	F			
F	V	V			
F	V	F			
F	F	V			
F	F	F			

Colocamos as proposições simples e seus valores (lembrando que se não sabemos os valores das proposições simples, então temos que trabalhar com todas as variações de valores para as 3 proposições simples, e por isso, desenhamos a tabela-verdade).

- Resolvendo os parênteses e colchetes:

P	Q	R	P ∧ Q	(P ∧ Q) → R	
V	V	V			
V	V	F			
V	F	V			
V	F	F			
F	V	V			
F	V	F			
F	F	V			
F	F	F			

- Determinando o conectivo principal e a última coluna:

P	Q	R	P ∧ Q	(P ∧ Q) → R	[(P ∧ Q) → R] ∨ P
V	V	V			
V	V	F			
V	F	V			
V	F	F			
F	V	V			
F	V	F			
F	F	V			
F	F	F			

Agora, vamos aos valores propriamente ditos (aqui vale muito prestar atenção na "regra" que será trabalhada), de cada conectivo.

Conjunção

Na conjunção, a proposição composta só será **VERDADEIRA** quando todas as proposições que a compõem forem verdadeiras, veja:

P	Q	P ∧ Q
V	V	V
V	F	
F	V	
F	F	

Se uma das proposições que compõem a conjunção for falsa, a conjunção já será falsa.

P	Q	P ∧ Q
V	**V**	**V**
V	F	F
F	V	F
F	F	F

Um bom exemplo para lembrar da conjunção é a condição para ser servidor público efetivo. Você só consegue, se cumprir **TODAS** as etapas (passar no concurso **E** ser nomeado **E** tomar posse **E** entrar em exercício **E** adquirir estabilidade).

Disjunção

Na disjunção, a proposição composta só será FALSA quando todas as proposições que a compõem forem falsas, veja:

P	Q	P ∨ Q
V	V	
V	F	
F	V	
F	F	F

Se uma das proposições que compõem a disjunção for verdadeira, a disjunção já será verdadeira.

P	Q	P ∨ Q
V	V	**V**
V	F	**V**
F	V	**V**
F	F	F

Um bom exemplo para lembrar da disjunção é você fazer concurso para polícia em que no edital tenha o cargo de investigador e escrivão (uso esse exemplo porque os cargos têm o mesmo salário), com dias de provas diferentes. Você pode passar tanto para investigador como para escrivão, e passar em um **OU** passar no outro serve, e inclusive passar nos dois.

Condicional

No condicional, a proposição composta só será **FALSA** quando o "antecedente" for verdadeiro e o "consequente" for falso (em qualquer outra situação o condicional é verdadeiro), veja:

P	Q	P → Q
V	V	
V	F	F
F	V	
F	F	

Os termos do condicional têm alguns nomes específicos que é bom sabermos, caso apareçam nas provas com essas nomenclaturas saberemos do que se trata.

Se P,	**Então**	**Q**
P	→	**Q**
Antecedente	→	Consequente
Condição Suficiente	→	Condição Necessária
Causa	→	Efeito
Explicação	→	Conclusão

Se o antecedente for falso, o condicional já é verdadeiro, independentemente do valor do consequente; e se o consequente for verdadeiro, o condicional já é verdadeiro, independentemente do valor do antecedente.

P	Q	$P \rightarrow Q$
V	V	**V**
V	F	F
F	V	**V**
F	F	**V**

Um bom exemplo para lembrar do condicional é a cidade e o estado que você nasceu:

- Se nasceu em Cascavel (V), então é paranaense (V) = (verdadeiro);
- Se nasceu em Cascavel (V), então não é paranaense (F) = (falso);
- Se não nasceu em Cascavel (F), então é paranaense (V) = (verdadeiro – existem outras cidades no Paraná);
- Se não nasceu em Cascavel (F), então não é paranaense (F) = (verdadeiro – existem outras cidades no Brasil).

Os principais sinônimos do condicional são:

- Quando: Quando A, B = A → B;
- Como: Como A, B = A → B;
- Logo: A logo B = A → B;
- Portanto: A portanto B = A → B;
- Pois (*só com uma virgula*): A, pois B = B → A;
- Pois (*entre duas virgulas*): A, pois, B = A → B;
- Somente se: A somente se B = A → B;
- Apenas se: A apenas se B = A → B;

- Sempre que: sempre que A, B = A → B;
- É consequência: A é consequência de B = B → A.

Bicondicional

No bicondicional (ideia de igualdade) a proposição composta será VERDADEIRA quando as proposições que o compõem tiverem **valores iguais**, e FALSA quando tiverem **valores diferentes**, veja:

P	**Q**	**P ↔ Q**
V	**V**	**V**
V	F	F
F	V	F
F	**F**	**V**

Um bom exemplo para lembrar do bicondicional é casal apaixonado, ou eles fazem "tudo" juntos (V ↔ V = V) ou "nada" juntos (F ↔ F = V).

Disjunção exclusiva

Na disjunção exclusiva, a proposição composta será VERDADEIRA quando as proposições que a compõem tiverem **valores diferentes**, e FALSA quando tiverem **valores iguais**, veja:

P	**Q**	**P ⊻ Q**
V	V	F
V	**F**	**V**
F	**V**	**V**
F	F	F

Um bom exemplo para lembrar da disjunção exclusiva é você tomar posse no cargo de auditor ou analista. Ou você toma posse para auditor ou você toma posse para analista, não dá para tomar posse nos dois.

Fique ligado!

Note que o bicondicional e a disjunção exclusiva são o contrário uma da outra, em relação aos valores.

Quadro resumo dos valores das proposições compostas

Conectivo	Verdadeiro quando...	Falso quando...
Conjunção	"tudo" for Verdadeiro	Pelo menos uma das proposições que a compõem for falsa
Disjunção	Pelo menos uma das proposições que a compõem for verdadeira	"tudo" for Falso
Condicional	Antecedente Falso ou Consequente Verdadeiro	V → F = F (Antecedente VERDADEIRO Consequente FALSO)
Bicondicional	Proposições que a compõem têm valores IGUAIS	Proposições que a compõem têm valores diferentes
Disjunção Exclusiva	Proposições que a compõem têm valores DIFERENTES	Proposições que a compõem têm valores iguais

Complementando agora a tabela do começo do exemplo quando começamos a falar de tabela-verdade, fica:

P	Q	R	P ∧ Q	(P ∧ Q) → R	*[(P ∧ Q) → R] ∨ P*
V	**V**	**V**	**V**	**V**	**V**
V	**V**	F	**V**	F	**V**
V	F	**V**	F	**V**	**V**
V	F	F	F	**V**	**V**
F	**V**	**V**	F	**V**	**V**
F	**V**	F	F	**V**	**V**
F	F	**V**	F	**V**	**V**
F	F	F	F	**V**	**V**

Dentro da tabela-verdade outros conceitos importantes a serem trabalhados são os da **tautologia, contradição e contingência**. Vejamos:

Tautologia

Tautologia é a proposição composta que é **sempre** ou **toda verdadeira** (independente dos valores lógicos das proposições simples que a compõem).

Em outras palavras, é quando a última coluna da tabela-verdade (coluna da proposição composta) é toda verdadeira.

Ex.: $(P \wedge Q) \rightarrow (P \vee Q)$

P	Q	$P \wedge Q$	$P \vee Q$	$(P \wedge Q) \rightarrow (P \vee Q)$
V	V	V	V	V
V	F	F	V	V
F	V	F	V	V
F	F	F	F	V

Uma outra forma de descobrir se determinada proposição é uma tautologia é 'tentando' fazer esta proposição ficar falsa, caso ela fique falsa, já sabemos que não é tautologia, caso ela não tenha jeito de ficar falsa, ela é tautologia. Vamos fazer isso com o exemplo anterior:

$$(P \wedge Q) \rightarrow (P \vee Q)$$

Como essa proposição é um condicional, ela será falsa se o antecedente $(P \wedge Q)$ for verdadeiro e o consequente for falso $(P \vee Q)$. Como o antecedente é uma conjunção, ele só será verdadeiro se P e Q forem verdadeiros, com isso (P = V e Q = V) o consequente, que é uma disjunção, não tem como ficar falso, logo a proposição $(P \wedge Q) \rightarrow (P \vee Q)$ não tem como ficar falsa e, portanto, é uma tautologia.

Contradição

Contradição é a proposição composta que é **sempre** ou **toda falsa**, independente dos valores lógicos das proposições simples que a compõem. Em outras palavras, é quando a última coluna da tabela-verdade (coluna da proposição composta) é toda falsa.

Ex.: $(P \vee Q) \wedge (\sim P \wedge \sim Q)$

P	Q	~P	~Q	$P \vee Q$	$\sim P \wedge \sim Q$	$(P \vee Q) \wedge (\sim P \wedge \sim Q)$
V	V	F	F	V	F	F
V	F	F	V	V	F	F
F	V	V	F	V	F	F
F	F	V	V	F	V	F

Uma outra forma de descobrir se determinada proposição é uma contradição é tentando fazer esta proposição ficar verdadeira, caso ela fique verdadeira, já sabemos que não é contradição, caso ela não tenha jeito de ficar verdadeira, ela é contradição. Vamos fazer isso com o exemplo anterior:

$$(P \vee Q) \wedge (\sim P \wedge \sim Q)$$

Como essa proposição é uma conjunção, ela será verdadeira quando as proposições que a compõem $(P \vee Q)$ e $(\sim P \wedge \sim Q)$ forem verdadeiras. Para $(\sim P \wedge \sim Q)$ – uma conjunção – ser verdadeira é preciso que ~P = V e ~Q = V, com isso P = F e Q = F, e $(P \vee Q)$ = F (a disjunção é falsa quando as proposições que a compõem são falsas). Dessa forma, a proposição $(P \vee Q) \wedge (\sim P \wedge \sim Q)$ não tem como ficar verdadeira e, portanto, é uma contradição.

Contingência

Contingência é a proposição composta que não é Tautologia nem Contradição. É quando a última coluna da tabela-verdade tem valores verdadeiros e falsos.

Ex.: P ∧ (Q → ~P)

P	Q	~P	Q → ~P	P ∧ (Q → ~P)
V	V	F	F	F
V	F	F	V	V
F	V	V	V	F
F	F	V	V	F

Não tem outra forma de saber se uma proposição é uma contingência, a ideia é desenhar a tabela-verdade e verificar os valores da última coluna.

Questões comentadas

1. **(CESPE/CEBRASPE – 2023 – PO/AL – PAPILOSCOPISTA)** Considere os conectivos lógicos usuais e assuma que as letras maiúsculas representam proposições lógicas simples. Com base nessas informações, julgue o item seguinte relativo à lógica proposicional.

   A proposição lógica (P → Q) ↔ ((~P) ∨ Q) é uma tautologia.

   Certo ( ) Errado ( )

Desenhando a tabela-verdade da proposição da questão e analisando sua última coluna:

P	Q	~P	P → Q	(~P) ∨ Q	(P → Q) ↔ ((~P) ∨ Q)
V	V	F	V	V	V
V	F	F	F	F	V
F	V	V	V	V	V
F	F	V	V	V	V

Note que a última coluna da tabela é toda verdadeira, logo a proposição (P → Q) ↔ ((~P) ∨ Q) é uma tautologia.

GABARITO: CERTO.

2. **(QUADRIX – 2023 – CRO/SC – ADMINISTRADOR)** Com relação a equações e inequações e estruturas lógicas, julgue o item.

   "Se o número 1 é um número primo, então a Terra é plana" é uma proposição falsa.

   Certo ( ) Errado ( )

O conectivo da questão é um condicional (Se, Então) e as proposições que compõem o condicional são, respectivamente, F (o número 1 é um número primo) e F (a Terra é plana), com isso o valor da proposição da questão é verdadeiro (F → F = V).

Lembre-se que no condicional, se o antecedente é falso, o condicional é verdadeiro, independentemente do valor do consequente.

GABARITO: ERRADO.

2.8 Equivalências lógicas

Equivalência lógica é, em outras palavras, igualdade de proposições. Essa igualdade pode ser tanto de proposições simples como de proposições compostas.

Para as proposições simples, basta analisar se as proposições equivalentes estão dizendo a mesma coisa.

Ex.:

M: a luz está apagada

M: a luz não está acesa

Para as proposições compostas, existem regras de equivalência de acordo com cada conectivo e todas as regras são provadas (ou demonstradas) por tabela-verdade, já que, conceitualmente, dizer que **duas ou mais proposições compostas são equivalentes é dizer que elas são compostas pelas mesmas proposições simples e suas tabelas verdade são iguais**.

Vejamos as regras – simbolicamente – de acordo com os conectivos, e, posteriormente, as tabelas que comprovam essas regras.

Conjunção

$P \wedge Q = Q \wedge P$ (equivalência recíproca – as proposições podem só trocar de lugar).

Disjunção

$P \vee Q = Q \vee P$ (equivalência recíproca – as proposições podem só trocar de lugar).

Condicional

$P \rightarrow Q = \sim Q \rightarrow \sim P$ (equivalência contra positiva – as proposições trocam de lugar e são negadas = TROCA e NEGA);

$P \rightarrow Q = \sim P \vee Q$ (implicação material = negar o antecedente, trocar o SE..., ENTÃO por OU, manter o consequente = Nega OU Mantém).

Obs: a equivalência contra positiva também pode ser chamada de contra recíproca, de acordo com alguns autores e bancas examinadoras.

Bicondicional

$P \leftrightarrow Q = Q \leftrightarrow P$ (equivalência recíproca – as proposições podem só trocar de lugar);

$P \leftrightarrow Q = \sim P \leftrightarrow \sim Q$ (equivalência contrária – as proposições são negadas, mas ficam no mesmo lugar);

$P \leftrightarrow Q = \sim Q \leftrightarrow \sim P$ (equivalência contra positiva – as proposições trocam de lugar e são negadas = TROCA e NEGA);

$P \leftrightarrow Q = (P \rightarrow Q) \wedge (Q \rightarrow P)$ (dois condicionais = bicondicional).

Disjunção exclusiva

P ∨ Q = Q ∨ P (equivalência recíproca – as proposições podem só trocar de lugar);

P ∨ Q = ~P ∨ ~Q (equivalência contrária – as proposições são negadas, mas ficam no mesmo lugar);

P ∨ Q = ~Q ∨ ~P (equivalência contra positiva – as proposições trocam de lugar e são negadas = TROCA e NEGA);

P ∨ Q = (P ∧ ~Q) ∨ (~P ∧ Q) (só P ou só Q = disjunção exclusiva).

Disjunção

P ∨ Q = ~P → Q = ~Q → P (Nega OU Mantém – ao contrário).

Tabelas Verdade das Equivalências Lógicas

P ∧ Q = Q ∧ P

P	Q	**P ∧ Q**	**Q ∧ P**
V	V	V	V
V	F	F	F
F	V	F	F
F	F	F	F

P ∨ Q = Q ∨ P

P ∨ Q = ~P → Q = ~Q → P

P	Q	~P	~Q	**P ∨ Q**	**Q ∨ P**	**~P → Q**	**~Q → P**
V	V	F	F	V	V	V	V
V	F	F	V	V	V	V	V
F	V	V	F	V	V	V	V
F	F	V	V	F	F	F	F

P → Q = ~Q → ~P

P → Q = ~P ∨ Q

P	Q	~P	~Q	**P → Q**	**~Q → ~P**	**~P ∨ Q**
V	V	F	F	V	V	V
V	F	F	V	F	F	F
F	V	V	F	V	V	V
F	F	V	V	V	V	V

$P \leftrightarrow Q = Q \leftrightarrow P$

$P \leftrightarrow Q = \sim P \leftrightarrow \sim Q$

$P \leftrightarrow Q = \sim Q \leftrightarrow \sim P$

P	Q	~P	~Q	**P ↔ Q**	**Q ↔ P**	**~P ↔ ~Q**	**~Q ↔ ~P**
V	V	F	F	V	V	V	V
V	F	F	V	F	F	F	F
F	V	V	F	F	F	F	F
F	F	V	V	V	V	V	V

$P \leftrightarrow Q = (P \rightarrow Q) \wedge (Q \rightarrow P)$

P	Q	P → Q	Q → P	**P ↔ Q**	**(P → Q) ∧ (Q → P)**
V	V	V	V	V	V
V	F	F	V	F	F
F	V	V	F	F	F
F	F	V	V	V	V

$P \vee Q = Q \vee P$

$P \vee Q = \sim P \vee \sim Q$

$P \vee Q = \sim Q \vee \sim P$

P	**Q**	**~P**	**~Q**	**P ⊻ Q**	**Q ⊻ P**	**~P ⊻ ~Q**	**~Q ⊻ ~P**
V	**V**	**F**	**F**	**F**	**F**	**F**	**F**
V	**F**	**F**	**V**	**V**	**V**	**V**	**V**
F	**V**	**V**	**F**	**V**	**V**	**V**	**V**
F	**F**	**V**	**V**	**F**	**F**	**F**	**F**

$P \vee Q = (P \wedge \sim Q) \vee (\sim P \wedge Q)$

P	Q	~P	~Q	P ∧ ~Q	~P ∧ Q	**P ↔ Q**	**(P ∧ ~Q) ∨ (~P ∧ Q)**
V	V	F	F	F	F	F	F
V	F	F	V	V	F	V	V
F	V	V	F	F	V	V	V
F	F	V	V	F	F	F	F

Equivalência recíproca é quando as proposições trocam de lugar; equivalência contrária é quando as proposições são apenas negadas, mas permanecem no mesmo lugar; e equivalência contra positiva é quando as proposições são trocadas de lugar e negadas – ao mesmo tempo.

Dentre as equivalências lógicas, têm algumas bem especificas, como as **propriedades associativa e distributiva das conjunções e disjunções**. Vejamos essas propriedades de forma simbólica e, também, mostrando na tabela-verdade.

Associativa

- $A \wedge B \wedge C = (A \wedge B) \wedge C = A \wedge (B \wedge C)$

A	B	C	A ∧ B	B ∧ C	**A ∧ B ∧ C**	**(A ∧ B) ∧ C**	**A ∧ (B ∧ C)**
V	V	V	V	V	V	V	V
V	V	F	V	F	F	F	F
V	F	V	F	F	F	F	F
V	F	F	F	F	F	F	F
F	V	V	F	V	F	F	F
F	V	F	F	F	F	F	F
F	F	V	F	F	F	F	F
F	F	F	F	F	F	F	F

- $A \vee B \vee C = (A \vee B) \vee C = A \vee (B \vee C)$

A	B	C	A v B	B v C	**A v B v C**	**(A v B) v C**	**A v (B v C)**
V	V	V	V	V	V	V	V
V	V	F	V	V	V	V	V
V	F	V	V	V	V	V	V
V	F	F	V	F	V	V	V
F	V	V	V	V	V	V	V
F	V	F	V	V	V	V	V
F	F	V	F	V	V	V	V
F	F	F	F	F	F	F	F

Distributiva

- $A \wedge (B \vee C) = (A \wedge B) \vee (A \wedge C)$

A	B	C	B ∨ C	A ∧ B	A ∧ C	**A ∧ (B ∨ C)**	**(A ∧ B) ∨ (A ∧ C)**
V	V	V	V	V	V	**V**	**V**
V	V	F	V	V	F	**V**	**V**
V	F	V	V	F	V	**V**	**V**
V	F	F	F	F	F	**F**	**F**
F	V	V	V	F	F	**F**	**F**
F	V	F	V	F	F	**F**	**F**
F	F	V	V	F	F	**F**	**F**
F	F	F	F	F	F	**F**	**F**

- $(A \wedge B) \vee C = (A \vee C) \wedge (B \vee C)$

A	B	C	A ∧ B	A ∨ C	B ∨ C	**(A ∧ B) ∨ C**	**(A ∨ C) ∧ (B ∨ C)**
V	V	V	V	V	V	**V**	**V**
V	V	F	V	V	V	**V**	**V**
V	F	V	F	V	V	**V**	**V**
V	F	F	F	V	F	**F**	**F**
F	V	V	F	V	V	**V**	**V**
F	V	F	F	F	V	**F**	**F**
F	F	V	F	V	V	**V**	**V**
F	F	F	F	F	F	**F**	**F**

Questões comentadas

1. **(IBFC – 2023 – SEJUSP/MG – AGENTE DE SEGURANÇA SOCIOEDUCATIVO)** Assinale a alternativa que representa uma equivalência da proposição lógica “Se Ana trabalhou, então foi remunerada pelos seus serviços prestados”.

a) Ana trabalhou ou não foi remunerada pelos seus serviços prestados.

b) Ana não trabalhou ou não foi remunerada pelos seus serviços prestados.

c) Ana não trabalhou e não foi remunerada pelos seus serviços prestados.

d) Ana não trabalhou ou foi remunerada pelos seus serviços prestados.

A proposição do enunciado é um condicional e uma das equivalências do condicional – baseado nas alternativas - é com disjunção, na regra "Nega OU Mantém". Aplicando essa regra à equivalência de "Se Ana trabalhou, então foi remunerada pelos seus serviços prestados" é "Ana não trabalhou ou foi remunerada pelos seus serviços prestados".

GABARITO: D.

2. **(VUNESP – 2023 – TCM/SP – AUXILIAR TÉCNICO DE CONTROLE EXTERNO)** Considere a seguinte afirmação: Hélio é casado ou Luana é solteira.

   Uma equivalência lógica para a proposição apresentada está contida na alternativa:

   a) Se Hélio não é casado, então Luana é solteira.

   b) Hélio e Luana são solteiros.

   c) Se Hélio é solteiro, então Luana é casada.

   d) Hélio e Luana são casados.

   e) Se Hélio é casado, então Luana não é solteira.

A proposição do enunciado é uma disjunção e uma das equivalências da disjunção – baseado nas alternativas - é com o condicional, na regra "Nega uma das proposições OU Mantém a outra".

Aplicando essa regra à equivalência de "Hélio é casado ou Luana é solteira" é "Se Hélio não é casado, então Luana é solteira".

GABARITO: A.

2.9 Negações de proposições compostas

Negação de proposição composta também é a mudança do seu valor lógico, mas não apenas negando a ação verbal, pois como tem conectivos, cada conectivo tem uma regra de negação própria.

As regras de negação nem sempre farão "sentido", mas lembre-se, são as **REGRAS**, elas não mudam, e são todas provadas na tabela-verdade.

Fique ligado!

As negações de proposições compostas também são equivalências lógicas, mas com suas regras específicas, de negação.

Vejamos as regras – simbolicamente – de acordo com os conectivos e as tabelas que comprovam essas regras.

Conjunção

- ~(P ∧ Q) = ~P ∨ ~Q (troca o **E** por **OU** e nega todas as proposições);
- ~(P ∧ Q) = P → ~Q = Q → ~P (mantém **E** nega, ao contrário).

P	Q	~P	~Q	**P ∧ Q**	**~(P ∧ Q)**	**~P ∨ ~Q**	**P → ~Q**	**Q → ~P**
V	V	F	F	V	F	F	F	F
V	F	F	V	F	V	V	V	V
F	V	V	F	F	V	V	V	V
F	F	V	V	F	V	V	V	V

Disjunção

- ~(P ∨ Q) = ~P ∧ ~Q (troca o **OU** por **E** e nega todas as proposições).

P	Q	~P	~Q	**P ∨ Q**	**~(P ∨ Q)**	**~P ∧ ~Q**
V	V	F	F	V	F	F
V	F	F	V	V	F	F
F	V	V	F	V	F	F
F	F	V	V	F	V	V

As negações das conjunções e disjunções também são conhecidas como as **Leis de Morgan**.

Condicional

- ~(P → Q) = P ∧ ~Q (mantém o antecedente, trocar o **SE..., ENTÃO** por **E**, nega o consequente = Mantém **E** Nega).

P	Q	~Q	**P → Q**	**~(P → Q)**	**~P ∧ Q**
V	V	F	V	F	F
V	F	V	F	V	V
F	V	F	V	F	F
F	F	V	V	F	F

Bicondicional

- ~(P ↔ Q) = P ⊻ Q (só troca a bicondicional pela disjunção exclusiva);
- ~(P ↔ Q) = ~P ↔ Q = P ↔ ~Q (mantém o bicondicional e nega apenas uma das proposições).

P	Q	~P	~Q	**P ↔ Q**	**P ⊻ Q**	**~P ↔ Q**	**P ↔ ~Q**
V	V	F	F	V	F	F	F
V	F	F	V	F	V	V	V
F	V	V	F	F	V	V	V
F	F	V	V	V	F	F	F

Disjunção exclusiva

- ~(P ∨ Q) = P ↔ Q (só troca a disjunção exclusiva pela bicondicional);
- ~(P ∨ Q) = ~P ⊻ Q = P ⊻ ~Q (mantém a disjunção exclusiva e nega apenas uma das proposições).

P	Q	~P	~Q	**P ⊻ Q**	**P ↔ Q**	**~P ⊻ Q**	**P ⊻ ~Q**
V	V	F	F	F	V	V	V
V	F	F	V	V	F	F	F
F	V	V	F	V	F	F	F
F	F	V	V	F	V	V	V

Após ver as equivalências lógicas e as negações de proposições compostas é importante entender que podem existir outras regras de equivalência ou negação, mas essas regras serão derivadas das regras já apresentadas aqui, bastando relacionar essas regras para chegar nas respostas almejadas.

Questões comentadas

1. **(CESPE/CEBRASPE – 2023 – PO/AL – AUXILIAR DE PERÍCIA)** Considerando os conectivos lógicos usuais e assumindo que as letras maiúsculas representam proposições lógicas, julgue o item seguinte, relativos à lógica proposicional.

A negação da sentença "Se eu me alimento de forma saudável, então terei uma boa qualidade de vida no período da terceira idade" corresponde à sentença "Se eu não me alimento de forma saudável, então não terei uma boa qualidade de vida no período da terceira idade".

Certo ( )   Errado ( )

A proposição do enunciado é um condicional (se, então) e a negação do condicional é uma conjunção (e), na regra "Mantém E Nega".

Contudo, a questão trouxe como negação do condicional outro condicional, o que torna a questão errada.

GABARITO: ERRADO.

2. **(FUNDATEC – 2023 – BRDE – ANALISTA DE PROJETOS)** A negação de "Carlos come pudim e massa" é:

   a) Carlos não come pudim e massa.
   b) Carlos come pudim e massa quase nunca.
   c) Carlos não come nada.
   d) Carlos come sagu e lasanha.
   e) Carlos não come pudim ou não come massa.

A proposição do enunciado é uma conjunção (e) e a negação da conjunção é uma disjunção (ou), além da negação das proposições que se compõem. Analisando as alternativas e aplicando a regra da negação, a alternativa correta para a questão é a letra E (Carlos não come pudim ou não come massa).

GABARITO: E.

2.10 Quantificadores lógicos

Nas proposições, para os quantificadores – proposições categóricas – o que precisamos saber são as relações entre eles, que são: equivalência, negação e implicação. Há também as redundâncias e as falsas equivalências.

Vejamos as relações:

Equivalências

Todo A é B = **nenhum** A **não** é B

(todas as portas estão abertas = nenhuma porta está fechada)

Nenhum A é B = **todo** A **não** é B

(nenhuma luz está acesa = todas as luzes estão apagadas)

O que não está aberto, está fechado; o que não está aceso, está apagado.

Negações

Todo A é B = **algum** A **não** é B

(todos as aves voam = alguma ave não voa)

Nenhum A é B = **algum** A é B

(nenhuma criança é triste = alguma criança é triste)

Implicação

TODO A é B = **SE** A **ENTÃO** B

(todos os adultos são chatos = se é adulto, então é chato)

A implicação ocorre do TODO para o SE, ENTÃO, o contrário – via de regra – não se aplica, mas pode acontecer que fazer essa implicação reversa seja o único jeito de resolver uma questão.

Fique ligado!

No TODO A é B, o conjunto A está contido no conjunto B (A está dentro de B), ou seja, o conjunto B contém o conjunto A.

Redundância

Algum **A é B** = algum **B é A**

Nenhum **A é B** = nenhum **B é A**

Falsas equivalências

Todo **A é B** ≠ todo **B é A**

Algum **A não é B** ≠ algum **B não é A**

Esquema prático das relações de equivalências e negações dos quantificadores

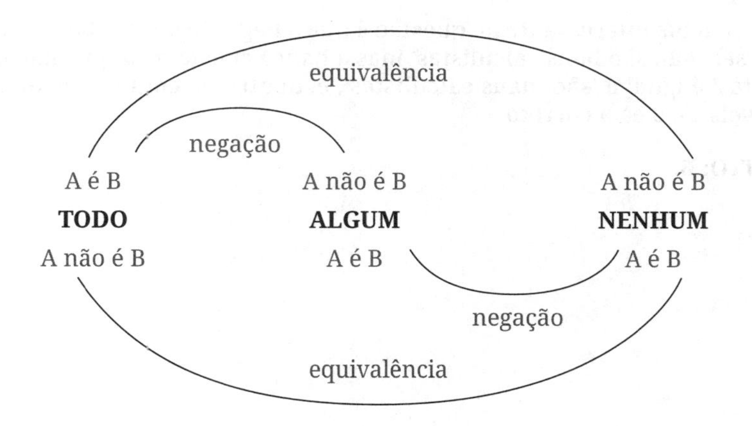

Questões comentadas

1. **(CONSULPLAN – 2023 – SEGER/ES – ANALISTA DO EXECUTIVO)** Um servidor da SEGER/ES afirmou que "todos os servidores da SEGER/ES trabalham aos domingos". Sabendo–se que a afirmação que possui caráter hipotético feita pelo servidor é FALSA, pode–se concluir que:

   a) Algum servidor da SEGER/ES não trabalha aos domingos.

   b) Nenhum dos servidores da SEGER/ES trabalha aos domingos.

   c) Pelo menos um servidor da SEGER/ES trabalha aos domingos.

   d) Todos os servidores da SEGER/ES nunca trabalham aos domingos.

   e) Os servidores da SEGER/ES trabalham somente de segunda-feira a sábado.

Quando uma questão que envolve quantificadores afirma que uma proposição é falsa e pede 'é correto afirmar', em outras palavras, a questão quer que você negue a proposição. Com isso fazendo a negação do TODO A é B, que é ALGUM A não é B, temos que a negação de 'todos os servidores da SEGER/ES trabalham aos domingos' é 'algum servidor da SEGER/ES não trabalha aos domingos'.

GABARITO: A.

2. **(FUMARC – 2023 – AL/MG – TÉCNICO DE APOIO LEGISLATIVO)** Considerando a sentença p: "todos os homens são bons calculistas", então é CORRETO afirmar que a negação de p é a sentença:

   a) Nenhum homem é bom calculista.

   b) Pelo menos um homem é mau calculista.

   c) Todas as mulheres são boas calculistas.

   d) Todos os homens são maus calculistas.

A negação do TODO A é B, que é ALGUM A não é B, leva à alternativa correta da questão que é a afirmativa B, já que PELO MENOS UM é sinônimo de ALGUM.

Contudo, o mais interessante na questão é que a negação de 'são bons calculistas' deveria ser 'não são bons calculistas' mas a banca considerou que 'não são bons calculistas' é igual a 'são maus calculistas', e, dentro do contexto e alternativas disponíveis, isso está correto.

GABARITO: B.

Vamos praticar

1. **(IDECAN – 2023 – SEFAZ/RR – TÉCNICO EM INFRAESTRUTURA DE TECNOLOGIA DA INFORMAÇÃO)** A respeito do conceito de proposição, é correto afirmar que:
   a) É uma sentença seja ela expressa de forma afirmativa ou negativa, na qual é possível atribuir um valor lógico verdadeiro, falso ou verdadeiro e falso.
   b) Uma proposição sempre será considerada simples se puder ser expressa por símbolos.
   c) A proposição "Fui ao supermercado fazer compras e transferir uma quantia para minha mãe" é classificada como proposição simples.
   d) Sentenças interrogativas, imperativas e exclamativas são exemplos que não se classificam como proposição.
   e) Uma frase imperativa pode ser uma proposição.

2. **(FUNDATEC – 2023 – BRDE – ANALISTA DE PROJETOS)** Entre as alternativas abaixo, qual NÃO pode ser considerada uma proposição lógica?
   a) Ana é balconista.
   b) Paulo tem 5 gatos.
   c) Porto Alegre é no Rio Grande do Sul.
   d) $1>9$
   e) João é incrível.

3. **(FUNDATEC – 2023 – BRDE – ANALISTA DE PROJETOS)** Entre as alternativas abaixo, qual pode ser considerada uma proposição lógica?
   a) Pedro é competente?
   b) Qual é a sua comida preferida?
   c) Pequim é encantadora.
   d) Almir tem três carros.
   e) Amor é verdadeiro.

4. **(FUNDATEC – 2023 – BRDE – ASSISTENTE ADMINISTRATIVO)** Dentre as alternativas abaixo, qual NÃO pode ser considerada uma proposição lógica?
   a) Paula é torcedora do Flamengo.
   b) Pedro tem 5 cães.
   c) Rio de Janeiro é no Brasil.
   d) Maria tem bom coração.
   e) $4>5$.

5. **(QUADRIX – 2023 – CRO/SC – ADMINISTRADOR)** Com relação a equações e inequações e estruturas lógicas, julgue o item, "Pelé é o maior jogador de futebol de todos os tempos!" é uma proposição.

   Certo ( )   Errado ( )

(QUADRIX - 2023 – CRO/BA - ANALISTA DE LICITAÇÕES E CONTRATOS) Julgue os itens.

6. A frase “Natal é tempo de renovação!” é considerada uma proposição.

Certo ( ) Errado ( )

7. O número de linhas da tabela–verdade da proposição composta $(p \land q) \leftrightarrow \sim(r \lor s)$ é um quadrado perfeito.

Certo ( ) Errado ( )

8. A proposição “Se a Bahia é a capital de Salvador, então o Brasil está localizado na Europa” é falsa.

Certo ( ) Errado ( )

(QUADRIX - 2023 – CREF/3ª REGIÃO - ASSISTENTE ADMINISTRATIVO) Três irmãos, André, Fernando e Paulo, estavam brincando na sala de estar quando, acidentalmente, um deles chutou uma bola de futebol em um vaso de flores. O vaso, infelizmente, caiu no chão, quebrou e fez um barulho enorme. Assustada, a mãe deles veio correndo e perguntou quem era o culpado. André respondeu: – “Eu quebrei o vaso!”. Fernando respondeu: – “Eu não quebrei o vaso”. Paulo, por sua vez, disse: – “O André não quebrou o vaso”. Sabe-se que apenas um deles está dizendo a verdade.

Com base nessa situação hipotética, julgue os itens.

9. A frase “Eu quebrei o vaso!” é uma proposição exclamativa.

Certo ( ) Errado ( )

10. (QUADRIX – 2023 – IPREV/DF – ANALISTA PREVIDENCIÁRIO) A barata sempre mente. A barata tem uma saia de filó. A barata disse: “Todas as minhas saias são de filó”.

Admitindo a veracidade das três afirmações acima, julgue o item, a negação de “A barata sempre mente” é “A barata nunca mente”.

Certo ( ) Errado ( )

11. (UNESC – 2023 – PREFEITURA DE CRICIÚMA/SC – MÉDICO) Qual das proposições abaixo é classificada como composta?

a) João é graduado e pós-graduado.
b) É muito comum os jovens serem rebeldes.
c) Lúcia nunca sai de casa sozinha.
d) Murilo deseja ser pai um dia.
e) Felipe tem muitos sonhos.

12. (UNESC – 2023 – PREFEITURA DE CRICIÚMA/SC – MOTORISTA) Observe as proposições abaixo:

p: Lucas aplica uma parte do seu salário todos os meses.

q: Lucas é econômico.

Qual das alternativas abaixo apresenta a tradução em linguagem simbólica da sentença “Se Lucas aplica uma parte do seu salário todos os meses, então Lucas é econômico”.

a) $\sim p \leftrightarrow q$
b) $p \leftrightarrow q$

c) $\sim p \rightarrow q$

d) $p \rightarrow q$

e) $p \rightarrow \sim q$

13. (INQC – 2023 – COMDEP/RJ – CARGOS DE NÍVEL MÉDIO) A afirmação “O Senegal vencer o Equador é condição suficiente para que o Equador não se classifique” é logicamente equivalente a:

a) se o Senegal vencer o Equador, então o Equador não se classifica.

b) se o Equador não se classifica, então o Senegal vence o Equador.

c) o Equador não se classifica ou o Senegal vence o Equador.

d) o Equador não se classifica e o Senegal vence o Equador.

14. (IBFC – 2023 – SEJUSP/MG – AGENTE DE SEGURANÇA SOCIOEDUCATIVO) Sejam as proposições lógicas simples:

p: O Brasil é um dos maiores exportadores de carne bovina.

q: O Brasil tem um sistema econômico dependente do agronegócio.

A proposição lógica composta $p \wedge \sim q$ corresponde a:

a) O Brasil é um dos maiores exportadores de carne bovina e tem um sistema econômico dependente do agronegócio.

b) O Brasil é um dos maiores exportadores de carne bovina e não tem um sistema econômico dependente do agronegócio.

c) O Brasil não é um dos maiores exportadores de carne bovina ou tem um sistema econômico dependente do agronegócio.

d) O Brasil é um dos maiores exportadores de carne bovina ou não tem um sistema econômico dependente do agronegócio.

15. (IBFC – 2023 – SEJUSP/MG – AGENTE DE SEGURANÇA SOCIOEDUCATIVO) Sejam as proposições lógicas simples:

p: Eduarda gosta de voleibol.

q: Felipe é técnico de futebol.

A proposição lógica composta $\sim p \leftrightarrow q$ corresponde a:

a) Se Eduarda gosta de voleibol, então Felipe é técnico de futebol.

b) Eduarda gosta de voleibol e Felipe é técnico de futebol.

c) Eduarda não gosta de voleibol se, e somente se, Felipe é técnico de futebol.

d) Eduarda não gosta de voleibol ou Felipe é técnico de futebol.

16. (IBFC – 2023 – SEAD/GO – TÉCNICO AMBIENTAL) Se a correspondência foi enviada e o prazo foi cumprido, então o gerente ficou satisfeito se, e somente se, a correspondência chegou ao destino ou a tarefa foi realizada.

De acordo com a frase acima, o total de proposições simples é igual a:

a) 3.

b) 4.

c) 5.
d) 2.
e) 6.

17. (IBFC – 2023 – SEAD/GO – TÉCNICO AMBIENTAL) Considere a afirmação a seguir e os cinco itens listados na sequência.

Se os valores lógicos de duas proposições simples são falsos, então o valor lógico do(a) _______ entre elas é verdade.

I. Disjunção.
II. Conjunção.
III. Condicional.
IV. Bicondicional.
V. Disjunção exclusiva.

Assinale a alternativa que apresenta as afirmativas que preencham corretamente a lacuna.

a) I, II e IV apenas.
b) II, III e IV apenas.
c) III e IV apenas.
d) III, IV e V apenas.
e) IV e V apenas.

18. (IBFC – 2023 – SEAD/GO – ANALISTA AMBIENTAL) De acordo com a definição de valor lógico dos conectivos lógicos é correto afirmar que:

a) Se os valores lógicos de duas proposições forem falsos, então o valor lógico do condicional entre as proposições é falso.
b) Se os valores lógicos de duas proposições forem falsos, então o valor lógico do bicondicional entre as proposições é falso.
c) Se os valores lógicos de duas proposições forem falsos, então o valor lógico da conjunção entre as proposições é verdade.
d) Se os valores lógicos de duas proposições forem falsos, então o valor lógico da disjunção entre as proposições é verdade.
e) Se os valores lógicos de duas proposições forem falsos, então o valor lógico do condicional entre as proposições é verdade.

19. (IBFC – 2023 – PREFEITURA DE CUIABÁ/MT – AGENTE DE SAÚDE) O conectivo cujo valor lógico é falso se os valores lógicos das proposições conectadas por ele são verdadeiros é chamado de:

a) Disjunção.
b) Disjunção exclusiva.
c) Conjunção.
d) Bicondicional.

(QUADRIX - 2023 – CRO/SC - AGENTE FISCAL) Considerando que a proposição “Sydney é a capital da Austrália” é falsa e que a proposição “A Austrália é localizada na Oceania” é verdadeira, julgue os itens.

20. A proposição “Sydney não é a capital da Austrália e a Austrália não é localizada na Oceania” é verdadeira.

Certo ( ) Errado ( )

21. A proposição “Sydney é a capital da Austrália ou a Austrália é localizada na Oceania” é falsa.

Certo ( ) Errado ( )

22. A proposição “Se Sydney é a capital da Austrália, então a Austrália é localizada na Oceania” é verdadeira.

Certo ( ) Errado ( )

23. **(QUADRIX – 2023 – CRESS/AL – ASSISTENTE TÉCNICO ADMINISTRATIVO)**

- Se é canceriano, então é romântico.
- André é romântico.
- Gael é sagitariano.
- Lucca não é romântico.

Admitindo a veracidade das quatro afirmações acima, julgue o item.

É correto concluir que Lucca não é canceriano.

Certo ( ) Errado ( )

24. **(QUADRIX – 2023 – CREF/3ª REGIÃO – ADMINISTRADOR)** No que se refere à lógica proposicional, julgue o item.

A sentença “5 + 5 = 5 se, e somente se, 10 + 10 = 10” é verdadeira.

Certo ( ) Errado ( )

(CESPE/CEBRASPE - 2023 - TJ/ES - ANALISTA JUDICIÁRIO) Acerca de noções de lógica, julgue os itens a seguir.

25. A proposição “Considerando-se que o réu é capixaba, é correto afirmar que ele nasceu na cidade de Anchieta” pode ser representada, corretamente, na forma $P \wedge Q$, sendo P a proposição “O réu é capixaba” e Q a proposição “Nasceu na cidade de Anchieta”

Certo ( ) Errado ( )

26. Considere que P, Q, R e S sejam proposições em que Q e R possuem valores lógicos verdadeiros e P e S possuem valores lógicos falsos. Nessa situação, o valor lógico da proposição $(P \rightarrow Q) \wedge \sim(R \vee S)$ é verdadeiro.

Certo ( ) Errado ( )

27. **(VUNESP – 2023 – TCM/SP – AUXILIAR TÉCNICO DE CONTROLE EXTERNO)** Sabe–se que é falsa a seguinte afirmação: Se Nice realizou as pesquisas de preço, então Nico realizou a conferência de cálculos e Joe organizou as agendas.

Com base nas informações apresentadas, assinale a alternativa que contém uma afirmação necessariamente verdadeira.

a) Nico não realizou a conferência de cálculos, e Joe não organizou as agendas.
b) Joe não organizou as agendas, ou Nice não realizou as pesquisas de preço.
c) Nice não realizou as pesquisas de preço, e Nico não realizou a conferência de cálculos.
d) Joe organizou as agendas, e Nice realizou as pesquisas de preço.
e) Nice realizou as pesquisas de preço, ou Nico realizou a conferência de cálculos.

28. **(VUNESP – 2023 – TCM/SP – AUDITOR DE CONTROLE EXTERNO)** Considere falsa a afirmação I e verdadeira a afirmação II:

I. Camila é auditora de controle externo em Ciências Atuariais e Jorge é auditor de controle externo em Ciências Jurídicas.
II. Se Camila é auditora de controle externo em Ciências Atuariais, então Jorge é auditor de controle externo em Ciências Jurídicas.

Nessas condições, é necessariamente

a) verdade que Jorge é auditor de controle externo em Ciências Jurídicas.
b) falsidade que Jorge é auditor de controle externo em Ciências Jurídicas.
c) verdade que Camila é auditora de controle externo em Ciências Atuariais.
d) falsidade que Camila é auditora de controle externo em Ciências Atuariais.
e) verdade que Camila e Jorge não são auditores de controle externo.

29. **(FGV – 2023 – MPE/SP – ANALISTA DE PROMOTORIA)** As seguintes afirmações acerca de Marcos são verdadeiras:

I. Marcos é professor ou pratica natação.
II. Marcos tem filhos e não pratica natação.
III. Marcos não é brasileiro ou não é professor.
IV. Se Marcos conhece São Paulo, então Marcos é brasileiro.

A partir dessas informações, pode-se afirmar que Marcos

a) tem filhos, é brasileiro e conhece São Paulo.
b) é professor, não conhece São Paulo e não é brasileiro.
c) tem filhos, é brasileiro e é professor.
d) é brasileiro, pratica natação e não conhece São Paulo.
e) não é professor, não tem filhos e é brasileiro.

30. **(FGV – 2023 – SEFAZ/MG – AUDITOR FISCAL DA RECEITA ESTADUAL)** É dada a afirmativa:

"Se o cliente pagou então não é devedor."

Para cada uma das três afirmativas a seguir, assinale "V" se a afirmativa for logicamente equivalente à afirmativa dada e "F" se a afirmativa não for logicamente equivalente à afirmativa dada.

I. Se o cliente não pagou então é devedor.

II. Se o cliente não é devedor então pagou.

III. Se o cliente é devedor então não pagou.

As afirmativas I, II e III são, respectivamente,

a) V, V e F.

b) F, V e F.

c) F, F e V.

d) F, V e V.

e) V, V e V.

31. **(IADES – 2023 – GDF/SEEC – ANALISTA EM POLÍTICAS PÚBLICAS E GESTÃO GOVERNAMENTAL)** Considere a proposição P a seguir.

P: Pedro trabalha na Secretaria de Educação e Paulo trabalha na Secretaria de Economia.

Se a proposição P, do ponto de vista da lógica matemática, é verdadeira, então qual proposição a seguir sempre será verdadeira?

a) Pedro não trabalha na Secretaria de Educação e Paulo trabalha na Secretaria de Economia.

b) Pedro trabalha na Secretaria de Educação e Paulo não trabalha na Secretaria de Economia.

c) Se Pedro trabalha na Secretaria de Educação, então Paulo não trabalha na Secretaria de Economia.

d) Pedro não trabalha na Secretaria de Educação ou Paulo não trabalha na Secretaria de Economia.

e) Pedro trabalha na Secretaria de Educação ou Paulo não trabalha na Secretaria de Economia.

32. **(CESPE/CEBRASPE – 2023 – SEPLAN/RR – ANALISTA DE PLANEJAMENTO E ORÇAMENTO)** Considerando os conectivos lógicos usuais, que as letras maiúsculas representam proposições lógicas e que o símbolo ~ representa a negação de uma proposição, julgue o item subsecutivo.

A expressão $(A \vee B) \rightarrow C$ é equivalente à expressão $(\sim A \wedge \sim B) \vee C$.

Certo ( ) Errado ( )

33. (INQC – 2023 – COMDEP/RJ – CARGOS DE NÍVEL MÉDIO) Valéria foi à academia e, chegando lá, ouviu de um funcionário o seguinte: "se você não se apressar, então não conseguirá usar a esteira". A afirmação do funcionário é logicamente equivalente à seguinte proposição:

a) Você se apressa ou não conseguirá usar a esteira.
b) Você não se apressa e não consegue usar a esteira.
c) Se você se apressar, então conseguirá usar a esteira.
d) Se você não conseguir usar a esteira, então você não se apressou.

34. (FCM – 2023 – IFB – PROFESSOR) Uma sentença logicamente equivalente a "Se João é pescador então Antônio é baiano" é

a) João é pescador ou Antônio é baiano.
b) João é pescador e Antônio é baiano.
c) Se João não é baiano então Antônio não é pescador.
d) Se João não é pescador então Antônio não é baiano.
e) Se Antônio não é baiano então João não é pescador.

35. (FGV – 2023 – MPE/SP – OFICIAL DE PROMOTORIA) "Se a TV não está ligada, então eu estou dormindo ou estou lendo".

Assinale a opção que descreve uma sentença logicamente equivalente à afirmação acima.

a) A TV não está ligada e eu estou acordado e não estou lendo.
b) Se eu não estou dormindo e não estou lendo, então a TV está ligada.
c) Se eu estou acordado ou não estou lendo, então a TV está ligada.
d) Eu estou acordado e lendo se, e somente se, a TV está desligada.
e) A TV está ligada e eu estou acordado ou não estou lendo.

36. (VUNESP – 2023 – TCM/SP – AUDITOR DE CONTROLE EXTERNO) Considere a seguinte afirmação: Se Carlos é médico, então Selma é auditora de controle externo e André é auxiliar técnico de controle externo.

Assinale a alternativa que contém uma equivalência lógica para a afirmação apresentada.

a) Se Selma não é auditora de controle externo e André não é auxiliar técnico de controle externo, então Carlos não é médico.
b) Se André não é auxiliar técnico de controle externo ou Selma não é auditora de controle externo, então Carlos não é médico.
c) Carlos é médico e Selma é auditora de controle externo, e André é auxiliar técnico de controle externo.
d) Carlos é médico, mas André não é auxiliar técnico de controle externo ou Selma não é auditora de controle externo.
e) Carlos é médico, mas Selma não é auditora de controle externo e André não é auxiliar técnico de controle externo.

37. **(CONSULPLAN – 2023 – MPE/BA – ASSISTENTE TÉCNICO–ADMINISTRATIVO)** Um assistente técnico–administrativo estava trabalhando na digitação de uma sustentação oral de um Promotor, que atuava na acusação de um réu. Ao final de sua oratória, o Promotor afirmou que:

"Sempre que um criminoso é perdoado pelas falhas do sistema, a sociedade leva um tapa na cara".

O assistente técnico-administrativo escreveu a afirmação feita pelo Promotor de forma distinta, mas mantendo-se a equivalência lógica. Trata-se de uma possível escrita feita pelo assistente técnico-administrativo:

a) Se a sociedade não leva um tapa na cara, um criminoso não é perdoado pelas falhas do sistema.

b) Se um criminoso não é perdoado pelas falhas do sistema, a sociedade não leva um tapa na cara.

c) Sempre que a sociedade leva um tapa na cara, um criminoso é perdoado pelas falhas do sistema.

d) Sempre que um criminoso não é perdoado pelas falhas do sistema, a sociedade não leva um tapa na cara.

e) A sociedade levar um tapa na cara é condição suficiente para um criminoso ser perdoado pelas falhas do sistema.

38. **(IDECAN – 2023 – SEFAZ/RR – TÉCNICO EM INFRAESTRUTURA DE TECNOLOGIA DA INFORMAÇÃO)** Considere as seguintes afirmações:

I. $\sim(p \rightarrow \sim q)$ é logicamente equivalente à $(q \rightarrow \sim p)$.

II. $p \wedge (\sim q)$ é logicamente equivalente à $\sim(p \vee q)$.

III. $p \rightarrow q$ é logicamente equivalente à $\sim(q \rightarrow p)$.

Assinale

a) se somente I está correto.

b) se somente II está correto.

c) se somente III está correto.

d) se somente I e II estão corretos.

e) se nenhum item estiver correto.

39. **(IDECAN – 2023 – SEFAZ/RR – TÉCNICO EM INFRAESTRUTURA DE TECNOLOGIA DA INFORMAÇÃO)** Qual a negação da proposição "O Brasil foi campeão da copa do mundo de 1994 e o prêmio FIFA de melhor jogador foi para Romário"?

a) O Brasil não foi campeão da copa do mundo de 1994 ou o prêmio FIFA de melhor jogador não foi para Romário.

b) O Brasil não foi campeão da copa do mundo de 1994 e o prêmio FIFA de melhor jogador não foi para Romário.

c) Se o Brasil não foi campeão da copa do mundo de 1994, então o prêmio FIFA de melhor jogador não foi para Romário.

d) O Brasil não foi campeão da copa do mundo de 1994, se e somente se, o prêmio FIFA de melhor jogador não tiver sido para Romário.

e) O Brasil não foi campeão da copa do mundo de 1994 ou o prêmio FIFA de melhor jogador foi para Romário.

40. **(VUNESP – 2023 – TCM/SP – AUXILIAR TÉCNICO DE CONTROLE EXTERNO)** Considere a seguinte afirmação: Se Júnior é auxiliar técnico de controle externo, então ele prestou um concurso.

Assinale a alternativa que contém uma correta negação lógica para a afirmação apresentada.

a) Júnior é auxiliar técnico de controle externo e ele não prestou um concurso.

b) Se Júnior não é auxiliar técnico de controle externo, então ele não prestou um concurso.

c) Júnior não é auxiliar técnico de controle externo, mas ele prestou um concurso.

d) Se Júnior não prestou um concurso, então ele não é auxiliar técnico de controle externo.

e) Júnior não é auxiliar técnico de controle externo e não prestou um concurso.

41. **(VUNESP – 2023 – TCM/SP – AUDITOR DE CONTROLE EXTERNO)** Uma negação lógica para a afirmação "Sou feliz se, e somente se, você é feliz" está contida na alternativa:

a) Não sou feliz se, e somente se, você não é feliz.

b) Se eu não sou feliz, então você não é feliz.

c) Se você não é feliz, então eu não sou feliz.

d) Sou feliz e você não é feliz.

e) Ou eu sou feliz, ou você é feliz.

42. **(FGV – 2023 – MPE/SP – OFICIAL DE PROMOTORIA)** Considere a proposição:

"Se Maria não sabe Matemática, então ela erra problemas de porcentagem".

Assinale a opção que apresenta a negação dessa proposição.

a) Se Maria sabe Matemática, então ela não erra problemas de porcentagem.

b) Se Maria não sabe Matemática, então ela não erra problemas de porcentagem.

c) Se Maria não erra problemas de porcentagem, então ela sabe Matemática.

d) Maria não sabe Matemática e não erra problemas de porcentagem.

e) Maria sabe Matemática e erra problemas de porcentagem.

43. **(FGV – 2023 – MPE/SP – ANALISTA DE PROMOTORIA)** Considere a proposição:

"Se estamos em fevereiro, então eu pago o IPVA".

Assinale a opção que apresenta uma negação dessa proposição.

a) Estamos em fevereiro e eu não pago o IPVA.

b) Não estamos em fevereiro e eu não pago o IPVA.

c) Se estamos em fevereiro, então eu não pago o IPVA.
d) Se não estamos em fevereiro, então eu não pago o IPVA.
e) Se não estamos em fevereiro, então eu pago o IPVA.

44. **(FUNDATEC – 2023 – BRDE – ANALISTA DE PROJETOS)** Entre as proposições lógicas abaixo e suas respectivas negações, a alternativa INCORRETA é:

a) Júlio é arquiteto – Júlio não é arquiteto.
b) Pedro é eletricista e mecânico – Pedro não é eletricista ou não é mecânico.
c) Olga é escritora – Olga não é cantora.
d) Juliano é calmo ou nervoso – Juliano não é calmo e nem nervoso.
e) Lara não é pianista – Lara é pianista.

45. **(FUNDATEC – 2023 – BRDE – ASSISTENTE ADMINISTRATIVO)** A negação de "Mário come laranjas e maçãs" é:

a) Mário não come laranjas e maçãs.
b) Mário come laranjas e maçãs quase nunca.
c) Mário não come laranjas ou não come maçãs.
d) Mário come tangerina e melancia.
e) Mário não come frutas.

46. **(FUNDATEC – 2023 – BRDE – ANALISTA DE PROJETOS)** A negativa da proposição lógica "Se perdermos, então vamos cancelar o projeto" é dada por:

a) Perdemos e não cancelamos o projeto.
b) Não perdemos e cancelamos o projeto.
c) Não cancelamos o projeto.
d) Não perdemos.
e) Perdemos e não houve projeto.

47. **(UNESC – 2023 – PREFEITURA DE CRICIÚMA/SC – MÉDICO)** Segundo a Lei de Morgan, a negação da afirmação "Pedro é honesto ou Júlio é desleal" é:

a) Pedro não é honesto e Júlio é desleal.
b) Pedro não é honesto e Júlio não é desleal.
c) Pedro é honesto e Júlio não é desleal.
d) Pedro não é honesto ou Júlio não é desleal.
e) Pedro é honesto e Júlio é desleal.

48. **(IBFC – 2023 – SEJUSP/MG – AGENTE DE SEGURANÇA SOCIOEDUCATIVO)** Uma frase que representa uma negação da proposição lógica "João dançará ou irá tirar fotos com os amigos" é:

a) João não dançará e não irá tirar fotos com os amigos.
b) João dançará ou não irá tirar fotos com os amigos.
c) João não dançará ou não irá tirar fotos com os amigos.
d) João não dançará e irá tirar fotos com os amigos.

49. **(FUMARC – 2023 – AL/MG – TÉCNICO DE APOIO LEGISLATIVO)** Considerando as proposições p: 12 é um número composto e q: 3 é um número primo, é CORRETO afirmar que a negação de p v q logicamente representada por ~(p v q) é a proposição:

a) 12 é um número composto ou 3 não é um número primo.

b) 12 não é um número composto e 3 é um número primo.

c) 12 não é um número composto e 3 não é um número primo.

d) 12 não é um número composto ou 3 não é um número primo.

50. **(IADES – 2023 – GDF/SEEC – GESTOR EM POLÍTICAS PÚBLICAS E GESTÃO GOVERNAMENTAL)** Considerando a proposição composta "Se Pedro é gestor de políticas públicas, então Paulo é analista de políticas públicas", assinale a alternativa que apresenta a negação dessa proposição.

a) Pedro não é gestor de políticas públicas ou Paulo é analista de políticas públicas.

b) Pedro é gestor de políticas públicas e Paulo não é analista de políticas públicas.

c) Se Pedro não é gestor de políticas públicas, então Paulo não é analista de políticas públicas.

d) Pedro é gestor de políticas públicas ou Paulo não é analista de políticas públicas.

e) Pedro não é gestor de políticas públicas e Paulo não é analista de políticas públicas.

51. **(FCM – 2023 – IFB – PROFESSOR)** Considere a proposição a seguir:

"Ou eu estou cansado ou eu vou dormir."

A negação dessa proposição está indicada em

a) Eu vou dormir se estou cansado.

b) Se eu vou dormir então eu estou cansado.

c) Eu não estou cansado ou eu não vou dormir.

d) Se eu estou cansado então eu não vou dormir.

e) Vou dormir se, e somente se, estou cansado.

52. **(FCM – 2023 – IFB – PEDAGOGO)** Considere verdadeira a afirmação a seguir:

"Eu passeio de bicicleta se e somente se é domingo."

A negação dessa afirmativa está representada em

a) Ou eu passeio de bicicleta ou é domingo.

b) Ou eu não passeio de bicicleta ou é domingo.

c) Eu não passeio de bicicleta ou não é domingo.

d) Se eu não passeio de bicicleta então não é domingo.

e) Eu não passeio de bicicleta se e somente se não é domingo.

53. **(CONSULPLAN – 2023 – SEGER/ES – ANALISTA DO EXECUTIVO)** Um analista executivo da SEGER/ES avaliou um projeto no qual deveria dar continuidade e constatou que "se o esboço está em conformidade com o marco regulatório, então o projeto deve ser executado". Sabendo–se que a proposição anterior é falsa, pode–se concluir como verdade que:

a) O projeto deve ser executado e o esboço está em conformidade com o marco regulatório.

b) O esboço não está em conformidade com o marco regulatório ou o projeto deve ser executado.

c) O esboço está em conformidade com o marco regulatório, mas o projeto não deve ser executado.

d) O esboço não está em conformidade com o marco regulatório e o projeto não deve ser executado.

e) Se o projeto não deve ser executado, então o esboço não está em conformidade com o marco regulatório.

54. **(CONSULPLAN – 2023 – MPE/BA – ASSISTENTE TÉCNICO-ADMINISTRATIVO)** Considere que um candidato ao concurso do MPBA fez a seguinte afirmação:

"Se irei trabalhar no MPBA, farei um bom trabalho ou serei reprovado no estágio probatório".

Dentro das regras da lógica, qual é a negação dessa proposição?

a) Irei trabalhar no MPBA e não farei um bom trabalho e não serei reprovado no estágio probatório.

b) Irei trabalhar no MPBA e não farei um bom trabalho ou não serei reprovado no estágio probatório.

c) Se irei trabalhar no MPBA, não farei um bom trabalho ou não serei reprovado no estágio probatório.

d) Se não irei trabalhar no MPBA, não farei um bom trabalho ou não serei reprovado no estágio probatório.

e) Se não farei um bom trabalho e não serei reprovado no estágio probatório, então irei trabalhar no MPBA.

55. **(AOCP – 2023 – PC/GO – ESCRIVÃO DE POLÍCIA DA 3ª CLASSE)** Afirma–se que "todo Escrivão de Polícia da 3ª Classe trabalha em Goiás". Se essa afirmação é falsa, pode–se concluir corretamente que

a) algum Escrivão de Polícia da 3ª Classe não trabalha em Goiás.

b) nenhum Escrivão de Polícia da 3ª Classe trabalha em Goiás.

c) algum Escrivão de Polícia da 3ª Classe trabalha em Goiás.

d) todo Escrivão de Polícia da 3ª Classe trabalha em outro estado da Federação.

e) alguém que trabalha em Goiás é Escrivão de Polícia da 3ª Classe.

56. **(FUNDATEC – 2023 – SPGG/RS – MÉDICO)** De acordo com as regras da lógica, a negação da sentença quantificada: "Todo jogador de futebol quer ser campeão do mundo" é:

a) Existe jogador de futebol que não quer ser campeão do mundo.

b) Existe jogador de futebol que quer ser campeão do mundo.

c) Todo jogador de futebol não quer ser campeão do mundo.

d) Todo mundo que não é jogador de futebol quer ser campeão do mundo.

e) Nenhum jogador de futebol quer ser campeão do mundo.

57. **(SELECON – 2023 – PREFEITURA DE NOVA MUTUM/MT – ANALISTA ADMINISTRATIVO)** Considere verdadeira a seguinte afirmação:

"Todos os funcionários da empresa XYZ têm salário superior a 3000 reais."

Então, é necessariamente verdadeiro que:

a) Se José é funcionário da empresa XYZ, então o salário de José é igual a 3000 reais.

b) Se o salário de Marta é maior que 3000 reais, então ela é funcionária da empresa XYZ.

c) Se o salário de Deise é menor que 3000 reais, então ela não é funcionária da empresa XYZ.

d) Se Julia não é funcionária da empresa XYZ, então o salário de Julia é menor que 3000 reais.

58. **(INQC – 2023 – COMDEP/RJ – CARGOS DE NÍVEL MÉDIO)** Jandira reclamou com seus colegas quando chegou ao trabalho numa segunda–feira: "toda segunda–feira é um dia ruim". Uma proposição logicamente equivalente à afirmação de Jandira é:

a) se é um dia ruim, então é segunda-feira.

b) se não é um dia ruim, então é segunda-feira.

c) se é um dia ruim, então não é segunda-feira.

d) se não é um dia ruim, então não é segunda-feira.

59. **(FCM – 2023 – IFB – TÉCNICO DE LABORATÓRIO)** Considere a proposição:

"Se João é médico então Maria é dentista."

É correto afirmar que a negação da recíproca dessa proposição é

a) se Maria não é dentista então João não é médico.

b) se Maria é dentista então João é médico.

c) João não é médico ou Maria não é dentista.

d) Maria é dentista e João não é médico.

e) João é médico e Maria não é dentista.

60. **(FCM – 2023 – IFB – TÉCNICO DE LABORATÓRIO)** Considere verdadeira a proposição: "Geovane é chique, ou Geovane é alto e loiro."

Como Geovane não é chique, então conclui-se, necessariamente, que Geovane

a) é alto e loiro.

b) não é alto e não é loiro.

c) não é alto ou não é loiro.

d) é alto ou loiro.

e) é alto e não é moreno.

61. **(FCM – 2023 – IFB – PEDAGOGO)** Dentre as proposições listadas nas afirmações a seguir, informe a única cuja recíproca é, necessariamente, verdadeira.

a) Se sou natural de Recife, então sou pernambucano.

b) Se uma figura é um quadrado, então possui quatro lados.

c) Se estamos no mês de junho, então esse mês terá 30 dias.

d) Se estamos em um ano bissexto, então esse ano terá 366 dias.

e) Se meu nome é Rafael, então a primeira letra de meu nome é R.

62. **(IBFC – 2022 – EBSERH – PEDAGOGO)** De acordo com o raciocínio lógico a negação da frase "Se Paulo não passou no concurso, então faltou pouco" pode ser descrita como:

a) Paulo não passou e não faltou pouco.

b) Paulo não passou e faltou pouco.

c) Paulo passou e não faltou pouco.

d) Paulo passou ou faltou pouco.

e) Paulo não passou ou não faltou pouco.

63. **(IDECAN – 2022 – IBGE – AGENTE CENSITÁRIO DE PESQUISAS POR TELEFONE)** Na proposição "Se estudo Matemática, então aprendo sobre a vida", qual alternativa representa sua correta simbologia?

a) $p \rightarrow q$

b) $p \vee q$

c) $p \wedge q$

d) $p \leftrightarrow q$

e) $p \vee q \leftrightarrow r$

64. **(FUNDATEC – 2022 – PREFEITURA DE FOZ DO IGUAÇU/PR – FISIOTERAPEUTA JÚNIOR)** As proposições compostas são criadas a partir de proposições simples, usando–se operadores lógicos. Na proposição composta: "Quatorze não é número natural primo, portanto quatorze é divisível por três", temos a presença dos conectivos ___________ e ___________, com respectivo valor–lógico __________.

Assinale a alternativa que preenche, correta e respectivamente, as lacunas do trecho acima.

a) negação – condicional – falso.

b) conjunção – condicional – verdadeiro.

c) negação – conjunção – verdadeiro.

d) negação – disjunção – falso.

e) conjunção – disjunção – falso.

65. **(FUNDATEC – 2022 – PREFEITURA DE FOZ DO IGUAÇU/PR – FISIOTERAPEUTA JÚNIOR)** Considerando a proposição segundo Kenneth H. Rosen: "uma proposição é uma sentença declarativa (isto é, uma sentença que declara um fato), que pode ser verdadeira ou falsa, mas não ambas", analise as sentenças abaixo:

I. Brasília é capital da Argentina.

II. Olha lá!

III. Três mais cinco é igual a oito.

IV. Qual a data do solstício de inverno?

V. Leia o aviso com atenção!

Quais sentenças são proposições?

a) Apenas III.
b) Apenas IV.
c) Apenas I e III.
d) Apenas II e V.
e) Apenas I, IV e V.

66. (VUNESP – 2022 – CÂMARA DE OLÍMPIA/SP – ANALISTA DE SISTEMAS) Considere a afirmação: "Se Paula é capacitada e não é relapsa, então Paula será contratada". Uma afirmação equivalente a esta é

a) se Paula não for contratada, então Paula não é capacitada ou é relapsa.
b) Paula é capacitada e não é relapsa e Paula não será contratada.
c) se Paula for contratada, então Paula é capacitada e não é relapsa.
d) Paula será contratada e Paula é capacitada e não é relapsa.
e) se Paula não é capacitada ou é relapsa, então Paula não será contratada.

67. (VUNESP – 2022 – CÂMARA DE OLÍMPIA/SP – ANALISTA DE SISTEMAS) Em relação às plataformas Alfa, Beta, Gama, Delta e Ômega, sabe–se que:

I. Alfa é cara ou Beta é eficiente. Esta afirmação é VERDADEIRA.
II. Gama não resolve ou Delta é acessível. Esta afirmação é VERDADEIRA.
III. Ômega está indisponível ou Beta é eficiente. Esta afirmação é FALSA.
IV. Delta é acessível e Alfa é cara. Esta afirmação é FALSA.

A partir das afirmações sobre as plataformas e seus respectivos valores lógicos, é verdadeiro que

a) se Gama não resolve, então Ômega está indisponível.
b) Alfa é cara e Delta é acessível.
c) Beta é eficiente e Gama não resolve.
d) se Ômega está indisponível, então Beta é eficiente.
e) Delta é acessível ou Alfa não é cara.

68. (VUNESP – 2022 – CÂMARA DE OLÍMPIA/SP – ANALISTA DE SISTEMAS) "Se eu como abacaxi, então não como melão, ou se eu como cocada, então como abóbora". A negação lógica dessa afirmação é

a) Se eu não como abacaxi, então como melão, ou se eu não como cocada, então não como abóbora.
b) Eu como abacaxi e como melão, e eu como cocada e não como abóbora.
c) Se eu não como melão, então como abacaxi, ou se eu como abóbora, então como cocada.
d) Eu não como abacaxi ou como melão, ou eu não como cocada ou não como abóbora.
e) Eu como abacaxi e não como melão, e eu não como cocada e não como abóbora.

69. **(FCC – 2022 – TRT/19ª REGIÃO – ANALISTA JUDICIÁRIO)** Todas as bailarinas são magras. Logo, necessariamente,

a) o conjunto das bailarinas contém o conjunto das pessoas magras.

b) o conjunto das pessoas magras contém o conjunto das bailarinas.

c) todas as mulheres magras são bailarinas.

d) alguma bailarina não é magra.

e) toda mulher magra não é bailarina.

70. **(AOCP – 2022 – BANESE – TÉCNICO BANCÁRIO)** Em Lógica, a Tabela–verdade tem os 5 símbolos seguintes ~, ∧, ∨, → e ↔. Então, a operação lógica de cada símbolo é, respectivamente:

a) afirmação, conjunção, disjunção, condicional e preposição.

b) negação, disjunção, conjunção, condicional e afirmação.

c) afirmação, conjunção, preposição, condicional e bicondicional.

d) negação, conjunção, disjunção, condicional e bicondicional.

e) conjunção, negação, disjunção, afirmação e condicional.

71. **(AOCP – 2022 – AGESAN/RS – ADVOGADO JÚNIOR)** Sabendo que é verdadeira a afirmação "Todos os filhos de Belarmino nasceram em Porto Alegre", então é necessariamente verdade que

a) Belarmino não nasceu em Porto Alegre.

b) se Bernardo não é filho de Belarmino, então ele não nasceu em Porto Alegre.

c) Belarmino nasceu em Porto Alegre.

d) se Basílio não nasceu em Porto Alegre, então ele não é filho de Belarmino.

e) se Bento nasceu em Porto Alegre, então ele é filho de Belarmino.

72. **(IDECAN – 2022 – PC/BA – PERITO MÉDICO LEGISTA)** A partir da proposição "O Natal é um lindo momento se, e somente se, as pessoas internalizarem a necessidade de mudança", é possível afirmar que essa sentença é equivalente a:

a) "Se o Natal não é um lindo momento, então as pessoas não internalizaram a necessidade de mudança e se as pessoas internalizaram a necessidade de mudança, então o Natal é um lindo momento".

b) O Natal é um lindo momento e as pessoas internalizaram a necessidade de mudança e se as pessoas internalizaram a necessidade de mudança, então o Natal é um lindo momento.

c) Se o Natal é um lindo momento, então as pessoas internalizaram a necessidade de mudança e se as pessoas internalizaram a necessidade de mudança, então o Natal é um lindo momento.

d) O Natal é um lindo momento se, e somente, as pessoas internalizaram a necessidade de mudança e se as pessoas internalizaram a necessidade de mudança, então o Natal é um lindo momento.

e) O Natal não é um lindo momento ou as pessoas não internalizaram a necessidade de mudança e se as pessoas internalizaram a necessidade de mudança, então o Natal é um lindo momento.

73. (IDECAN – 2022 – PC/BA – PERITO MÉDICO LEGISTA) Assinale a alternativa que apresenta uma sentença declarativa a qual se pode atribuir um valor lógico.

a) Nossa, está chovendo muito!

b) João estudou muito e está preparado para a prova.

c) Planeje sua vida como se fosse seu melhor negócio.

d) Qual será o campeão da copa do mundo de futebol de 2022?

e) Quais os pré-requisitos para tentar um concurso?

74. (UPENET/IAUPE – 2022 – SEFAZ/PE – ASSISTENTE DE APOIO ADMINISTRATIVO) Assinale a alternativa referente à negação lógica da afirmação "Todas as pessoas gostam de estudar matemática ou gostam de estudar língua portuguesa" na qual o "ou" é inclusivo.

a) "Nenhuma pessoa gosta de estudar nem matemática nem língua portuguesa".

b) "Existem pessoas que gostam de estudar matemática e não gostam de estudar língua portuguesa".

c) "Existem pessoas que não gostam de estudar matemática e que gostam de estudar língua portuguesa".

d) "Existem pessoas que não gostam de estudar matemática e não gostam de estudar língua portuguesa".

e) "Existem pessoas que não gostam de estudar matemática ou não gostam de estudar língua portuguesa".

75. (IBADE – 2022 – FACELI – TÉCNICO EM TECNOLOGIA DA INFORMAÇÃO E COMUNICAÇÃO) Em lógica proposicional, o raciocínio condicional envolve a realização de inferências com base na relação "se–então" dada. Dessa forma, a negação da proposição $\neg(P \rightarrow Q)$ é equivalente a:

a) $\neg P \wedge \neg Q$

b) $\neg P \vee \neg Q$

c) $\neg Q \rightarrow \neg P$

d) $(P \rightarrow Q) \wedge (Q \rightarrow P)$

e) $P \wedge \neg Q$

76. (IBADE – 2022 – FACELI – CONTADOR) A negação da proposição "Vilma tem uma irmã ou Sérgio é vereador" é representada pela proposição:

a) Vilma tem uma irmã ou Sérgio não é vereador.

b) Vilma não tem uma irmã ou Sérgio não é vereador.

c) Vilma não tem uma irmã e Sérgio não é vereador.

d) Vilma tem uma irmã e Sérgio não é vereador.

e) Vilma tem várias irmãs e Sérgio vários irmãos.

77. **(CPCON – 2022 – CÂMARA MUNICIPAL DE SOUZA/PB – PROCURADOR JURÍDICO)** O voto no Brasil é obrigatório e os eleitores brasileiros tiveram até o dia 22 de setembro para solicitar a segunda via do título de eleitor. Para isso, o cidadão não poderia ter débitos pendentes com a Justiça Eleitoral, como multas por ausência não justificada em eleições anteriores. Qual a contrapositiva da condicional abaixo?

"Quem não comparece no dia da eleição e não justifica a falta paga multa de aproximadamente R$ 3,50."

a) Se pagou multa de aproximadamente R$ 3,50, então não compareceu no dia da eleição ou não justificou a falta.

b) Se não pagou multa de aproximadamente R$ 3,50, então justificou a falta.

c) Se não pagou multa de aproximadamente R$ 3,50, então compareceu no dia da eleição.

d) Se pagou multa de aproximadamente R$ 3,50, então não compareceu no dia da eleição e não justificou a falta.

e) Se não pagou multa de aproximadamente R$ 3,50, então compareceu no dia da eleição ou justificou a falta.

78. **(CPCON – 2022 – CÂMARA MUNICIPAL DE SOUZA/PB – PROCURADOR JURÍDICO)** Classifique cada uma das afirmativas a seguir como (V) verdadeira ou (F) falsa.

( ) Se A é uma contradição, então a condicional A→B é uma tautologia.

( ) Se B é uma contradição, então a condicional A→B é uma contingência.

( ) Se A é uma tautologia, então a condicional A→B é uma tautologia.

( ) Se B é uma tautologia, então a condicional A→B é uma contingência.

Marque a alternativa que contém a sequência CORRETA de preenchimento dos parênteses.

a) F, V, V, F.

b) V, F, V, F.

c) F, V, F, F

d) V, V, F, F.

e) V, V, F, V.

(CESPE/CEBRASPE - 2022 - INSS - TÉCNICO DO SEGURO SOCIAL) P: "Se me mandou mensagem, meu filho lembrou-se de mim e quer ser lembrado por mim".

Considerando a proposição P apresentada, julgue os itens seguintes.

79. Na proposição P, permitindo–se variar, em certo conjunto de pessoas, o sujeito e o objeto de cada verbo de suas proposições simples constituintes, tem–se uma sentença aberta, que também pode ser expressa por quem mandou mensagem, lembrou–se e quer ser lembrado.

Certo ( ) Errado ( )

80. A tabela–verdade da proposição P possui 16 linhas.

Certo ( ) Errado ( )

81. A negação da proposição “meu filho lembrou–se de mim e quer ser lembrado por mim” pode ser expressa por meu filho não se lembrou de mim nem quer ser lembrado por mim.

Certo ( ) Errado ( )

(CESPE/CEBRASPE - 2022 - INSS - TÉCNICO DO SEGURO SOCIAL) P: Nos processos de justificações administrativas, quando o segurado apresentar testemunhas com valor de prova, a agência fornecerá um servidor exclusivo para o atendimento.

A partir da proposição precedente, julgue os itens a seguir.

82. A tabela–verdade associada à proposição P possui oito linhas.

Certo ( ) Errado ( )

83. A proposição “o segurado apresentar testemunhas com ou sem valor de prova” é uma tautologia.

Certo ( ) Errado ( )

84. Há apenas uma possibilidade de combinação de valores lógicos para as proposições simples que compõem P que a tornam falsa.

Certo ( ) Errado ( )

(CESPE/CEBRASPE - 2022 – MPC/SC - TÉCNICO EM CONTAS PÚBLICAS) Considere a proposição a seguir.

P: “A maioria dos seguidores não acredita que seu líder não mente.”

Admitindo que as palavras maioria e minoria signifiquem, respectivamente, mais de 50% e menos de 50%, julgue os itens seguintes, à luz da lógica sentencial.

85. Infere–se da proposição P que “uma minoria acredita que seu líder não mente”.

Certo ( ) Errado ( )

86. Na proposição P, a ação de não mentir praticada pelo líder é condição suficiente para a ação de acreditar, praticada pelos seguidores.

Certo ( ) Errado ( )

87. “A maioria dos seguidores acredita que seu líder não mente” é uma maneira apropriada de se negar a proposição P.

Certo ( ) Errado ( )

88. A tabela–verdade associada à proposição P possui 4 linhas.

Certo ( ) Errado ( )

(CESPE/CEBRASPE - 2022 - MC - ATIVIDADES TÉCNICAS DE SUPORTE) Julgue os itens a seguir, considerando que as proposições lógicas simples sejam representadas por letras maiúsculas e utilizem como conectivos lógicos os símbolos $\wedge$ (conjunção), $\vee$ (disjunção), $\rightarrow$ (condicional) e $\leftrightarrow$ (bicondicional).

89. A sentença “Céu bem azul e Dia de muita alegria são duas expressões equivalentes.” pode ser corretamente representada por $P \leftrightarrow Q$.

Certo ( ) Errado ( )

90. A sentença "As importantes cidades de Recife, Fortaleza, Salvador, Rio de Janeiro e João Pessoa estão à beira–mar; logo, todas as cidades importantes estão à beira–mar." Pode ser corretamente representada por P → R.

Certo ( ) Errado ( )

91. A negação da sentença "A prefeitura de Ipirirama convocou uma coletiva de imprensa, pois hoje é o aniversário de 200 anos de fundação da cidade." é logicamente equivalente à sentença "A prefeitura de Ipirirama não convocou uma coletiva de imprensa, pois hoje não é o aniversário de 200 anos de fundação da cidade.".

Certo ( ) Errado ( )

92. A expressão $(Q \wedge (P \rightarrow Q)) \rightarrow P \vee Q$ é uma tautologia.

Certo ( ) Errado ( )

93. **(CESPE/CEBRASPE – 2022 – PC/PB – PERITO)** Assinale a opção que apresenta uma proposição que seja logicamente equivalente à seguinte proposição: "Se uma pessoa gosta de nadar e está de férias, ela vai ao clube".

a) "Se uma pessoa não vai ao clube, ela não gosta de nadar ou não está de férias".

b) "Se uma pessoa não gosta de nadar e não está de férias, ela não vai ao clube".

c) "Se uma pessoa não gosta de nadar ou não está de férias, ela não vai ao clube".

d) "Se uma pessoa gosta de nadar, ela está de férias e vai ao clube".

e) "Se uma pessoa vai ao clube, ela gosta de nadar e está de férias".

94. **(CESPE/CEBRASPE – 2022 – PC/PB – ESCRIVÃO DE POLÍCIA)** Considere os conectivos lógicos usuais e assuma que as letras maiúsculas P, Q e R representam proposições lógicas; considere também as primeiras três colunas da tabela–verdade da proposição lógica $(P \wedge Q) \vee R$, conforme a seguir.

P	Q	R
V	V	V
V	V	F
V	F	V
V	F	F
F	V	V
F	V	F
F	F	V
F	F	F

A partir dessas informações, infere-se que a última coluna da tabela-verdade, correspondente a $(P \wedge Q) \vee R$, apresenta valores V ou F, de cima para baixo, na seguinte sequência

a) V F V F F V V F.

b) V V F F V V V F.

c) V V F V F V F V.

d) V V V F V F V F.

e) V V V V V F F F.

Texto para as próximas duas questões.

Tabela CG1A3-I

conjunção ∧	condicional →
disjunção ∨	Bicondicional ↔
negação ~	

Considere que as proposições lógicas simples sejam representadas por letras maiúsculas e os símbolos lógicos usuais sejam representados de acordo com a tabela precedente.

95. **(CESPE/CEBRASPE – 2022 – POLITEC/RO – PERITO CRIMINAL)** Considerando a tabela CG1A3–I e as informações a ela relacionadas, é correto afirmar que a proposição lógica ~(((Q ∨ R) ∧ T) → (P ∧ S)) é equivalente à proposição lógica

a) ~((Q ∨ R) ∧ T) ∨ ~(P ∧ S)).

b) ((Q∧T) ∨ (R∧T)) ∧ (~P ∨ ~S).

c) ~((Q ∨ R) ∧ T) → ~(P ∧ S)).

d) ~(P ∧ S) → ~((Q ∨ R) ∧ T).

e) ~(P ∧ S) → ~((Q ∨ T) ∧ (R ∨ T)).

96. **(CESPE/CEBRASPE – 2022 – POLITEC/RO – PERITO CRIMINAL)** Considerando a tabela CG1A3–I, as informações a ela relacionadas e que as primeiras três colunas da tabela–verdade da proposição lógica P∧(Q → R) sejam iguais a

P	**Q**	**R**
V	V	V
V	V	F
V	F	V
V	F	F
F	V	V
F	V	F
F	F	V
F	F	F

a última coluna dessa tabela-verdade apresenta valores V ou F, tomados de cima para baixo, na sequência

a) V – F – V – V – F – F – F – F.

b) V – F – F – F – V – F – F – F.
c) V – V – F – F – V – V – F – F.
d) V – V – V – F – V – F – V – F.
e) V – F – V – F – V – F – V – F.

97. (FGV – 2022 – CÂMARA DE TAUBATÉ/SP – CONSULTOR LEGISLATIVO)

O avô de Luciano disse:

"Com óculos, todas as fotos são nítidas."

Se essa frase é FALSA é correto concluir que

a) sem óculos todas as fotos são nítidas.
b) com óculos todas as fotos não são nítidas.
c) sem óculos há fotos que não são nítidas.
d) com óculos há, pelo menos, uma foto que não é nítida.
e) com óculos nenhuma foto é nítida.

98. (FGV – 2022 – CÂMARA DE TAUBATÉ/SP – ASSISTENTE LEGISLATIVO) Sabe–se que a sentença "Se a camisa é verde, então a calça é azul ou o sapato não é preto" é falsa.

É correto concluir que

a) a camisa é verde, a calça não é azul e o sapato é preto.
b) a camisa é verde, a calça é azul e o sapato é preto.
c) a camisa não é verde, a calça não é azul e o sapato é preto.
d) a camisa não é verde, a calça não é azul e o sapato não é preto.
e) a camisa não é verde, a calça é azul e o sapato não é preto.

99. (FGV – 2022 – CÂMARA DE TAUBATÉ/SP – ASSISTENTE LEGISLATIVO) Considere a sentença:

"Se Antonio é baiano, então Carlos não é amapaense".

Uma sentença logicamente equivalente à sentença dada é:

a) Se Carlos não é amapaense, então Antonio é baiano.
b) Se Antonio não é baiano, então Carlos é amapaense.
c) Se Carlos é amapaense, então Antonio é baiano.
d) Antonio não é baiano ou Carlos não é amapaense.
e) Antonio é baiano e Carlos é amapaense.

100. (FGV – 2022 – CÂMARA DE TAUBATÉ/SP – AUXILIAR LEGISLATIVO) Considere a sentença:

"Todos os caninos, quando ameaçados, fogem ou atacam."

A negação lógica dessa sentença é:

a) Existe canino que é ameaçado e não foge nem ataca.
b) Todos os caninos, quando não ameaçados, não fogem nem atacam.
c) Todos os caninos, quando ameaçados, não fogem nem atacam.

d) Todos os caninos, quando ameaçados, não fogem ou não atacam.

e) Existe canino que não é ameaçado, mas foge ou ataca.

101. (FGV – 2022 – SEJUSP/MG – AGENTE DE SEGURANÇA PENITENCIÁRIO) Considere a afirmação: "Pedro comprou a moto e não vendeu o carro".

Sabendo que essa afirmação é falsa, então

a) Pedro não comprou a moto e não vendeu o carro.

b) Pedro comprou a moto e vendeu o carro.

c) Pedro não comprou a moto e vendeu o carro.

d) Pedro comprou a moto ou não vendeu o carro.

e) Pedro não comprou a moto ou vendeu o carro.

102. (FGV – 2022 – MPE/GO – ANALISTA EM INFORMÁTICA) Considere a sentença: "Se Pedro é senador e Simone não é deputada federal, então Carlota é vereadora".

Sabe-se que a sentença dada é FALSA.

É então correto concluir que

a) Pedro é senador, Simone não é deputada federal, Carlota não é vereadora.

b) Pedro não é senador, Simone é deputada federal, Carlota é vereadora.

c) Pedro é senador, Simone não é deputada federal, Carlota é vereadora.

d) Pedro não é senador, Simone é deputada federal, Carlota não é vereadora.

e) Pedro não é senador, Simone não é deputada federal, Carlota não é vereadora.

103. (FGV – 2022 – SEFAZ/ES – CONSULTOR DO TESOURO ESTADUAL) A negação de "Nenhuma cobra voa" é

a) Pelo menos uma cobra voa.

b) Alguns animais que voam são cobras.

c) Todas as cobras voam.

d) Todos os animais que voam são cobras.

e) Todas as cobras são répteis.

104. (FCC – 2022 – TRT/9ª REGIÃO – ANALISTA JUDICIÁRIO) A negação da afirmação: "não ficou doente e vai ficar em casa" é:

a) Ficou doente ou vai ficar em casa.

b) Não ficou doente ou não vai ficar em casa.

c) Ficou doente e não vai ficar em casa.

d) Não ficou doente ou vai ficar em casa.

e) Ficou doente ou não vai ficar em casa.

105. (VUNESP – 2022 – PC/SP – INVESTIGADOR DE POLÍCIA) Em uma livraria, o cliente que usa a poltrona no verão não compra livros. Uma consequência lógica dessa situação indica que, nessa livraria,

a) se é verão, então o cliente usa a poltrona ou compra livros.

b) se não é verão e um cliente compra livros, então ele usa a poltrona.

c) se um cliente compra livros, então ele não usa a poltrona ou não é verão.

d) se é inverno e um cliente compra livros, então ele usa a poltrona.

e) se um cliente compra livros e usa a poltrona, então é inverno.

106. (VUNESP – 2022 – PC/SP – ESCRIVÃO DE POLÍCIA) Assinale a alternativa que apresenta uma afirmação logicamente equivalente à seguinte afirmação:

'Ameaça chuva e saio com capa ou, ameaça chuva e saio com guarda-chuva'

a) Ameaça chuva ou não saio com capa e saio com guarda-chuva.

b) Ameaça chuva e, saio com capa ou saio com guarda-chuva.

c) Se não ameaça chuva, saio com capa e não saio com guarda-chuva.

d) Ameaça chuva ou saio com capa ou saio com guarda-chuva.

e) Não ameaça chuva e não saio com capa ou saio com guarda-chuva.

107. (VUNESP – 2022 – PC/SP – ESCRIVÃO DE POLÍCIA) Assinale a alternativa que apresenta uma afirmação logicamente equivalente à seguinte afirmação:

'Se os catadores coletaram todas as latinhas, então a sacola arrebenta ou fica pesada'

a) A sacola arrebenta ou fica pesada e os catadores coletaram todas as latinhas.

b) Se a sacola não arrebenta e não fica pesada, então os catadores não coletaram todas as latinhas.

c) Se a sacola arrebenta e não fica pesada, então os catadores coletaram todas as latinhas.

d) Se a sacola não arrebenta e fica pesada, então os catadores não coletaram todas as latinhas.

e) Os catadores coletaram todas as latinhas e a sacola arrebenta e fica pesada.

108. (VUNESP – 2022 – PM/SP – SARGENTO DA POLÍCIA MILITAR) A proposição "Não fui aprovado no concurso ou atingi o meu objetivo" é uma equivalente lógica da proposição

a) Se não fui aprovado no concurso, então não atingi o meu objetivo.

b) Se fui aprovado no concurso, então atingi o meu objetivo.

c) Fui aprovado no concurso e atingi o meu objetivo.

d) Não fui aprovado no concurso e não atingi o meu objetivo.

109. (VUNESP – 2022 – TJ/SP – PSICÓLOGO JUDICIÁRIO) Considere a seguinte afirmação:

"Todos erram e merecem uma segunda chance."

Uma negação lógica para a afirmação apresentada é:

a) Ninguém erra e merece uma segunda chance.

b) Ninguém erra e não merece uma segunda chance.

c) Ninguém erra ou não merece uma segunda chance.

d) Existe quem não erra e não merece uma segunda chance.

e) Existe quem não erra ou não merece uma segunda chance.

110. (CESGRANRIO – 2022 – ELETROBRAS/ELETRONUCLEAR – ESPECIALISTA EM SEGURANÇA) Considere a seguinte proposição:

Se Maria é advogada, então Joana é engenheira ou médica.

A proposição acima se equivale logicamente à proposição

a) Se Maria não é advogada, então Joana não é engenheira, ou não é médica.
b) Se Maria não é advogada, então Joana não é engenheira, nem médica.
c) Se Joana não é engenheira, nem médica, então Maria não é advogada.
d) Se Joana é engenheira ou médica, então Maria é advogada.
e) Maria é advogada, mas Joana não é engenheira e médica.

111. (CESGRANRIO – 2022 – ELETROBRAS/ELETRONUCLEAR – ESPECIALISTA EM SEGURANÇA) Em um município brasileiro, é falsa a seguinte afirmação:

Todos os habitantes possuem, pelo menos, uma bicicleta.

Portanto, nesse município

a) há, pelo menos, um habitante que possui duas bicicletas.
b) há, pelo menos, um habitante que não possui bicicleta.
c) todos os habitantes possuem mais de uma bicicleta.
d) nenhum habitante possui mais de uma bicicleta.
e) todos os habitantes possuem uma bicicleta.

(QUADRIX - 2022 – CRECI/24ª REGIÃO – FISCAL) Sabendo que a proposição "Se Paulo não é atencioso, então Quércia é brilhante ou Ricardo é confiável" é falsa, julgue os itens.

112. A proposição "Paulo é atencioso ou Quércia não é brilhante e Ricardo não é confiável" é verdadeira.

Certo ( ) Errado ( )

113. Quércia é brilhante.

Certo ( ) Errado ( )

114. Paulo é atencioso e Ricardo é confiável.

Certo ( ) Errado ( )

(QUADRIX - 2022 – CRA/PR - AUXILIAR ADMINISTRATIVO) Sendo p, q e r três proposições, julgue os itens.

115. Se p é uma proposição falsa, então $p \leftrightarrow q$ é sempre verdadeira.

Certo ( ) Errado ( )

116. Se a proposição $(p \wedge q) \rightarrow r$ é falsa, então p e q são verdadeiras e r é falsa.

Certo ( ) Errado ( )

117. A proposição $(p \vee q) \leftrightarrow \sim(p \vee q)$ é uma tautologia.

Certo ( ) Errado ( )

118. As proposições ~(p ∨ q) e ~p ∧ ~q são equivalentes.

Certo ( ) Errado ( )

(QUADRIX - 2022 – CRF/GO - AGENTE ADMINISTRATIVO) Julgue os itens.

119. A frase "Dois mil mais vinte mais dois" não é uma proposição.

Certo ( ) Errado ( )

120. A frase "2022 é o ano do tigre!" é uma proposição cuja negação é "2022 não é o ano do tigre!".

Certo ( ) Errado ( )

121. A proposição "Se 1 + 1 = 2.022, então 1 + 1 = 2" é verdadeira.

Certo ( ) Errado ( )

Gabarito

1	D	32	CERTO	63	A	94	D
2	E	33	A	64	A	95	B
3	D	34	E	65	C	96	A
4	D	35	B	66	A	97	D
5	ERRADO	36	B	67	D	98	A
6	ERRADO	37	A	68	B	99	D
7	CERTO	38	E	69	B	100	A
8	ERRADO	39	A	70	D	101	E
9	ERRADO	40	A	71	D	102	A
10	ERRADO	41	E	72	C	103	A
11	A	42	D	73	B	104	E
12	D	43	A	74	D	105	C
13	A	44	C	75	E	106	B
14	B	45	C	76	C	107	B
15	C	46	A	77	E	108	B
16	C	47	B	78	D	109	E
17	C	48	A	79	CERTO	110	C
18	E	49	C	80	ERRADO	111	B
19	B	50	B	81	ERRADO	112	CERTO
20	ERRADO	51	E	82	ERRADO	113	ERRADO
21	ERRADO	52	A	83	ERRADO	114	ERRADO
22	CERTO	53	C	84	CERTO	115	ERRADO
23	CERTO	54	A	85	CERTO	116	CERTO
24	CERTO	55	A	86	ERRADO	117	ERRADO
25	ERRADO	56	A	87	CERTO	118	CERTO
26	ERRADO	57	C	88	ERRADO	119	CERTO
27	E	58	D	89	ERRADO	120	ERRADO
28	D	59	D	90	CERTO	121	CERTO
29	B	60	A	91	ERRADO		
30	C	61	D	92	CERTO		
31	E	62	A	93	A		

3 ARGUMENTO

Conjunto de proposições relacionadas entre si e divididas em premissas (premissas = explicações) e conclusões. As premissas são também chamadas de proposições iniciais e as conclusões de proposições finais.

O fato de as premissas serem chamadas de proposições iniciais não implica que sempre apareçam no início do argumento, é apenas uma questão conceitual, assim, as premissas podem aparecer após a conclusão.

Fique ligado!

Para se ter um argumento é preciso ter pelo menos duas proposições.

Nos argumentos – para o RLM – o objetivo é saber se ele é válido ou não (ou qual proposição torna esse argumento válido), ou identificar as partes desse argumento (premissas e conclusões), ou saber que tipo de argumento tem na questão.

VALIDAR um argumento é verificar se o que está sendo dito nas Premissas **GARANTE** o que está na Conclusão e vice-versa.

As **Técnicas de Validação** dos argumentos são divididas em Diagramas Lógicos e Tabela-Verdade (Premissas Verdadeiras ou Conclusão Falsa).

Os **Diagramas Lógicos** são usados quando nos argumentos temos os quantificadores lógicos (TODO, ALGUM e NENHUM); já a **Tabela-Verdade** – não é necessário desenhar uma tabela em si – é usada quando temos proposições simples e compostas (com conectivos), sem os quantificadores.

Alguns argumentos não utilizam essas técnicas para sua validação, usam apenas a interpretação das ideias apresentadas nas proposições – premissas e conclusões – e verificação se essas GARANTEM e estão GARANTIDAS umas pelas outras.

Outro ponto interessante dos argumentos é que não importa o que está sendo dito em si, mas como está sendo dito, pode-se dizer absurdos, mas se esses absurdos estão GARANTINDO as informações, o argumento será válido.

Fique ligado!

Entenda que ser válido não quer dizer ser verdadeiro ou certo, não confunda.

Os argumentos também podem ser classificados quanto à "forma ou estrutura" e quanto à "composição ou conteúdo". Quando se tratar da "forma ou estrutura", o argumento mais conhecido é o silogismo – argumento composto por 3 proposições, sendo 2 premissas e 1 conclusão. Já quando se fala da "composição ou conteúdo", temos as deduções, induções, analogias, abduções, falácias ou sofismas, entre outros.

3.1 Representação

A representação dos argumentos (estrutura) pode ser de diversas formas, a saber:

P_1

P_2

P_3

.

.

.

P_n

C

ou

$P_1 \wedge P_2 \wedge P_3 \wedge \ldots \wedge P_n \rightarrow C$

ou

$P_1, P_2, P_3, \ldots, P_n \vdash C$

ou

$P_1, P_2, P_3, \ldots, P_n \therefore C$

Em que P são as premissas e C a conclusão.

Questões comentadas

1. **(QUADRIX – 2023 – IPREV/DF – ANALISTA PREVIDENCIÁRIO)** A barata sempre mente. A barata tem uma saia de filó. A barata disse: "Todas as minhas saias são de filó".

   Admitindo a veracidade das três afirmações acima, julgue o item.

   A barata tem pelo menos duas saias.

   Certo ( ) Errado ( )

Se as três afirmações são verdadeiras e a barata disse que todas as saias dela eram de filó, então pelo menos uma saia não é de filó. Como a barata tem uma saia de filó (é uma das afirmações do enunciado) e pelo menos uma saia que não é de filó, concluímos que a barate tem pelo menos 2 saias.

GABARITO: CERTO.

2. **(FGV – 2022 – TRT/16ª REGIÃO – ANALISTA JUDICIÁRIO)** Assinale a opção que mostra uma premissa antes de uma conclusão.

   a) A passadeira não deve ter vindo / Minhas camisas estão amarrotadas.
   b) É possível que o Vasco seja promovido para a série A /O Vasco tem ganho vários jogos.
   c) O governo deve lançar novo plano contra a inflação / A inflação é uma das preocupações do governo.
   d) As ruas amanheceram inundadas / Choveu durante a noite.
   e) Pedro é mau professor / Muitos alunos de Pedro pediram transferência de turma.

Analisando cada uma das alternativas e reescrevendo as proposições mudando a ordem, a única alternativa em que temos uma premissa antes da conclusão é a afirmativa D.

GABARITO: D.

3. **(CESPE/CEBRASPE – 2022 – MC – CARGO 2)** Julgue o item a seguir, considerando que as proposições lógicas simples sejam representadas por letras maiúsculas e utilizem como conectivos lógicos os símbolos ∧ (conjunção), ∨ (disjunção), → (condicional) e ↔ (bicondicional).

   O seguinte argumento é um argumento válido.

   "A tecnologia 5G torna a maioria das pessoas feliz, pois os adolescentes são felizes quando estão utilizando o celular; com Internet lenta, algumas pessoas ficam tristes; e a maioria da população brasileira terá acesso à tecnologia 5G em 2025."

   Certo ( ) Errado ( )

Note que entre as premissas e a conclusão (veja que nesse argumento a conclusão veio antes das premissas) não existe uma relação de GARANTIA, já que os adolescentes não são a maioria das pessoas, e, além disso, as afirmações são bem desconexas entre si.

GABARITO: ERRADO.

3.2 Tipos de argumento (quanto ao conteúdo)

Dedução

Tipo de argumento baseado na comprovação de fatos.

Parte de uma informação geral para uma conclusão particular.

Oferece GARANTIAS quanto à validade e é bastante utilizado no dia a dia para processos de aprendizagem.

Ex.:

Todos os alunos são inteligentes (informação geral).

Guilherme é aluno (informação particular).

Portanto, Guilherme é inteligente (conclusão particular e garantida).

Indução

Tipo de argumento baseado na experiência (observações).

Parte de informações (casos) particulares para uma conclusão geral.

Não oferece GARANTIAS quanto à validade e é mais usada em experimentos.

Ex.:

Luiza é muito estudiosa (informação particular).

Bia é muito estudiosa (informação particular).

Giovanna é muito estudiosa (informação particular).

Logo, todas as pessoas com nome feminino são muito estudiosas (conclusão geral e "não" garantida).

Abdução

Raciocínio associado aos diagnosticistas e detetives. É uma das 3 formas de inferência – as outras duas são a dedução e indução.

Está entre a dedução (do geral para o particular) e a indução (do particular para o geral).

Busca a melhor forma de explicar algo. Possui caráter explicativo e intuitivo.

É ampliativo, é uma atividade de imaginação e criatividade.

Não resulta em verdades absolutas, mas busca novas ideias e conhecimentos que possam validar algo.

É um processo constante de aperfeiçoamento contínuo.

O exemplo dos feijões dado por *Charles Sanders Peirce* ajuda a compreender melhor essa questão:

- 1 – Todos os feijões daquela saca são brancos. Esses feijões são daquela saca. Logo, esses feijões são brancos (dedução);
- 2 – Esses feijões são daquela saca. Esses feijões são brancos. Logo, todos os feijões daquela saca são brancos (indução);
- **3 – Todos os feijões daquela saca são brancos. Esses feijões são brancos. Logo, esses feijões são daquela saca (abdução).**

Analogia

Tipo de argumento baseado em comparações e semelhanças.

Parte de uma informação particular para uma conclusão particular.

Neste caso, a partir de uma situação já conhecida, verifica-se outras desconhecidas, mas semelhantes.

Nas analogias não necessariamente tem-se garantia das conclusões, mas elas são bastante utilizadas no dia a dia para processos de aprendizagem.

Ex.:

As aves têm asas e voam.

Os insetos têm asas e voam.

Assim sendo, se um 'bicho' tem asa, ele voa.

Veja que a analogia é muito parecida com a indução e pode, por vezes, até ser confundida com ela. Fique atento.

Falácias ou sofismas

São os chamados falsos argumentos, mas com "cara" de válidos. Têm estruturas parecidas com as abduções.

Nessa situação, podem até serem ditas verdades, mas sem garantias entre essas "verdades", o argumento sempre é inválido.

Ex.:

Tempo é dinheiro.

Quem não trabalha tem muito tempo livre.

Portanto, quem não trabalha é rico.

3.3 Tipos de argumento (quanto à forma)

Silogismo

Argumento baseado na estrutura, composto de duas premissas e uma conclusão. Traz consigo a ideia da dedução.

Fique ligado!

Na estrutura do silogismo, as premissas são compostas dos termos "maior", "médio" e "menor", sendo que na primeira premissa, tem os termos maior e médio, na segunda premissa, os termos médio e menor; já na conclusão, tem os termos maior e menor.

Ex.:

Todo ser humano tem coração bom.

Os homens são seres humanos.

Logo, os homens tem coração bom.

Termo maior: coração bom, termo médio: ser humano, termo menor: homens.

Modus ponens e *modus tollens*

Modus Ponens é a chamada afirmação do consequente, pois na estrutura do condicional, se afirmamos o antecedente, o consequente estará garantido.

Veja:

$\mathbf{P \rightarrow Q}$

P

∴

Q

Se o condicional é verdadeiro, e P é verdadeiro, Q só pode ser verdadeiro.

Modus Tollens é a chamada negação do antecedente, pois na estrutura do condicional, se negamos o consequente, a negação do antecedente estará garantida.

Veja:

$\mathbf{P \rightarrow Q}$

~Q

∴

~P

Se o condicional é verdadeiro, e, ~Q é verdadeiro (Q = Falso o que gera P = falso, também), ~P só pode ser verdadeiro.

Ex.:

Se Bia é esperta, então ela tem solução para tudo.

Bia é esperta.

Logo, Bia tem solução para tudo.

(*modus ponens*)

Se Bia é esperta, então ela tem solução para tudo.

Bia não tem solução para tudo.

Portanto, Bia não é esperta.

(*modus tollens*)

Questões comentadas

1. **(UNESC – 2023 – PREFEITURA DE CRICIÚMA/SC – AUXILIAR EM FARMÁCIA)** Observe o diálogo abaixo:

   P: Gostaria de andar tão bem arrumada quanto você.

   Q: Para andar arrumada eu procuro comprar roupas boas, portanto, se você também comprar, conseguirá andar arrumada.

   Qual é o tipo de raciocínio que fundamenta a resposta Q?

   a) Antagonismo.
   b) Comparação.
   c) Analogia.
   d) Ideologia.
   e) Diferenciação.

A ideia apresentada na questão é de uma analogia, visto que, de acordo com as falas do diálogo, a pessoa está bem arrumada devido às roupas boas, então de maneira análoga, se a outra pessoa comprar roupas boas, também estará arrumada.

GABARITO: C.

2. **(IBFC – 2022 – CÂMARA DE FRANCA/SP – OFICIAL LEGISLATIVO)** Dentre as alternativas, o único termo que não representa um tipo de raciocínio lógico é:

   a) Abdução.
   b) Assimilação.
   c) Dedução.
   d) Indução.

Dentre os tipos apresentados nas alternativas, a única que não apresenta um tipo de raciocínio logico é a afirmativa B.

GABARITO: B.

3. **(AOCP – 2021 – FUNPRESP/JUD – ANALISTA DE TECNOLOGIA DA INFORMAÇÃO)** Considerando o conteúdo e as características do raciocínio lógico e analítico, julgue o seguinte item.

Numa argumentação por analogia, ressaltamos características em comum entre duas ou mais situações com o intuito de inferir conclusões parecidas. Porém, seja qual for essa relevância, um argumento por analogia é sempre um argumento indutivo e nunca um argumento dedutivo, isto é, trata-se de um argumento que da verdade das premissas infere a conclusão como provavelmente verdadeira, e não de um argumento, no qual a verdade da conclusão se segue necessariamente da verdade das premissas.

Certo ( ) Errado ( )

O que vem dito na questão já é a definição exata do que é o argumento por analogia, então nos resta apenas aprender de vez sobre.

GABARITO: CERTO.

4. **(AOCP – 2021 – FUNPRESP/JUD – ANALISTA DE TECNOLOGIA DA INFORMAÇÃO)** Considerando o conteúdo e as características do raciocínio lógico e analítico, julgue o seguinte item.

Quando trabalho de manhã, folgo à tarde. Folguei à tarde, então pode ter acontecido de eu ter ido trabalhar no período da manhã é um exemplo de raciocínio lógico por indução, pois é a melhor explicação para o fato de eu folgar no período da tarde.

Certo ( ) Errado ( )

Na verdade, esse é um tipo de argumento por abdução.

GABARITO: ERRADO.

3.4 Validação – diagramas lógicos

São os argumentos que têm os Quantificadores Lógicos (TODO, ALGUM e NENHUM) em sua composição.

Os diagramas são a representação dos quantificadores (das proposições categóricas).

A ideia é classificar o argumento baseado nos diagramas, para tanto, deve-se **'REPRESENTAR** as **premissas'**, e **'JULGAR** a **conclusão'** considerando os diagramas existentes.

Fique ligado!

Premissas = REPRESENTA; conclusão = JULGA (a partir da representação das premissas).

As representações dos quantificadores são:

Todo A é B

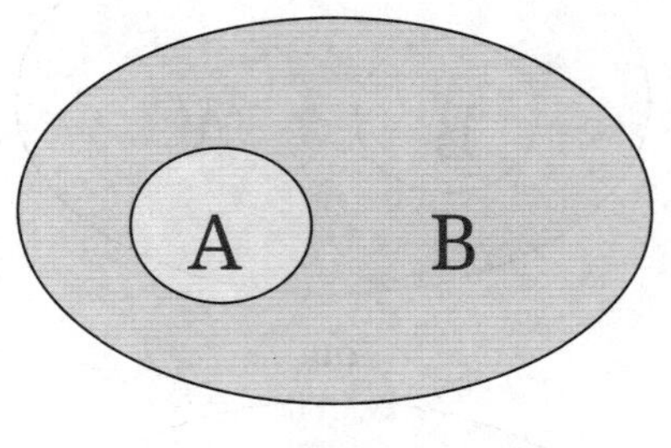

ou

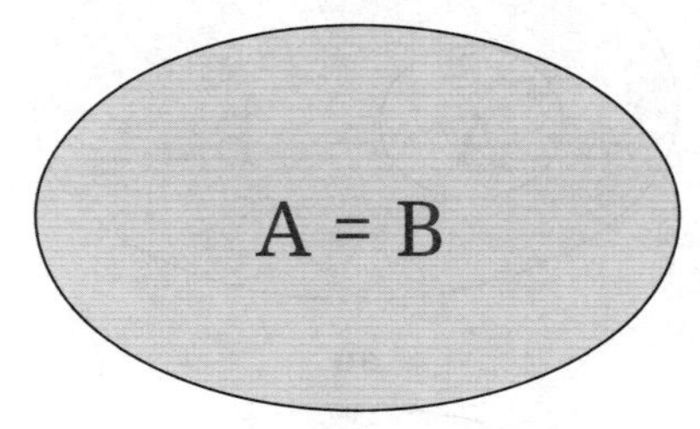

Nenhum A é B

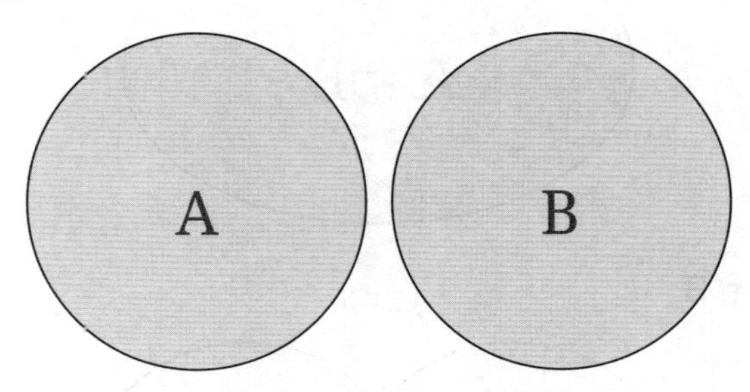

Algum A é B

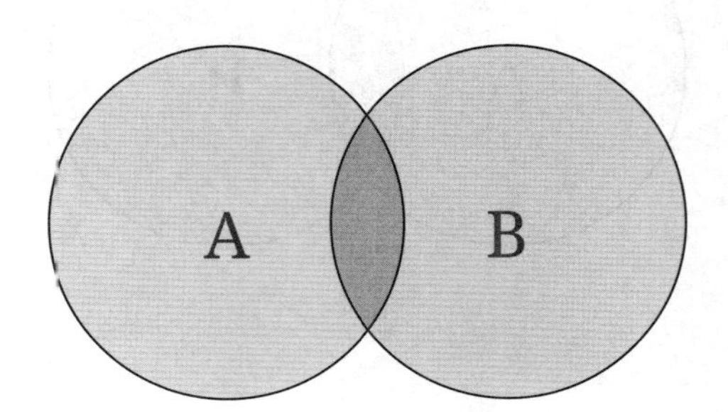

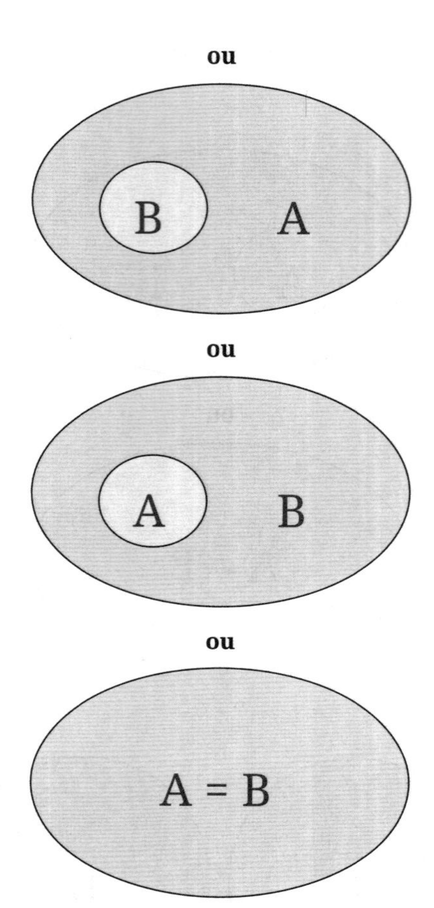

Algum A não é B

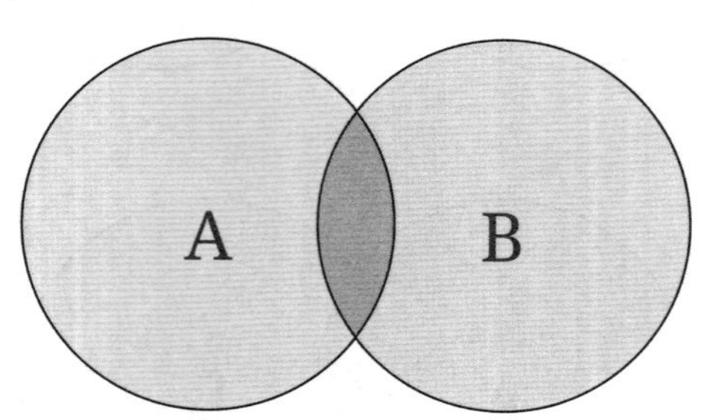

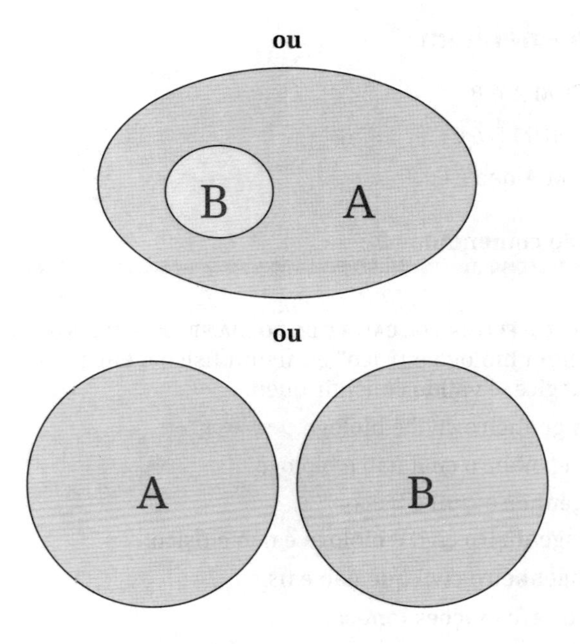

Em algumas situações específicas, poderemos usar o que é chamado de "Regra de Ouro" dos diagramas lógicos (essas regras são muito específicas e só se aplicam nos casos que apresentaremos adiante), desenvolvida pelo professor Lauro Magrini, vejamos as 4 regras:

Regra todo – todo

- P1: TODO A é B
- P2: TODO B é C
- C: TODO A é C

Regra todo – algum

- P1: TODO A é B
- P2: ALGUM A é C
- C: ALGUM B é C

Regra todo – nenhum

- P1: TODO A é B
- P2: NENHUM B é C
- C: NENHUM A é C

Regra algum – nenhum

- P1: ALGUM A é B
- P2: NENHUM B é C
- C: ALGUM A não é C

Questão comentada

1. **(CPCON – 2023 – PREFEITURA DE CATOLÉ DO ROCHA/PB – PSICÓLOGO)** Considere as proposições “nenhum biólogo é físico” e “algum físico é engenheiro civil”. Do ponto de vista da lógica, é válido concluir que:
   a) algum engenheiro civil é biólogo.
   b) algum engenheiro civil não é biólogo.
   c) todo engenheiro civil é físico.
   d) algum engenheiro civil é biólogo e não é físico.
   e) existe engenheiro civil que não é físico.

Representando as afirmações tem-se:

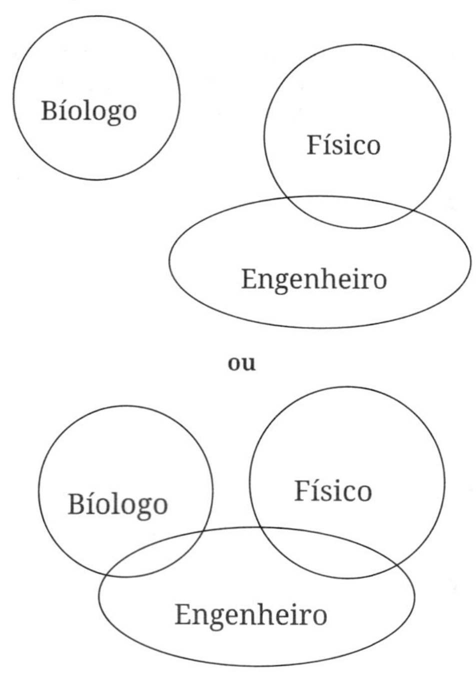

Veja que, independente da representação, os engenheiros que são físicos nunca serão biólogos, e isso está GARANTIDO.

Outra forma de resolver essa questão é pela regra do professor Lauro, veja:

Regra ALGUM – NENHUM

P1: ALGUM A é B

P2: NENHUM B é C

C: ALGUM A não é C

Aplicando a regra:

P2: "nenhum biólogo é físico"

P1: "algum físico é engenheiro civil".

Assim, a conclusão fica: "algum engenheiro civil não é biólogo".

GABARITO: B.

3.5 Validação por tabela-verdade

Premissas verdadeiras

Método de validação dos argumentos baseado na tabela-verdade que parte (começa) das premissas – verdadeiras – e verifica se a conclusão também fica verdadeira.

Caso aconteçam **premissas verdadeiras e conclusão verdadeira,** o argumento é considerado válido; porém, com as **premissas verdadeiras e a conclusão falsa,** o argumento será inválido.

- **Método:** a ideia é atribuir valores às proposições que compõem as premissas (não confunda proposições com premissas – as premissas são compostas de proposições), considerando as premissas verdadeiras, e após isso dar valor à conclusão, com base nas proposições – e no valor das proposições – que compõem a conclusão.

Fique ligado!

É melhor utilizar o método das premissas verdadeiras quando nas premissas tiver uma proposição simples ou uma conjunção (essas duas proposições só tem um jeito de serem verdadeiras).

Vamos demonstrar o método resolvendo uma questão.

Questão comentada

1. (CONSULPLAN – 2023 – FEPAM/RS – ADMINISTRADOR) Considere as proposições:
   - Se Benjamin é influenciador digital, então Rebeca não é professora.
   - Se Benjamin não é influenciador digital, então Caleb é engenheiro de dados.

   Sabendo-se que Rebeca é professora, pode-se concluir, corretamente, que:

   a) Caleb é engenheiro de dados.
   b) Benjamin é influenciador digital.
   c) Rebeca é professora e Benjamin é influenciador digital.
   d) Rebeca é professora e Caleb não é engenheiro de dados.
   e) Benjamin é influenciador digital ou Caleb não é engenheiro de dados.

Simbolizando e estruturando o argumento, tem-se:

B: Benjamin é influenciador digital.

R: Rebeca é professora.

C: Caleb é engenheiro de dados.

- $B \to \sim R$
- $\sim B \to C$
- R

Atribuindo os valores às proposições – a partir de R:

R = V (~R = F);

Em B → ~R, B = F (no condicional verdadeiro, se o consequente é falso (~R = F), o antecedente se obriga a ser falso);

Em ~B → C, C = V (no condicional verdadeiro, se o antecedente é verdadeiro (como B = F, ~B = V), o consequente se obriga a ser verdadeiro).

Agora, analisando as alternativas para saber qual é a verdadeira ('concluir corretamente' – o que quer dizer em outras palavras: torna o argumento válido).

GABARITO: A.

Conclusão falsa

Método de validação dos argumentos baseado na tabela-verdade que parte (começa) da conclusão – falsa – e verifica se as premissas ficam todas verdadeiras.

Caso aconteçam **premissas verdadeiras e conclusão falsa**, o argumento é considerado **inválido**; já **se alguma das premissas ficar falsa e a conclusão falsa** (pelo menos uma premissa falsa e conclusão falsa), o argumento será **válido.**

- **Método:** a ideia é atribuir valores às proposições que compõem a conclusão, considerando a conclusão falsa; após isso atribuir valores às proposições que compõem as premissas (*supondo as premissas verdadeiras*) e verificar se as premissas ficarão todas verdadeiras ou se pelo menos uma delas ficará falsa.

Fique ligado!

A ideia é que as premissas fiquem verdadeiras, porém pode acontecer de alguma dessas premissas ficar falsa de forma compulsória.

Outro ponto importante a se considerar é que o método da conclusão falsa é melhor utilizado quando a conclusão do argumento for uma proposição simples, uma disjunção ou um condicional (essas três proposições só tem um jeito de serem falsas).

A melhor forma de falar do método da conclusão falsa é resolvendo uma questão que utiliza esse método.

Questão comentada

1. (VUNESP – 2022 – DOCAS/PB – ADMINISTRADOR) Se Carlos é mais novo que Helena, então Maria é estudante. Se Amanda trabalha com Ricardo, então José tem 30 anos. Sabe–se que Carlos é mais novo que Helena ou Amanda trabalha com Ricardo. Logo, conclui–se, corretamente, que

   a) Maria é estudante.

   b) José tem 30 anos.

   c) Se Maria é estudante, então José tem 30 anos.

   d) Maria é estudante e José tem 30 anos.

   e) José tem 30 anos ou Maria é estudante.

Simbolizando e estruturando o argumento, tem-se:

C: Carlos é mais novo que Helena.

M: Maria é estudante.

A: Amanda trabalha com Ricardo.

J: José tem 30 anos.

• $C \rightarrow M$

• $A \rightarrow J$

• $C \vee A$

Note que não tem como validar o argumento ('conclui-se corretamente' – o que quer dizer em outras palavras: torna o argumento válido) pelo método das premissas verdadeiras, então temos que tentar pelo método da conclusão falsa, e, para isso, usaremos as alternativas como conclusão e veremos qual torna o argumento válido. De acordo com o método, na conclusão deve ter uma proposição simples, uma disjunção ou um condicional.

Começando as tentativas pela alternativa C (nela tem um condicional) tem-se:

- $C \to M$
- $A \to J$
- $C \vee A$

Conclusão: $M \to J$

Atribuindo os valores às proposições – a partir de M → J = F:

M = V e J = F;

Em A → J, A = F (no condicional verdadeiro, se o consequente é falso (J = F), o antecedente se obriga a ser falso);

Em C → M, como M = V o valor de C fica indeterminado, assim, C ∨ A fica indeterminado também e com isso não podemos GARANTIR que o argumento é válido ou inválido.

Tentando agora a alternativa E (nela tem uma disjunção) tem-se:

- $C \to M$
- $A \to J$
- $C \vee A$

Conclusão: $J \vee M$

Atribuindo os valores às proposições – a partir de J ∨ M = F:

J = F e M = F;

Em A → J, A = F (no condicional verdadeiro, se o consequente é falso (J = F), o antecedente se obriga a ser falso);

Em C → M, C = F (no condicional verdadeiro, se o consequente é falso (J = F), o antecedente se obriga a ser falso);

Como A = F e C = F a proposição C ∨ A = F, e assim, o argumento fica VÁLIDO, pois tem a conclusão falsa e uma das premissas falsas.

Assim sendo, a alternativa correta para a questão é a letra E.

Obs.: a escolha das alternativas a ser testada é aleatória, deve seguir apenas a recomendação de ser uma proposição simples, uma disjunção ou um condicional.

GABARITO: E.

Quadro resumo da validação dos argumentos

Premissas	Conclusão	Argumento
Verdadeiras	Verdadeira	Válido
Verdadeiras	Falsa	Inválido
Pelo menos uma Falsa	Falsa	Válido
O argumento será válido mesmo que a conclusão seja falsa.		

Vamos praticar

1. **(CONSULPLAN – 2023 – FEPAM/RS – ADMINISTRADOR)** Para a lógica matemática, sobre argumento válido, analise as afirmativas a seguir.

   I. Se a Terra é uma estrela, então ela gira em torno do Sol. A Terra é uma estrela. Portanto, a Terra gira em torno do Sol.

   II. Se João está vivo, então ele está morto. João está vivo. Logo, João está morto.

   III. Se a Lua é satélite da Terra, então tem órbita em torno do Sol. A Lua é satélite natural da Terra. Portanto, a Lua tem órbita em torno do Sol.

   IV. Se Mário é jogador de vôlei profissional, então é atleta. Mário é jogador de vôlei profissional. Logo, Mário é atleta.

   Está correto o que se afirma apenas em

   a) I, II, III e IV.
   b) IV, apenas.
   c) III e IV, apenas.
   d) I, II e III, apenas.
   e) I, III e IV, apenas.

2. **(VUNESP – 2023 – EPC – ASSISTENTE DE EMPRESA PÚBLICA DE COMUNICAÇÃO)** Considere verdadeiras as afirmações:

   I. Todos os advogados são formados em Direito.

   II. Alguns que se formaram em Direito não são advogados.

   A partir dessas afirmações é logicamente verdadeiro que

   a) qualquer pessoa que se forma em Direito é um advogado.
   b) os advogados que não se formaram em Direito não podem ser juízes.
   c) há pessoas que se tornaram advogados sem serem formados em Direito.
   d) as pessoas que não são advogados não se formaram em Direito.
   e) há pessoas que se formaram em Direito e são advogados.

3. **(FUNDEPES – 2023 – PREFEITURA DE MARECHAL DEODORO/AL – AGENTE DE COMBATE ÀS ENDEMIAS)** Considere verdadeiras as premissas:

   I. Existem professores que são advogados.

   II. Nenhum professor é corajoso.

   Logo, uma conclusão que validaria logicamente um argumento com essas premissas seria:

   a) pode existir advogado corajoso.
   b) pode existir corajoso professor.
   c) nenhum advogado é corajoso.
   d) todo advogado é corajoso.
   e) existe advogado corajoso.

4. (CONSULPLAN – 2023 – MPE/BA – ASSISTENTE TÉCNICO–ADMINISTRATIVO) Considere que Rogério é Promotor de Justiça, trabalha no MPBA e tem as seguintes tradições:

- Sempre que vai atuar em um caso, Rogério compra um terno novo.
- Rogério só usa sapato marrom quando vai representar.

Se em determinado dia Rogério tiver comprado um terno novo e for trabalhar de sapato marrom, é certamente verdade que:

a) Rogério vai representar.
b) Rogério irá atuar em um caso.
c) Rogério irá atuar em um caso e irá representar.
d) Rogério não irá atuar em um caso nem irá representar.
e) As informações fornecidas são insuficientes para se afirmar qualquer coisa.

5. (CONSULPLAN – 2023 – CÂMARA DE TREMEMBÉ/SP – OFICIAL LEGISLATIVO) Se Carla é analista, então Joana não é auxiliar de contabilidade. Ou Joana é auxiliar de contabilidade ou Marina é bibliotecária. Se Marina não é bibliotecária, então Carla é analista. Considerando que Carla não é analista, pode–se afirmar, verdadeiramente, que:

a) Joana é auxiliar de contabilidade.
b) Marina é bibliotecária e Joana é auxiliar de contabilidade.
c) Se Marina é bibliotecária, então Joana é auxiliar de contabilidade.
d) Carla é analista se, e somente se, Joana é auxiliar de contabilidade.

6. (FUMARC – 2023 – AL/MG – TÉCNICO DE APOIO LEGISLATIVO) Considerando os argumentos lógicos:

I. Alguns nordestinos são pobres. Alguns pobres são mendigos. Logo, todos os nordestinos são mendigos.
II. Todos os franceses são europeus. Jean-Paul Sartre foi um filósofo francês. Logo, Jean-Paul Sartre era europeu.
III. Todo fluminense é brasileiro e todo niteroiense é fluminense. Então todo niteroiense é brasileiro.

É CORRETO afirmar que:

a) Apenas III é um argumento válido.
b) I e II são argumentos válidos.
c) I e III são argumentos válidos.
d) II e III são argumentos válidos.

7. (AOCP – 2023 – PC/GO – ESCRIVÃO DE POLÍCIA DA 3ª CLASSE) Se José for aprovado no concurso, será Escrivão de Polícia da 3ª Classe. Se ele for Escrivão de Polícia da 3ª Classe, deverá expedir intimações. Se ele expedir intimações, deverá acompanhar autoridades policiais em suas diligências. Do ponto de vista lógico, se José não acompanhou autoridades policiais em suas diligências, pode–se dizer que

a) José foi aprovado no concurso.
b) José é Escrivão de Polícia da 3ª Classe.

c) José expediu intimações.
d) José não expediu intimações ou José foi aprovado no concurso.
e) José não é Escrivão de Polícia da 3ª Classe e José acompanhou autoridades policiais em suas diligências.

8. **(FUNDATEC – 2023 – SPGG/RS – MÉDICO)** Considere as seguintes afirmações:

"Toda flor amarela é perfumada".

"O girassol é uma flor amarela".

Sabendo que as afirmações apresentadas acima são verdadeiras, é possível deduzir que:

a) O girassol não tem perfume.
b) Toda flor é perfumada.
c) Nenhuma flor é amarela.
d) O girassol é perfumado.
e) Toda flor perfumada é amarela.

9. **(FCM – 2023 – IFB – BIBLIOTECÁRIO)** Considere verdadeiras as seguintes proposições:

- Alguns artistas são visionários.
- Toda pessoa visionária não é realista.

Então, a partir dessas proposições, é correto afirmar que

a) todos os artistas não são realistas.
b) muitos artistas não são realistas.
c) existem artistas que não são realistas.
d) toda pessoa visionária é artista.
e) nenhum artista é visionário.

10. **(FCM – 2023 – PREFEITURA DE CONTAGEM/MG – AGENTE FAZENDÁRIO)** Considere verdadeiras as seguintes proposições:

- Alguns mineiros não são pesquisadores.
- Todo professor é pesquisador.

A partir dessas proposições, é correto afirmar que é necessariamente verdadeiro que

a) todo mineiro é professor.
b) nenhum professor é mineiro.
c) algum não pesquisador é professor.
d) alguns mineiros não são professores.
e) é falso que os professores são pesquisadores.

11. **(CESPE/CEBRASPE – 2023 – PREFEITURA DE SÃO CRISTÓVÃO/SE – ANALISTA AMBIENTAL)** Texto CB1A3–I

Todo animal é racional.

O homem é um animal.

Logo, o homem é racional.

Assinale a opção correta acerca do argumento apresentado no texto CB1A3-I.

a) O argumento é válido, pois sua conclusão, quando analisada individualmente, independentemente dos valores lógicos das premissas, é uma proposição verdadeira.

b) O argumento é válido, ainda que possua uma premissa que possa, quando analisada individualmente, ser considerada falsa.

c) O argumento não é válido, embora todas as suas premissas sejam verdadeiras.

d) O argumento não é válido, pois há uma premissa que pode ser considerada falsa.

12. **(CESPE/CEBRASPE – 2023 – CGDF – AUDITOR DE CONTROLE INTERNO DO DISTRITO FEDERAL)** "Os auditores de controle interno são famosos por serem todos surfistas especialistas em ondas gigantes, pois todos os auditores que nasceram no Amazonas têm a habilidade de cantar; todos os auditores que têm a habilidade de cantar são surfistas especialistas em ondas gigantes; e todos os auditores de controle interno nasceram em Manaus."

Considerando o argumento precedente, assinale a opção correta.

a) A proposição "todos os auditores que nasceram no Amazonas têm a habilidade de cantar" é uma proposição lógica composta.

b) O argumento apresentado é inválido, pois a conclusão é falsa.

c) A frase "todos os auditores de controle interno nasceram em Manaus" é a conclusão do argumento apresentado.

d) O referido argumento é válido e tem mais de duas premissas.

13. **(IBFC – 2023 – PREFEITURA DE CUIABÁ/MT – APOIO JURÍDICO)** O tipo de raciocínio que se utiliza da conclusão e da regra para defender que a premissa pode explicar a conclusão é chamado de:

a) Dedução.

b) Indução.

c) Abdução.

d) Tratamento.

14. **(IBFC – 2023 – PREFEITURA DE CUIABÁ/MT – AGENTE DE SAÚDE)** O tipo de raciocínio que se utiliza da regra do argumento e sua premissa para se chegar a uma conclusão é:

a) Abdução.

b) Indução.

c) Tratamento.

d) Dedução.

15. **(FGV – 2023 – BANESTES – ANALISTA DE COMUNICAÇÃO)** Dado um conjunto finito de proposições $p_1, p_2, \cdots, p_n$ (chamadas premissas) e uma proposição c (chamada conclusão), diz–se que a relação que associa as premissas à conclusão é um argumento. Um argumento é válido quando a conclusão c é consequência obrigatória do conjunto de premissas. Considere os seguintes argumentos:

Argumento I p1: todas as crianças gostam de pizza. p2: quem gosta de refrigerante gosta de pizza. c: todas as crianças gostam de refrigerante.

Argumento II p1: todas as crianças gostam de pizza. p2: quem gosta de refrigerante gosta de pizza. c: quem gosta de refrigerante é criança.

Argumento III p1: todas as crianças gostam de pizza. p2: quem gosta de refrigerante não gosta de pizza. c: nenhuma criança gosta de refrigerante.

É (são) argumento(s) válido(s)

a) I, apenas.

b) III, apenas.

c) I e II, apenas.

d) II e III, apenas.

e) I, II e III.

16. **(IBADE – 2022 – PREFEITURA DE BARRA DE SÃO FRANCISCO/ES – TÉCNICO EM ENFERMAGEM)** Se alguns gatos são pretos, todos os animais pretos são raros e todos os animais raros são domesticados, é possível concluir que:

a) todos os gatos são domesticados.

b) nenhum gato é domesticado.

c) alguns gatos são domesticados.

d) todos os animais pretos são gatos.

e) algum animal preto é raro.

17. **(FUNDATEC – 2022 – SEJUSP/MG – AGENTE DE SEGURANÇA SOCIOEDUCATIVO)** Sabe–se que Ana gosta de limão, então Cristina comprou uma blusa branca. Se Cristina comprou uma blusa branca, Breno foi ao parque. Considerando que Breno não foi ao parque, pode–se afirmar que:

a) Ana não comprou uma blusa branca.

b) Ana não gosta de limão.

c) Breno não gosta de limão.

d) Ana não foi ao parque.

18. **(FUNDATEC – 2022 – PREFEITURA DE FLORES DA CUNHA/RS – GUARDA CIVIL MUNICIPAL)** Se Maria sai de férias para Manaus, Antônio fica em casa com Joana. Se Antônio fica em casa com Joana, Lisa vai ao cinema com André. Se Lisa vai ao cinema com André, Carlos e Raí jogam futebol aos sábados. Se Carlos e Raí jogam futebol aos sábados, Cristina sai de férias para Santa Catarina. Considerando que Cristina não sai de férias para Santa Catarina, é correto afirmar que:

a) Antônio fica em casa com Maria.

b) Lisa não vai ao cinema com André.

c) Carlos joga futebol aos sábados.

d) Maria sai de férias para Manaus e Antônio não fica em casa com Joana.

e) Lisa vai ao cinema com André.

19. **(VUNESP – 2022 – PREFEITURA DE SOROCABA/SP – ANALISTA DE SISTEMAS)** Considere as seguintes premissas:

I. Se Cristiane não é advogada, então Mário não é policial.

II. Se Mario é policial, então Paula é juíza.

III. Se Paula não é juíza, então Hugo é piloto de avião.

IV. Hugo não é piloto de avião.

Deduz-se corretamente das premissas apresentadas que

a) Mário é policial.

b) Mário não é policial.

c) Paula é juíza.

d) Paula não é juíza.

e) Cristiane é advogada.

20. **(FEPESE – 2022 – UDESC – ANALISTA DE SISTEMAS)** Sabendo–se que "Todo funcionário da empresa A é alto" e que "nenhuma pessoa da família Silva é alta", podemos afirmar corretamente que:

a) Todas as pessoas da família Silva são funcionárias da empresa A.

b) Todo funcionário da empresa A faz parte da família Silva.

c) Algum funcionário da empresa A faz parte da família Silva.

d) Alguma pessoa da família Silva é funcionária da empresa A.

e) Nenhuma pessoa da família Silva é funcionária da empresa A.

21. **(FGV – 2022 – TRT/16ª REGIÃO – ANALISTA JUDICIÁRIO)** Abaixo estão cinco silogismos. Assinale a opção que mostra uma estruturação válida.

a) Todos os brasileiros gostam de Copacabana / Pedro é brasileiro / Pedro gosta de Copacabana.

b) Todos os brasileiros gostam de Copacabana / Pedro não gosta de Copacabana / Pedro não é brasileiro.

c) Se você é brasileiro, gosta de Copacabana / Você é brasileiro / Você gosta de Copacabana.

d) Ou você não é brasileiro ou você gosta de Copacabana / Você não é brasileiro / Você gosta de Copacabana.

e) Ou você não é brasileiro ou você gosta de Copacabana / Você é brasileiro / Você não gosta de Copacabana.

22. **(FGV – 2022 – TRT/16ª REGIÃO – TÉCNICO JUDICIÁRIO)** Considere como verdadeiras as sentenças:

I. Nenhum C é A.

II. Algum A é B.

É correto concluir que

a) nenhum C é B.

b) algum B não é C.

c) algum C é B.

d) nenhum B é C.

e) algum B é C.

23. **(FGV – 2022 – TRT/13ª REGIÃO – ANALISTA JUDICIÁRIO)** Considere como verdadeiras as seguintes sentenças:

- Se Gerson não é torcedor do Botafogo, então Luiz é torcedor do Treze.
- Se Luiz é torcedor do Treze, então Débora não é torcedora do Campinense.
- Se Débora não é torcedora do Campinense, então Lúcia é torcedora do Botafogo.
- Lúcia não é torcedora do Botafogo.

É correto concluir que

a) Luiz é torcedor do Treze.

b) Gerson é torcedor do Botafogo.

c) Luiz não é torcedor do Botafogo.

d) Débora é torcedora do Campinense.

e) Lúcia é torcedora do Treze.

24. **(FGV – 2022 – SEFAZ/ES – CONSULTOR DO TESOURO ESTADUAL)** Valter fala sobre seus hábitos no almoço:

- Como carne ou frango.
- Como legumes ou não como carne.
- Como macarrão ou não como frango.

Certo dia, no almoço, Valter não comeu macarrão.

É correto afirmar que, nesse dia, Valter

a) comeu frango e carne.

b) não comeu frango nem carne.

c) comeu carne e não comeu legumes.

d) comeu legumes e carne.

e) não comeu frango nem legumes.

25. **(FGV – 2022 – SEFAZ/ES – CONSULTOR DO TESOURO ESTADUAL)** Sabe–se que as 3 sentenças a seguir são verdadeiras.

- Se Pedro é capixaba ou Raquel não é carioca, então Renata não é pernambucana.
- Se Pedro não é capixaba ou Renata é pernambucana, então Raquel é carioca.
- Se Raquel não é carioca, então Pedro é capixaba e Renata é pernambucana.

É correto concluir que

a) Pedro é capixaba.
b) Raquel é carioca.
c) Renata é pernambucana.
d) Pedro não é capixaba.
e) Raquel não é carioca.

26. **(FGV – 2022 – SEFAZ/AM – TÉCNICO DE ARRECADAÇÃO DE TRIBUTOS ESTADUAIS)** Considere as afirmativas:

- Alguns homens gostam de ler.
- Quem gosta de ler vai à livraria.

A partir dessas afirmativas é correto concluir que:

a) Todos os homens vão à livraria.
b) Mulheres não gostam de ler.
c) Quem vai à livraria gosta de ler.
d) Se um homem não vai à livraria então não gosta de ler.
e) Quem não gosta de ler não vai à livraria.

27. **(FGV – 2022 – SEFAZ/AM – TÉCNICO DE ARRECADAÇÃO DE TRIBUTOS ESTADUAIS)** Considere as seguintes premissas:

- Quem tem azar não sorri.
- Quem é maratonista não está doente.
- Quem não está doente, sorri.

A partir dessas premissas é correto concluir que

a) Quem não está doente é maratonista.
b) Quem está doente não sorri.
c) Quem não tem azar sorri.
d) Quem é maratonista não tem azar.
e) Quem sorri, não está doente.

28. (FGV – 2022 – SSP/AM – TÉCNICO DE NÍVEL SUPERIOR) Considere as seguintes afirmativas a respeito de um objeto chamado biba:

- Se biba é bala então não é bola.
- Se biba não é bala então é babalu.

É correto concluir que

a) se biba é bola então é babalu.
b) se biba é babalu então é bola.
c) se biba não é bola então é babalu.
d) se biba não é babalu então é bola.
e) se biba é bola então não é babalu.

29. (SELECON – 2022 – PREFEITURA DE CUIABÁ/MT – TÉCNICO EM SEGURANÇA DO TRABALHO) Considerem–se verdadeiras as afirmações a seguir:

I. Alguns funcionários que são concursados têm curso superior.
II. Todos os funcionários da LIMPURB são concursados.

A partir dessas afirmações, pode-se concluir com certeza que:

a) alguns funcionários da LIMPURB têm curso superior.
b) alguns funcionários que têm curso superior são concursados.
c) todos os funcionários que são concursados têm curso superior.
d) todos os funcionários que têm curso superior são da LIMPURB.

Texto para as próximas 4 questões.

(CESPE/CEBRASPE - 2022 - PETROBRAS - ANALISTA DE SISTEMAS) Uma sequência de chaves lógicas (A, B, C, D, E) funciona de modo condicional: cada chave pode estar aberta ou fechada, não havendo terceiro estado possível. As regras de funcionamento das chaves determinam que:

- Se a chave A está aberta, então a chave B está aberta;
- Se a chave B está aberta, então a chave C está aberta;
- Se a chave B está aberta, então a chave D está aberta;
- Se a chave C ou a chave D estão abertas, então a chave E está aberta.

Na busca por um sistema de diagnóstico que determine, por meio do menor número de observações possível, o estado das cinco chaves, observou-se que, atualmente, a chave E está fechada.

Com referência à situação descrita, julgue os próximos itens.

30. A chave C pode estar aberta.

Certo ( ) Errado ( )

31. É impossível determinar o estado atual de todas as chaves.

Certo ( ) Errado ( )

32. A chave D está fechada, com certeza.

Certo ( ) Errado ( )

33. A chave B está fechada, com certeza.

Certo ( ) Errado ( )

Texto para as próximas 2 questões.

(CESPE/CEBRASPE - 2022 – MPC/SC - PROCURADOR DE CONTAS DO MINISTÉRIO PÚBLICO) Em certa associação, há três dirigentes: uma presidente, uma secretária executiva e um tesoureiro, designados, respectivamente, pelas letras a, b e c.

Insatisfeito com a forma de administração dessa associação, um dos associados assim expressou sua revolta:

P1: Todos os dirigentes dessa associação são incompetentes.

P2: Nessa associação, existem dirigentes que atuam de má fé.

P3: Quem é incompetente e atua de má fé faz mau uso do dinheiro.

P4: Se alguém faz mau uso do dinheiro, o interesse coletivo fica prejudicado.

C: Logo, o interesse coletivo fica prejudicado.

Com base nessa situação hipotética, e considerando D = {a, b, c} o conjunto dos dirigentes da referida associação, julgue os itens seguintes.

34. A eventual validade do argumento cujas premissas sejam as proposições P1, P2, P3 e P4, e cuja conclusão seja a proposição C confirmaria a existência de prejuízo causado ao interesse coletivo.

Certo ( ) Errado ( )

35. O argumento cujas premissas sejam as proposições P1, P2, P3 e P4, e cuja conclusão seja a proposição C é válido.

Certo ( ) Errado ( )

36. **(CESPE/CEBRASPE – 2022 – MPC/SC – ANALISTA DE CONTAS PÚBLICAS)** Considere as proposições P1, P2 e P3 a seguir e a conclusão C subsequente.

P1: "Se o fiador toma uma decisão que prejudica as finanças do devedor, este fica sem condições de pagar a dívida."

P2: "Se o devedor fica sem condições de pagar a dívida, o fiador é chamado a quitar o débito."

P3: "Se o fiador é chamado a quitar o débito, suas finanças ficam prejudicadas."

C: "Se o fiador toma uma decisão que prejudica as finanças do devedor, as finanças do fiador ficam prejudicadas."

Tendo como referência essas proposições e a referida conclusão, julgue o item a seguir, à luz da lógica sentencial.

O argumento formado pelas proposições P1, P2 e P3, como premissas, e C, como conclusão, é válido.

Certo ( ) Errado ( )

37. (CESPE/CEBRASPE – 2022 – MC – ATIVIDADES TÉCNICAS DE COMPLEXIDADE INTELECTUAL) Julgue o item a seguir, considerando que as proposições lógicas simples sejam representadas por letras maiúsculas e utilizem como conectivos lógicos os símbolos ∧ (conjunção), ∨ (disjunção), → (condicional) e ↔ (bicondicional).

O seguinte argumento é um argumento válido.

"A tecnologia 5G torna a maioria das pessoas feliz, pois os adolescentes são felizes quando estão utilizando o celular; com Internet lenta, algumas pessoas ficam tristes; e a maioria da população brasileira terá acesso à tecnologia 5G em 2025."

Certo ( ) Errado ( )

38. (CESPE/CEBRASPE – 2022 – PREFEITURA DE SÃO CRISTÓVÃO/SE – AGENTE COMUNITÁRIO DE SAÚDE) Considere as seguintes proposições.

P: "Se eu sou convidado para a festa do chefe e me recuso a ir, eu sou taxado de antissocial."

Q: "Se eu sou convidado para a festa do chefe e vou, eu sou taxado de puxa-saco."

R: "Se eu sou taxado de antissocial ou de puxa-saco, eu fico constrangido."

C: "Se eu sou convidado para a festa do chefe, eu fico constrangido."

Acerca dessas proposições, julgue os itens a seguir.

O argumento cujas premissas são as proposições P, Q e R e que tem por conclusão a proposição C é válido.

Certo ( ) Errado ( )

39. (CESPE/CEBRASPE – 2022 – PETROBRAS – ANALISTA DE SISTEMAS) Julgue os itens seguintes, considerando a proposição P: "Como nossas reservas de matéria–prima se esgotaram e não encontramos um novo nicho de mercado, entramos em falência".

É válido o argumento que, além da proposição P, tem também como premissa a proposição Q: "nossas reservas de matéria-prima se esgotaram" e como conclusão a proposição C: "entramos em falência".

Certo ( ) Errado ( )

40. (FURG – 2022 – FURG – ASSISTENTE EM ADMINISTRAÇÃO) Considere as seguintes premissas:

(1) Beta vai à FURG ou trabalha com seu irmão.

(2) Se vai à FURG, terá um salário maior.

(3) Não tem um salário maior.

Logo, o argumento válido é:

a) Beta não trabalhou com seu irmão e foi à FURG.

b) Beta foi à FURG.

c) Beta trabalhou com seu irmão.

d) Beta não foi à FURG e tem salário maior.

e) Beta tem salário maior.

41. (CEFET-MG – 2022 – CEFET/MG – TÉCNICO DE LABORATÓRIO) Considere o pensamento do pinguim na ilustração:

O pinguim é branco e preto.
Alguns filmes antigos são branco e preto.
Portanto, alguns pinguins são fimes antigos

Lógica: Outro ponto fraco dos pinguins.

Fonte: Disponível em: https://2.bp.blogspot.com/_5pV-PDsa7Vk/SXZSPPgVCjI/AAAAAAAAFI8/ gWkaet-qp4xo/s400/pinguins.jpg (Acesso em 09 de maio de 2022)

O pensamento do pinguim constitui uma argumentação acerca da qual se pode concluir, verdadeiramente, que

a) não é logicamente válida, pois não há conclusão.

b) não é logicamente válida, pois não há premissas.

c) é logicamente válida, embora a conclusão seja falsa.

d) é logicamente válida, com premissas e conclusão corretas.

e) não é logicamente válida, pois a conclusão não decorre das premissas.

42. (CEFET-MG – 2022 – CEFET/MG – TÉCNICO DE LABORATÓRIO) Considere os argumentos a seguir em que as premissas são verdadeiras.

I. Se eu estudar, eu serei aprovado no concurso. Eu não estudei. Logo, não fui aprovado no concurso.

II. Eu só fico tranquilo quando meu time de futebol ganha a partida final do campeonato. Eu nunca trabalho quando não estou tranquilo. Hoje eu trabalhei. Logo, 3 é um número ímpar.

III. Todo médico sabe Biologia. Há profissionais que sabem Biologia e não são médicos. Existem professores que sabem Biologia. Logo, professor que é médico sabe Biologia.

Sobre os argumentos acima, é correto afirmar que é(são) válido(s):

a) apenas o argumento I.

b) apenas o argumento III.

c) apenas os argumentos I e II.

d) apenas os argumentos I e III.

e) apenas os argumentos II e III.

43. (VUNESP – 2022 – PC/SP – MÉDICO LEGISTA) Considere as afirmações a seguir:

- Todos os médicos são pessoas dedicadas.
- Algumas pessoas dedicadas são pessoas generosas.
- Todas as pessoas generosas são pessoas felizes.

A partir dessas informações, é correto concluir que:

a) As pessoas felizes são pessoas dedicadas.

b) Todos os médicos que são generosos são felizes.

c) Qualquer pessoa dedicada é feliz.

d) Se a pessoa é generosa, então ela não é feliz.

e) Qualquer pessoa dedicada é feliz ou é um médico.

44. (VUNESP – 2022 – PC/SP – ESCRIVÃO DE POLÍCIA) A partir das afirmações:

'Todo estudioso tem muito conhecimento'

'Algumas pessoas que têm muito conhecimento são geniais'

É correto concluir que

a) qualquer estudioso é genial.

b) nenhum genial tem muito conhecimento.

c) todos que têm muito conhecimento são estudiosos.

d) algum genial tem muito conhecimento.

e) todo genial é estudioso.

45. (VUNESP – 2022 – PC/SP – INVESTIGADOR DE POLÍCIA) Se há previsão de chuva, então Aline vai ao teatro. Se Aline está de guarda–chuva, então não há previsão de chuva. No dia de hoje, houve previsão de chuva, portanto,

a) se Aline estava de guarda-chuva, então ela foi ao teatro.

b) se Aline estava de guarda-chuva, então ela não foi ao teatro.

c) Aline foi ao teatro sem guarda-chuva.

d) Aline foi ao teatro de guarda-chuva.

e) se Aline foi ao teatro, então ela estava de guarda- -chuva.

46. (VUNESP – 2022 – PC/SP – INVESTIGADOR DE POLÍCIA) Os irmãos Alex, Breno e Caio, quando saem todos juntos, seguem as seguintes regras:

- Se Alex sai de tênis, Breno também sai de tênis;
- Alex ou Caio usam óculos escuro;
- Breno e Caio usam camisas de cores diferentes;
- Se Breno sai de tênis ou Caio usa óculos escuro, então Alex usa camisa preta.

Hoje esses três irmãos saíram juntos e Alex não usou camisa preta, logo é correto afirmar que

a) Breno não usou óculos escuro.
b) Caio ou Breno usaram camisa preta.
c) Alex e Breno estavam de tênis.
d) Caio não estava de tênis.
e) Alex usou óculos escuro.

47. **(VUNESP – 2022 – PC/SP – ESCRIVÃO DE POLÍCIA)** Considere as afirmações:

I. Se Ana é delegada, então Bruno é escrivão.
II. Se Carlos é investigador, então Bruno não é escrivão.
III. Se Denise é papiloscopista, então Eliane é perita criminal.
IV. Se Eliane é perita criminal, então Carlos é investigador.
V. Denise é papiloscopista.

A partir dessas afirmações, é correto concluir que

a) Bruno é escrivão ou Eliane não é perita criminal.
b) Se Denise é papiloscopista, então Ana é delegada.
c) Carlos não é investigador e Ana é delegada.
d) Ana não é delegada ou Bruno é escrivão.
e) Eliane não é perita criminal e Carlos é investigador.

48. **(IBADE – 2022 – CRC/RO – ASSISTENTE ADMINISTRATIVO)** Se "Todo casaco é de couro" e "Algumas botas são de couro" são afirmativas verdadeiras, é possível concluir apenas que:

a) nenhuma bota é de couro.
b) algumas botas não são de couro.
c) alguns casacos não são de couro.
d) todos os casacos não são de couro.
e) todas as botas são feitas de couro.

49. **(QUADRIX – 2022 – CRM/SC – REVISOR DE TEXTO)** No que se refere às formas de raciocínio, julgue o item.

Constitui um silogismo válido quanto à forma, mas falso quanto à matéria, o seguinte raciocínio dedutivo: "Toda doença é curável; o câncer é uma doença; logo, o câncer é curável".

Certo ( ) Errado ( )

50. **(QUADRIX – 2022 – CREMERO – ASSISTENTE ADMINISTRATIVO)** Considere as seguintes afirmações.

I. O *poodle* é dócil e obediente.
II. O *poodle* é carinhoso com o dono.

III. Todo *poodle* sente grande ciúme de outros cães.

IV. Magali é carinhosa com o dono.

Admitindo a veracidade dessas quatro afirmações, julgue o item.

É correto concluir que Magali é um *poodle*.

Certo ( ) Errado ( )

51. **(OBJETIVA – 2022 – PREFEITURA DE FAZENDA VILANOVA/RS – MÉDICO VETERINÁRIO)** Suponha serem verdadeiras as afirmações:

I. Nenhum jogador é preguiçoso.

II. Alguns sedentários são preguiçosos.

A partir dessas afirmações, é necessariamente verdadeiro que:

a) Algum sedentário é jogador.

b) Algum sedentário não é jogador.

c) Nenhum sedentário é jogador.

d) Se um sedentário não é preguiçoso, então ele é jogador.

52. **(UFRJ – 2022 – UFRJ – ASSISTENTE EM ADMINISTRAÇÃO)** Considere verdadeiras as proposições a seguir:

I. Todo matemático gosta de frutas.

II. Todo engenheiro gosta de frutas.

III. Existem matemáticos que também são engenheiros.

IV. Tibúrcio é matemático.

Assinale a alternativa que apresenta uma conclusão correta:

a) Tibúrcio gosta de frutas.

b) Tibúrcio não gosta de frutas.

c) Tibúrcio é engenheiro.

d) Tibúrcio não é engenheiro.

e) Tibúrcio é matemático e engenheiro.

53. **(UFRJ – 2022 – UFRJ – ASSISTENTE EM ADMINISTRAÇÃO)** Admita como verdadeiras as afirmações da seguinte argumentação lógica, as quais envolvem algumas rotinas de um Assistente em Administração:

I. Providenciar o levantamento de dados estatísticos se, e somente se, o memorando estiver redigido.

II. Se elaborar os relatórios, então redigirá o memorando.

III. Ou providenciar o levantamento de dados estatísticos, ou organizar os materiais de consulta da unidade.

Sabendo-se que não foi providenciado o levantamento de dados estatísticos, então pode-se concluir corretamente que:

a) Os relatórios foram elaborados se, e somente se, os materiais de consulta da unidade foram organizados.

b) Os relatórios foram elaborados e o memorando não foi redigido.

c) Os materiais de consulta da unidade não foram organizados ou o memorando foi redigido.

d) O memorando não foi redigido e os materiais de consulta da unidade foram organizados.

e) Ou o levantamento de dados estatísticos foi providenciado, ou os relatórios foram elaborados.

54. **(CEFET/MG – 2022 – CEFET/MG – TECNÓLOGO)** Considerando que as premissas são verdadeiras, analise os argumentos a seguir:

I. Comer pepino me dá dor de cabeça. Quando estou com dor de cabeça não estudo. Hoje não estudei. Portanto, comi pepino.

II. Numa determinada turma, existe um aluno que não é míope. Nessa turma, todo mundo que usa óculos é míope. Além disso, todo mundo nessa turma ou usa óculos ou usa lentes de contato. Portanto, existe um aluno nessa turma que usa lentes de contato.

III. Nem todas as plantas são flores. Todas as flores apresentam um cheiro doce. Portanto, não existem plantas que não são flores.

IV. Todo professor trabalha mais do que alguém e todo mundo que trabalha mais que uma pessoa dorme menos que essa pessoa. Gisele é uma professora. Portanto, Gisele dorme menos que alguém.

Sobre os argumentos acima, é correto afirmar que é (são) válido(s)

a) apenas o argumento I.

b) apenas o argumento II.

c) apenas os argumentos II e IV.

d) apenas os argumentos I, II e III.

e) apenas os argumentos I e III.

55. **(CEFET/MG – 2022 – CEFET/MG – TÉCNICO LABORATÓRIO)** Considere a argumentação dada a seguir:

Premissa I: Elefantes são maiores que formigas.

Premissa II: Formigas são insetos.

Conclusão: Elefantes são maiores que insetos.

Assim, é correto afirmar que essa argumentação

a) não é válida, pois a conclusão é falsa.

b) é válida, entretanto a conclusão é falsa.

c) não é válida, pois pelo menos uma premissa é falsa.

d) é válida, sendo a conclusão verdadeira e decorrente das premissas.

e) não é válida, pois embora a conclusão seja verdadeira, não decorre das premissas.

56. **(FUNDATEC – 2022 – SUSEPE/RS – AGENTE PENITENCIÁRIO)** Abaixo são apresentados três argumentos lógicos:

I. Todos os alunos de lógica foram vacinados. André foi vacinado. Logo, André é aluno de lógica.

II. Algum aluno de lógica foi vacinado. André é aluno de lógica. Portanto, André foi vacinado.

III. Todos os alunos de lógica foram vacinados. André é aluno de lógica. Consequentemente, André foi vacinado.

Em relação aos argumentos apresentados, podemos afirmar que:

a) Todos os argumentos são logicamente válidos.
b) Somente o argumento I é válido.
c) Somente o argumento II é válido.
d) Somente o argumento III é válido.
e) Nenhum dos argumentos é válido.

57. **(FUNDATEC – 2022 – IPE SAÚDE – ANALISTA DE GESTÃO EM SAÚDE)** Sabendo que é verdade que "Todo professor de lógica é professor de matemática" e "Todo professor de matemática é professor de estatística", podemos afirmar que:

a) Existe professor de lógica que não é professor de estatística.
b) Todo professor de estatística é professor de matemática.
c) Existe professor de matemática que não é professor de estatística.
d) Todo professor de estatística é professor de lógica.
e) Todo professor de lógica é professor de estatística.

58. **(CESGRANRIO – 2022 – ELETROBRAS/ELETRONUCLEAR – ESPECIALISTA EM SEGURANÇA)** Considere como verdadeiras as seguintes sentenças:

I. Todo orgulhoso julga.

II. Eletricista não julga.

III. Chico é orgulhoso.

É correto concluir que

a) existe eletricista orgulhoso.
b) quem julga é orgulhoso.
c) quem não julga é orgulhoso.
d) Chico não julga.
e) Chico não é eletricista.

59. **(IBFC – 2022 – PREFEITURA DE CONTAGEM/MG – ENGENHEIRO DE SEGURANÇA DO TRABALHO)** Se todo A é B e todo B é C, assinale a alternativa incorreta.

a) Todo A é C.
b) Pode haver C que não é B.
c) Pode haver B que não é A.
d) B que não é A, pode não ser C.

60. **(IBFC – 2022 – INDEA/MT – AGENTE FISCAL ESTADUAL DE DEFESA AGROPECUÁRIA E FLORESTAL)** Considerando que todo elemento do conjunto A pertence ao conjunto B e que alguns elementos do conjunto B pertencem ao conjunto C, então podemos dizer que:

a) todo elemento do conjunto A pertence ao conjunto C.

b) não há elemento do conjunto A que pertença ao conjunto C.

c) pode haver elemento de A que pertença ao conjunto C.

d) a operação A – B não é o conjunto vazio.

61. **(FENAZ DO PARÁ – 2022 – SAMAE DE SÃO BENTO DO SUL/SC – ASSISTENTE SOCIAL)** As premissas a seguir são verdadeiras.

I. Se a população estuda, então fazemos boas escolhas.

II. Se a população não estuda, então assistente social não é conhecedor das leis.

III. Assistente social é conhecedor das leis.

Após analisá-las, marque a alternativa que tem um argumento válido.

a) A população não estuda.

b) Assistente social não é conhecedor das leis.

c) Fazemos boas escolhas.

d) A população não estuda e assistente social é conhecedor das leis.

e) Assistente social é conhecedor das leis e não fazemos boas escolhas.

Gabarito

1	A	22	B	43	B
2	D	23	B	44	D
3	A	24	D	45	C
4	A	25	B	46	E
5	D	26	D	47	D
6	D	27	D	48	B
7	D	28	A	49	CERTO
8	D	29	B	50	ERRADO
9	C	30	ERRADO	51	B
10	D	31	ERRADO	52	A
11	B	32	CERTO	53	D
12	D	33	CERTO	54	C
13	C	34	ERRADO	55	E
14	D	35	ERRADO	56	D
15	B	36	CERTO	57	E
16	C	37	ERRADO	58	E
17	B	38	CERTO	59	D
18	B	39	ERRADO	60	C
19	C	40	C	61	C
20	E	41	E		
21	A	42	B		

4 TEORIA DOS CONJUNTOS

Qualquer agrupamento ou reunião de **elementos** com determinadas e mesmas características é chamado de **conjunto**.

A definição de conjuntos é muito antiga e usada desde sempre.

Os conjuntos podem ser compostos por quaisquer elementos e em qualquer quantidade.

Alguns bons exemplos de conjuntos são os algarismos e as letras, por exemplo:

- Conjuntos dos algarismos = {0, 1, 2, 3, 4, 5, 6, 7, 8, 9}

Obs.: não confunda algarismos com números (18 é um número formado pelos algarismos 1 e 8)

- Conjunto das letras (ou alfabeto) = {a, b, c, d, e, f, g, h, i, j, k, l, m, n, o, p, q, r, s, t, u, v, w, x, y, z}

Os conjuntos podem ser finitos ou infinitos, dependendo apenas da sua representação.

Observe:

B = {1, 2, 4, 7} conjunto finito

L = {1, 2, 4, 6, 7, 8, 10, 13, ...} conjunto infinito

4.1 Representação

Os conjuntos podem ser representados de duas formas, nos diagramas ou entre chaves, e, as duas formas são muito comuns.

O nome de um conjunto é qualquer letra MAIÚSCULA do alfabeto.

Obs.: o nome do conjunto nada tem a ver com a sua descrição, não confunda.

Ex.:

- Conjunto das cores da bandeira do Brasil:

A = {verde, amarelo, azul e branco}

- Conjunto dos estados da região sul do Brasil:

B:

Fique ligado!

Quando é dada uma propriedade característica dos elementos de um conjunto, diz-se que ele está representado por compreensão.

Veja:

A = {x | x é um múltiplo de dois maior que zero}

A = {2, 4, 6, 8, ...}.

4.2 Tipos de conjuntos

Conjunto unitário

Conjunto que tem apenas e somente um elemento.

Ex.: conjunto dos números primos pares:

M = {2}

Conjunto vazio

Conjunto que tem NENHUM elemento.

Ex.: conjunto estados brasileiros que fazem fronteira com o Equador:

D = { } ou Ø

A representação do conjunto vazio é a chave sem nada dentro ou o símbolo da "bolinha" cortada, se tiver a chave com a "bolinha" cortada – {Ø} – isso significa subconjunto vazio, não confunda as coisas.

Conjunto universo (u ou ω)

Conjunto que reúne TODOS os elementos com determinadas características.

O melhor exemplo de Conjunto Universo é o Alfabeto, que reúne TODAS as letras.

Para descrever um conjunto por meio de uma propriedade característica de seus elementos, deve-se mencionar, de modo explícito ou não, o conjunto universo U, no qual se está trabalhando:

$A = \{x \in R \mid x > 2\}$, onde $U = R \rightarrow$ forma explícita

$A = \{x \mid x > 2\} \rightarrow$ forma implícita.

Subconjunto

Subconjunto é uma parte de um conjunto.

Se todos os elementos de um determinado conjunto D estiverem presentes em outro conjunto L, então esse conjunto D é subconjunto do conjunto L.

Exs.:

$D = \{1, 2, 4, 7\}$

$L = \{1, 2, 4, 6, 7, 8, 10, 13, 18\}$

Note que todos os elementos de D são elementos também de L, portanto D é subconjunto de L.

4.3 Simbologia

Pertence (∈)

A simbologia do pertence é usada para relacionar o ELEMENTO ao conjunto.

Obs.: significa "não pertence"

Ex.:

$N = \{2, 4, 6, 8\}$

4 N

7 N

Está contido (⊂) e contém (⊃)

As simbologias do "está contido" e do "contém" são usadas para relacionar os conjuntos e subconjuntos. Os subconjuntos **estão contidos** nos conjuntos e os conjuntos **contêm** os subconjuntos.

Obs.: ⊄ significa "não está contido" e ⊅ significa "não contém"

Ex.:

P = {1, 2, 3, 4, 5, 6, 7, 8, 9, 0}

Q = {1, 3, 5, 7, 9}

R = {2, 3, 5, 7}

$R \subset P$

$P \supset R$

$Q \not\subset P$

$P \not\supset Q$

União (∪) e interseção (∩)

A União relaciona TODOS os elementos dos conjuntos, já a Interseção relaciona os elementos COMUNS aos conjuntos.

Fique ligado!

Qual a diferença entre o U do conjunto universo para o da união de conjuntos?

A diferença entre os U do conjunto universo e da união de conjuntos é que o da união vem sempre entre duas outras letras – maiúsculas – do alfabeto.

Questões comentadas

1. **(FUNDATEC – 2022 – SEJUSP/MG – AGENTE DE SEGURANÇA SOCIOEDUCATIVO)** Considerando que o conjunto A é formado apenas por consoantes do alfabeto brasileiro e que o Conjunto B é formado pelas 6 primeiras letras do alfabeto brasileiro, pode-se afirmar que:

a) A letra “c” está contida em B, mas não está contida em A.

b) Os conjuntos A e B contêm a letra “a”.

c) O conjunto B não contém a letra “p”, que está contida no conjunto A.

d) O conjunto B está contido no conjunto A.

Como o conjunto B só tem as 6 primeiras letras do alfabeto e a letra “p” é a 16ª letra, então o conjunto B não contém a letra “p”. Já no conjunto A, “p” está contido, pois A é o conjunto de todas as consoantes e “p” é uma consoante.

Obs.: por mais que a questão tenha resposta, existe nela um erro conceitual, pois elementos “pertencem” aos conjuntos, quem “está contido” é subconjunto. Fique atento.

GABARITO: C.

4.4 Conjunto das partes

É o total de subconjuntos de um conjunto.

O total de subconjuntos de um conjunto depende da quantidade de elementos desse conjunto.

Será obtido pelo resultado de $\mathbf{2}^n$, em que "n" é a quantidade de elementos do conjunto.

Além do número total de subconjuntos, outras duas coisas são importantes saber, e são elas:

- O conjunto vazio é subconjunto de qualquer conjunto ($\emptyset \subset A$);
- Todo conjunto é subconjunto de si mesmo ($A \subset A$).

Vejamos um exemplo para ficar mais fácil a compreensão.

Ex.:

Considerando o conjunto F = {1, 2, 4, 7}, o total de subconjuntos de F será:

$2^4 = 2 \times 2 \times 2 \times 2 = 16$ subconjuntos

Demostrando esses 16 subconjuntos tem-se:

{Ø} = subconjunto vazio

{1}, {2}, {4}, {7}, {1, 2}, {1, 4}, {1, 7}, {2, 4}, {2, 7}, {4, 7} {1, 2, 4}, {1, 2, 7}, {1, 4, 7}, {2, 4, 7} = **subconjuntos próprios**

{1, 2, 4, 7} = subconjunto formado pelo próprio conjunto

Note que SEMPRE teremos uma quantidade de subconjuntos próprios, 2 unidades menores que a quantidade total de subconjuntos, já que o subconjunto vazio e o subconjunto formado pelo próprio conjunto são chamados de **subconjuntos impróprios ou não próprios** (sempre na quantidade de 2).

Para determinar o número de subconjuntos com determinada quantidade de elementos basta calcular uma Combinação da quantidade total de elementos do conjunto pela quantidade de elementos que se quer nos subconjuntos (ver sobre Combinação, no capítulo 5).

Questões comentadas

1. **(IVIN – 2022 – PREFEITURA DE ESTREITO/MA – PROFESSOR)** Conjunto das partes de um conjunto A dado, é formado por todos os subconjuntos do conjunto A, incluindo, é claro, o conjunto vazio e o próprio conjunto A. Assim, podemos afirmar que o número de elementos do conjunto das partes do conjunto A = {x ∈ N/ x é par e $2 \leq x \leq 20$} é:

   a) 256.

   b) 512.

c) 625.

d) 1024.

e) 2048.

Se x é par e está entre $2 \leq x \leq 20$, então A = {2, 4, 6, 8, 10, 12, 14, 16, 18, 20}, totalizando 10 elementos.

Calculando o conjunto das partes:

2^{10} = 2 x 2 x 2 x 2 x 2 x 2 x 2 x 2 x 2 x 2 = 1024 subconjuntos.

GABARITO: D.

4.5 Operações com conjuntos

União de conjuntos (∪)

É a operação que relaciona TODOS os elementos presentes nos conjuntos.

Está associada ao conectivo "OU" e à operação matemática de soma.

Ex.:

A = {2, 3, 5, 7}

B = {2, 4, 6, 8}

A B = {2, 3, 4, 5, 6, 7, 8}

Graficamente – nos Diagramas de Venn – fica:

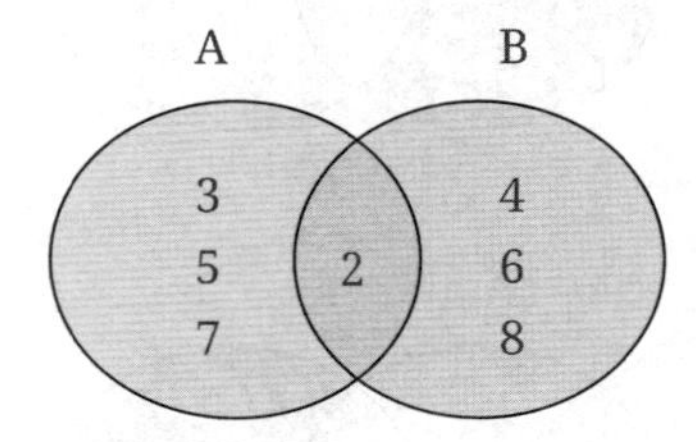

Interseção de conjuntos (∩)

É a operação que relaciona apenas os elementos COMUNS aos conjuntos.

Está associada ao conectivo "E" e à operação matemática de multiplicação.

Ex.:

A = {2, 3, 5, 7}

B = {2, 4, 6, 8}

A ∩ B = {2}

Graficamente – nos Diagramas de Venn – fica:

Diferença de conjuntos (A - B) ou (B - A)

É a operação que relaciona apenas os elementos EXCLUSIVOS a um dos conjuntos.

Está associada ao conectivo "OU..., OU", mas atenção a essa situação, pois a diferença de conjuntos não é igual a diferença matemática.

Ex.:

A = {2, 3, 5, 7}

B = {2, 4, 6, 8}

A – B = {3, 5, 7}

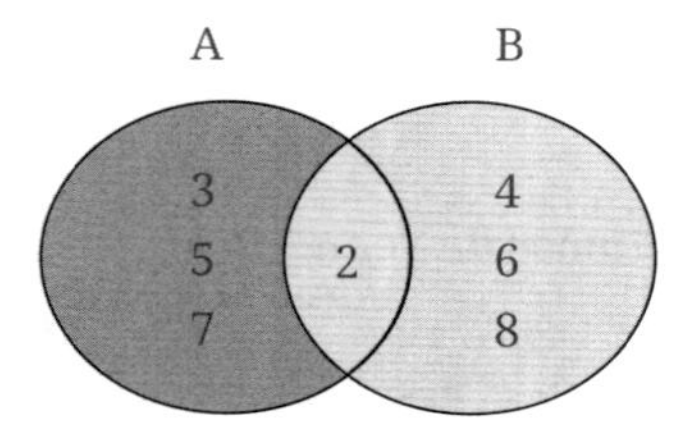

B – A = {4, 6, 8}

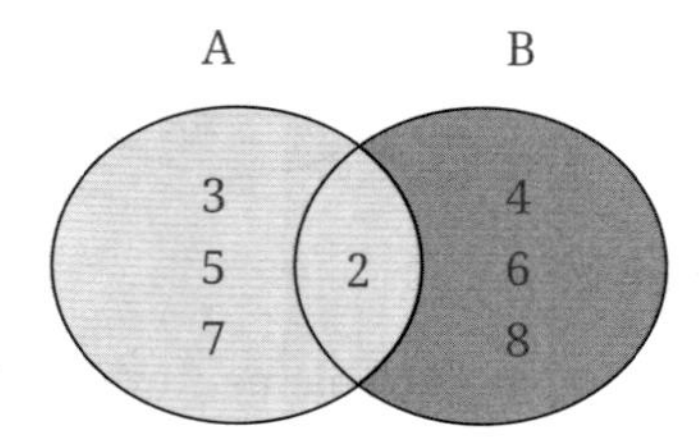

Complementar (C_A ou C_A ou C/A ou A^C)

A operação do complementar é uma operação de diferença, mas muito específica, já que se trata da diferença do conjunto universo com determinado conjunto. Além disso, a própria ideia – complementar – já diz um pouco de si, é algo que complementa, que completa.

Um exemplo sempre utilizado é no alfabeto: quando se pergunta: "o que complementa as vogais?" A resposta é: as consoantes. Claro que está muito certo isso, pois o alfabeto (conjunto universo) menos as vogais, resultam nas consoantes, então, o que completa as vogais – em relação ao alfabeto (conjunto universo) – são as consoantes.

Graficamente – nos Diagramas de Venn – é:

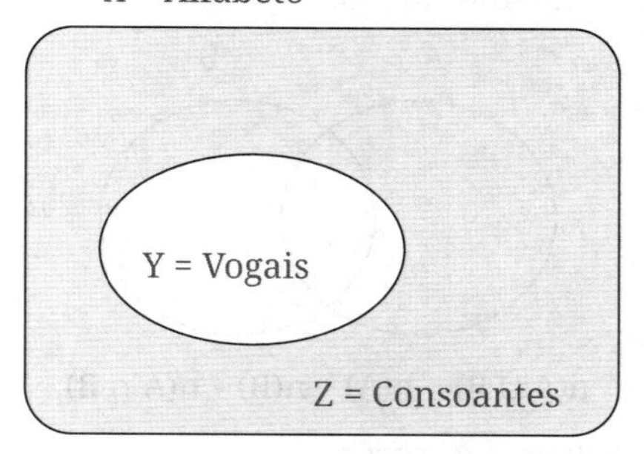

X = Alfabeto

Y = Vogais

Z = Consoantes

C_Y = Z = Consoantes

4.6 Número de elementos da união de conjuntos

Você deve ter percebido que no exemplo da união de conjuntos, o conjunto A tem 4 elementos, o conjunto B tem 4 elementos e a união de AB tem apenas 7 elementos. Isso se deve ao fato de ter um elemento na interseção, e é aí que temos que ter atenção.

Dependendo da organização dos conjuntos e distribuição dos elementos, o número de elementos da união dos conjuntos, ou seja, o número total de elementos não é a soma da quantidade de elementos dos conjuntos, temos que ajustar às devidas interseções.

Outro ponto de atenção é a diferença dos conjuntos, que relaciona só os elementos exclusivos, note que o conjunto A tem 4 elementos, mas APENAS em A tem só 3, da mesma forma em B tem 4 elementos, porém SOMENTE em B tem só 3.

Fique ligado!

Preste atenção nesta situação do elemento pertencer ao conjunto ou pertencer "SÓ ou APENAS ou SOMENTE" ao conjunto, faz muita diferença na organização e determinação das quantidades totais de elementos.

Vejamos as situações e como determinar essa quantidade.

- Dois conjuntos e uma interseção:

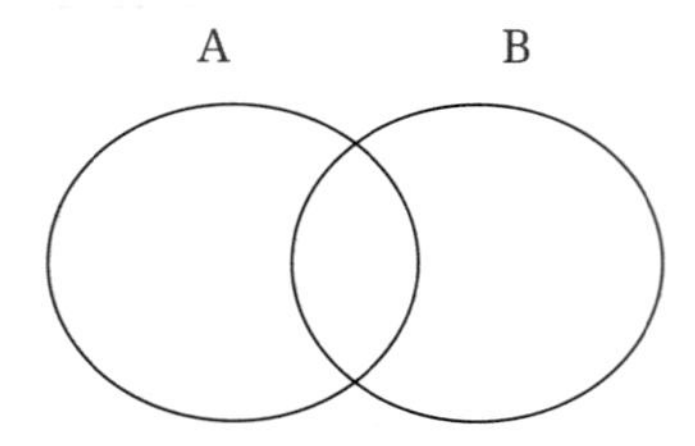

$$n(A \cup B) = n(A) + n(B) - n(A \cap B)$$

- Três conjuntos e duas interseções:

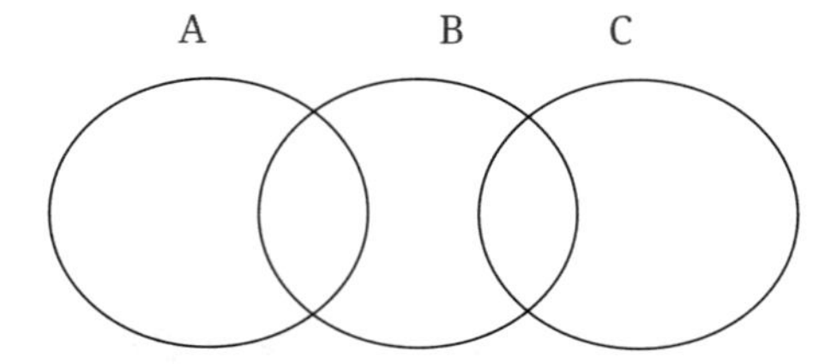

$$n(A \cup B \cup C) = n(A) + n(B) + n(C) - n(A \cap B) - n(B \cap C)$$

- Três conjuntos e quatro interseções (3 entre dois conjuntos e 1 entre os 3 conjuntos):

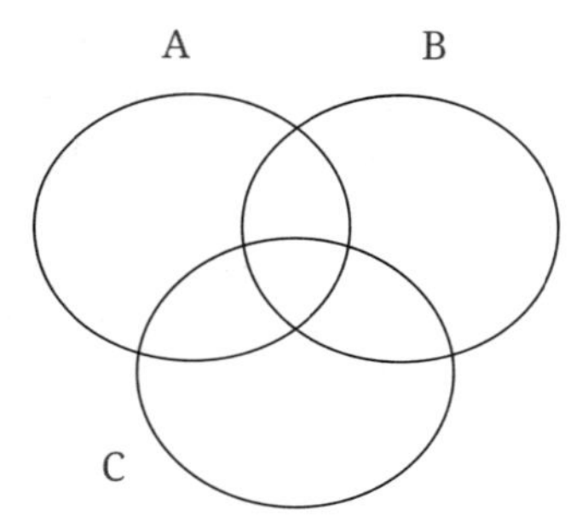

$$n(A \cup B \cup C) = n(A) + n(B) + n(C) - n(A \cap B) - n(A \cap C) - n(B \cap C) + n(A \cap B \cap C)$$

Questões comentadas

1. **(CETREDE – 2023 – CPSMBS/CE – TÉCNICO EM ENFERMAGEM)** Dado os conjuntos A = {4, 7, 8, 10} e B = {7, 9, 11, 12}, podemos afirmar que A ∪ B é igual a

   a) A ∪ B = {7}.

   b) A ∪ B = {4, 8, 10}.

   c) A ∪ B = {9, 11, 12}.

   d) A ∪ B = {4, 8, 11, 12}.

   e) A ∪ B = {4, 7, 8, 9, 10, 11, 12}.

Fazendo a união de TODOS os elementos, tem-se:

A ∪ B = {4, 7, 8, 9, 10, 11, 12}.

GABARITO: E.

2. **(VUNESP – 2023 – DPE/SP – OFICIAL DE DEFENSORIA)** Uma enquete com 85 pessoas verificou se as pessoas entrevistadas acessavam o *site* A, ou acessavam o *site* B, ou acessavam esses dois *sites*, ou não acessavam esses *sites*. Do resultado sabe–se que 7 não acessavam esses *sites*, 41 acessavam o *site* A, e o *site* B era acessado por 13 pessoas a mais que acessavam o *site* A. O número de pessoas que acessavam apenas um desses *sites* é igual a

   a) 49.

   b) 53.

   c) 8.

   d) 61.

   e) 78.

Organizando os dados de acordo com o enunciado:

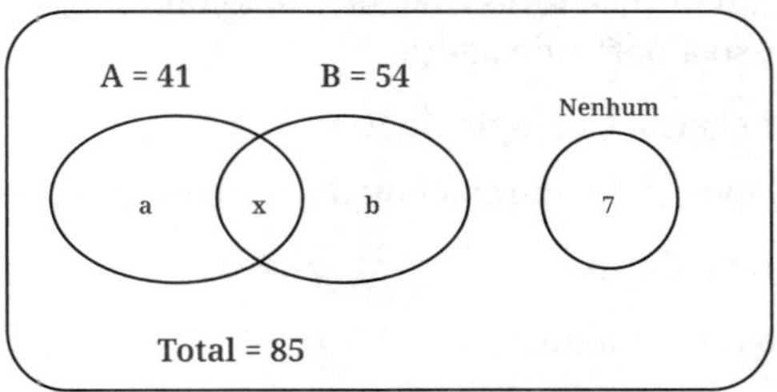

Os que acessaram apenas um dos *sites* são "a" e "b".

Calculando e somando:

a + x = 41 (a = 41 – x)

b + x = 54 (b = 54 – x)

a + b + x + 7 = 85.

41 – x + 54 – x + x + 7 = 85

-x = 85 – 102

x = 17

a = 41 – 17 = 24

b = 54 – 17 = 37

a + b = 24 + 37 = 61.

GABARITO: D.

Fique ligado!

Em teoria de conjuntos, nas questões de concurso, a organização dos dados dos enunciados e dados das questões será o grande determinante do sucesso da resolução da questão.

Estar atento ao que traz o enunciado e organizar corretamente essas informações – atentando a informações como "somente", "apenas", "exclusivamente" –contribuirá para com que seja obtido o sucesso na resolução e, consequentemente, o acerto da questão.

4.7 Apêndice

É importante também termos algumas noções da relação dos conjuntos com outros assuntos da lógica ou da matemática, veja:

Relação dos conjuntos com as proposições

Os conectivos, os quantificadores e a teoria dos conjuntos têm uma relação entre si e vamos verificar isso a partir de agora.

- **1ª relação:** negação e complementar:

A negação de proposição está relacionada nos conjuntos pelo complementar.

A: as frutas estão maduras;

~A: as frutas não estão maduras.

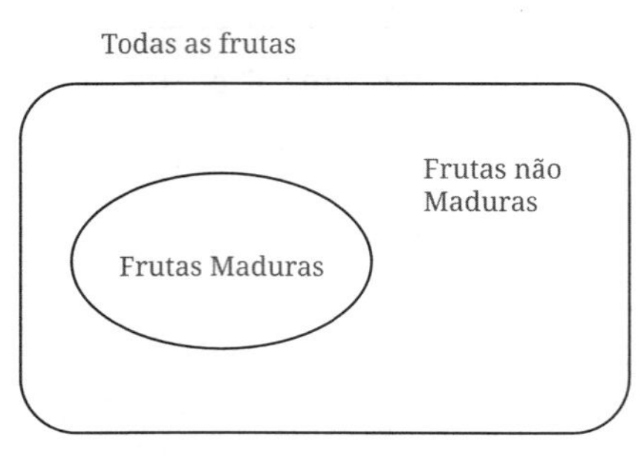

Veja que de todas as frutas, se tirar as frutas maduras, sobram as frutas não maduras.

- **2ª relação:** conjunção e interseção de conjuntos:

O conectivo E se relaciona nos conjuntos com a interseção.

» Número Primo **e** Par:

Primo Par

3 5 | 2 | 4 6
7 11 | | 8 10
13 ... | | 12 ...

Veja que so o 2 é primo **e** par.

» P ∧ Q = A∩B

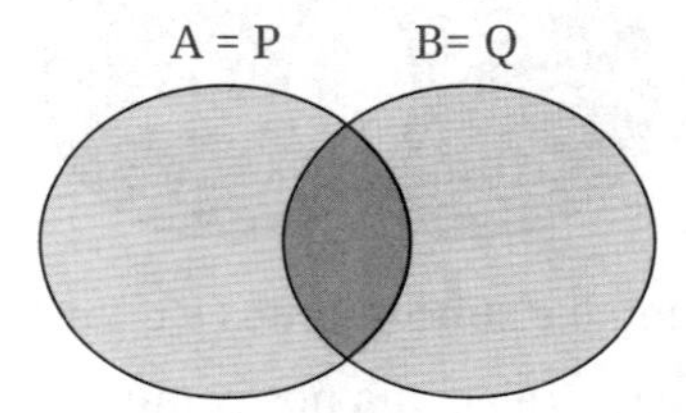

- **3ª relação:** disjunção e união de conjuntos:

O conectivo OU se relaciona nos conjuntos com a união.

» Número Primo **ou** Par:

Primo Par

3 5 | 2 | 4 6
7 11 | | 8 10
13 ... | | 12 ...

Veja que todos os números dos conjuntos podem.

» P ∨ Q = A U B

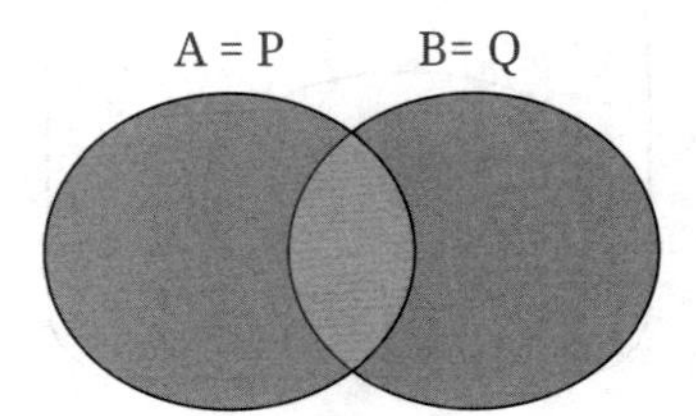

- **4ª relação:** disjunção exclusiva e diferença de conjuntos:

O conectivo OU..., OU se relaciona nos conjuntos com a diferença.

» **Ou** Número Primo **ou** Par:

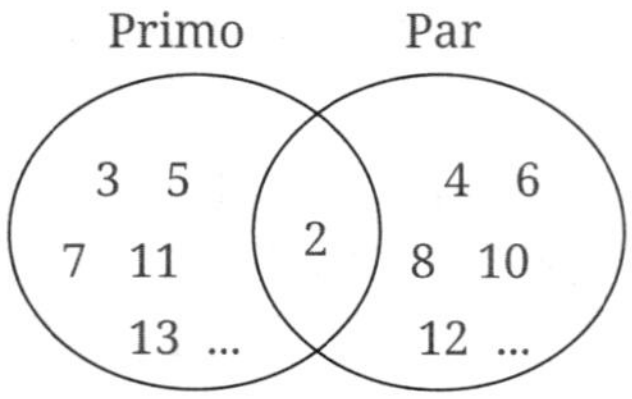

Primo Par

3 5 7 11 13 ... | 2 | 4 6 8 10 12 ...

Veja que só podem os números exclusivamente primos OU exclusivamnte pares.

» P $\underline{\vee}$ Q = A – B ou B – A

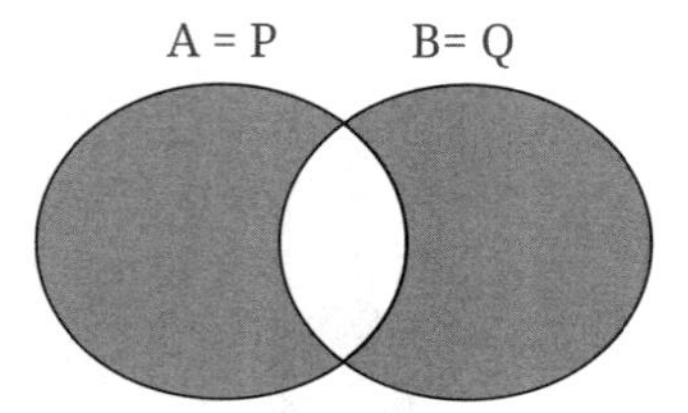

- **5ª relação:** condicional e subconjuntos e quantificador TODO:

O conectivo SE..., ENTÃO se relaciona nos conjuntos com o subconjunto.

» **Se** é paranaense, **então** é brasileiro:

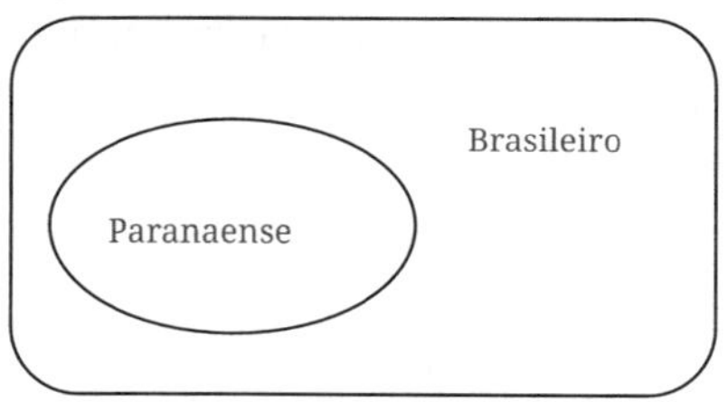

Veja que TODO paranaense é brasileiro, que o paranaense é subconjunto de brasileiro.

» P→Q = TODO A é B = A B = B A

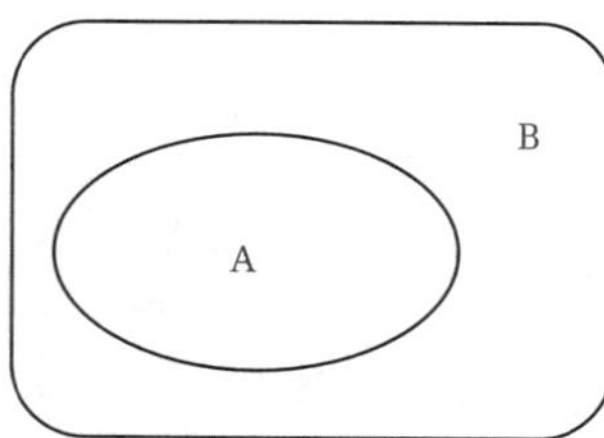

- **6ª relação:** bicondicional e igualdade de conjuntos:

O conectivo SE, E SOMENTE SE se relaciona nos conjuntos com igualdade de conjuntos.

» É criança **se, e somente se** é esperta:

Veja que ser criança é igual a ser esperta.

» $P \leftrightarrow Q = A = B$ ($A \subset B$ e $B \subset A \leftrightarrow A \cap B = A \cup B$)

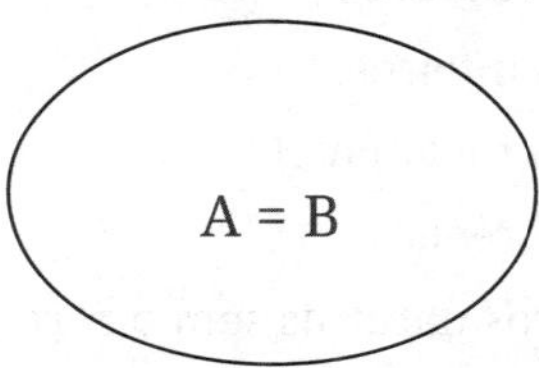

» Mais relações:

Proposição	Conjuntos	Operação Matemática
Conjunção = e = ∧	Interseção = ⋂	Multiplicação
Disjunção = ou = ∨	União = ⋃	Soma
Disjunção Exclusiva = ou, ou = ⊻	Diferença = –	
Condicional = se, então = →	⊂ = está contido = subconjunto	
Negação = ~	Complementar	
∀ = todo	∀ = para todo	
∃ = algum	∃ = existe	
∄ = nenhum	∄ = não existe	

Relação dos conjuntos com os conjuntos numéricos

$\neq$ = diferente de;

$>$ = maior que;

$<$ = menor que;

$\geq$ = maior ou igual;

$\leq$ = menor ou igual;

$x \mid x \in$ = x, tal que, x pertence ao conjunto dos números naturais;

[1,4] = intervalo fechado = $1 \leq x \leq 4$ = {1, 2, 3, 4};

]1,4[= intervalo aberto = $1 < x < 4$ = {2, 3} (os parênteses - ( ) - também servem para expressar o intervalo aberto).

N = conjunto dos números naturais;

Z = conjunto dos números inteiros;

Q = conjunto dos números racionais;

R = conjunto dos números reais;

N* = conjunto dos números naturais sem o zero (o * retira o zero do conjunto dos números);

Z^*_+ = conjunto dos números inteiros positivos (o * junto com o sinal de + ou de – restringe o conjunto aos números positivos ou negativos).

Questão comentada

1. **(UNESC – 2023 – PREFEITURA DE CRICIÚMA/SC – MÉDICO)** Qual das alternativas dadas descreve uma sentença lógica do diagrama abaixo?

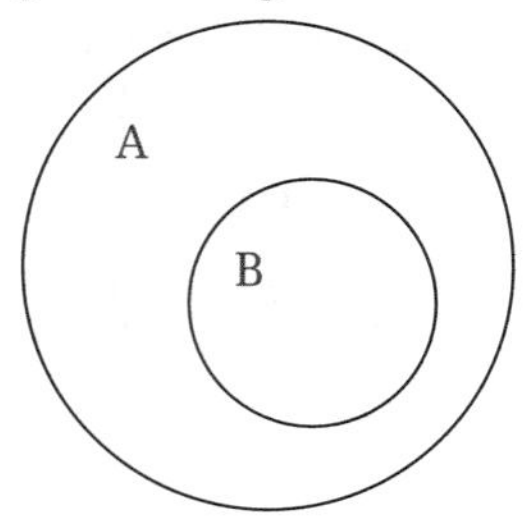

a) Se B, então A.

b) Nenhum A é B.

c) Nem todo B é A.

d) Nenhum B é A.

e) Se A, então B.

Conforme a imagem, sendo B um subconjunto de A, a alternativa correta é a afirmativa A.

GABARITO: A.

Vamos praticar

1. (VUNESP – 2023 – TJ/SP – ESCREVENTE TÉCNICO JUDICIÁRIO) A figura a seguir representa um diagrama lógico composto por 4 conjuntos. Nesse diagrama, há regiões de intersecção de 3 e apenas 3 conjuntos, regiões de intersecção de 2 e apenas 2 conjuntos e regiões que são de apenas 1 conjunto.

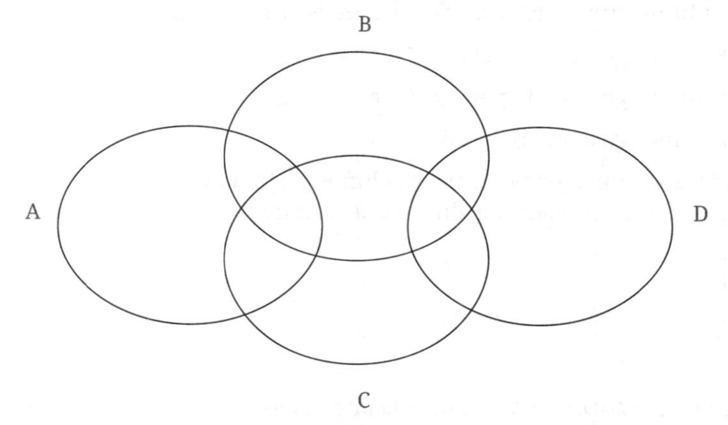

Nesse diagrama lógico, cada região que possui elementos de apenas 1 conjunto possui 24 elementos, e em cada região que se caracteriza por ser intersecção de 3 e apenas 3 conjuntos possui 40 elementos. Sabe-se que, no total, são 416 elementos que fazem parte desse diagrama e que o número de elementos que pertencem a cada região, que se caracteriza por ser intersecção de 2 e apenas 2 conjuntos, é igual entre si. E esse número é

a) 40.
b) 36.
c) 48.
d) 60.
e) 80.

2. (CETREDE – 2023 – PREFEITURA DE SANTANA DO ACARAÚ–CE – AGENTE ADMINISTRATIVO) Sônia é diretora de um colégio e fez uma pesquisa para saber a preferência de seus alunos entre dois professores de uma determinada disciplina. Após entrevistar 600 alunos, foram obtidos os seguintes resultados:

Professor A: 440 clientes.

Professor B: 120 clientes.

Nenhum dos professores: 80 clientes.

O número de alunos que gostam dos dois professores é

a) 40.
b) 80.

c) 160.
d) 480.
e) 560.

3. **(CONSULPLAN – 2023 – PREFEITURA DE ORLÂNDIA/SP – CONSULTOR JURÍDICO)** Em uma turma com 50 alunos do ensino médio, sabe–se que:

- Todos os alunos que gostam de matemática também gostam de física;
- Nenhum aluno que gosta de português gosta de matemática;
- 38 alunos gostam de física;
- 19 alunos gostam de português; e,
- 10 alunos gostam apenas de física.

Considerando que, nessa turma, os alunos gostam de pelo menos uma das disciplinas citadas, o número de alunos que gostam de matemática é:

a) 18.
b) 19.
c) 20.
d) 21 .

4. **(CESPE/CEBRASPE – 2023 – CGDF – AUDITOR DE CONTROLE INTERNO DO DISTRITO FEDERAL)**

Texto 1A3

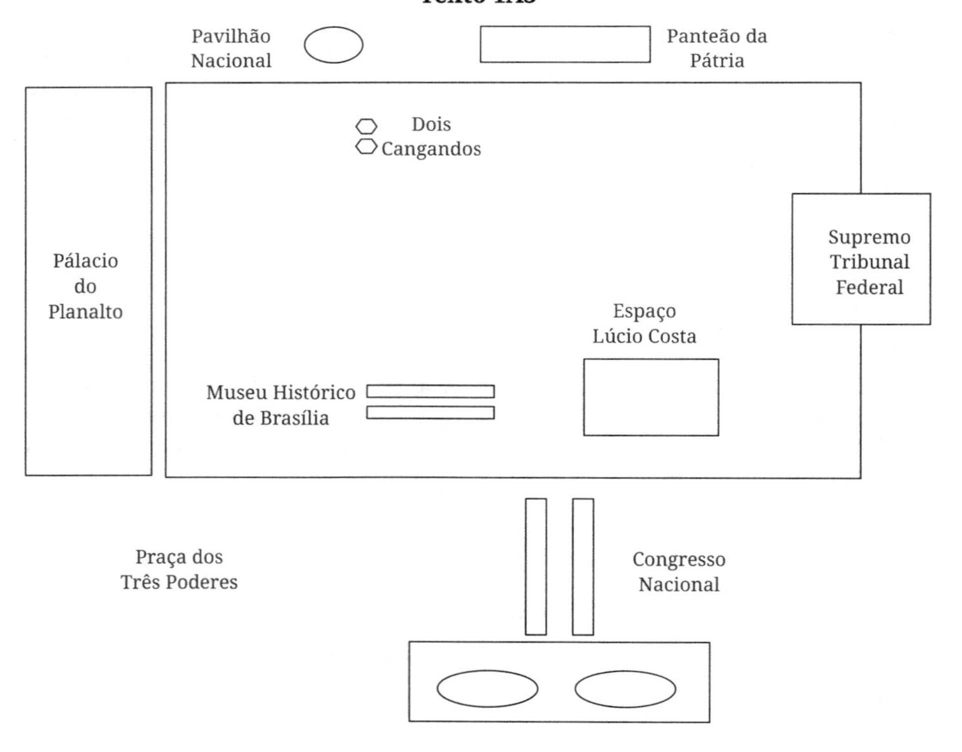

A figura precedente apresenta um esquema da Praça dos Três Poderes, em Brasília – DF, na qual há 8 pontos turísticos de interesse: o Congresso Nacional, o Palácio do Planalto, o Supremo Tribunal Federal, o Museu Histórico de Brasília, o Espaço Lúcio Costa, a estátua Dois Candangos, o Pavilhão Nacional e o Panteão da Pátria. Cada pessoa que vai à Praça dos Três Poderes pode criar seu próprio itinerário de visitação a esses 8 pontos turísticos.

Considerando-se, a partir do texto 1A3, que, em um dia, 512 pessoas visitem o Congresso Nacional e 390 não visitem o Museu Histórico de Brasília e, ainda, que 190 pessoas visitem esses dois pontos turísticos, é correto afirmar que o número de pessoas que não visitem nem o Congresso Nacional nem o Museu Histórico de Brasília está entre

a) 40 e 60.

b) 61 e 80.

c) 81 e 100.

d) 101 e 150.

5. **(CESPE / CEBRASPE – 2023 – PREFEITURA DE SÃO CRISTÓVÃO/SE – GUARDA MUNICIPAL)**

Texto CB2A3-I

Se estudo para concurso e vou bem nas provas, tiro boas notas.

Se tiro boas notas, sou aprovado.

Logo, sou aprovado.

Considerando que, com base no argumento apresentado no texto CB2A3-I, tenha sido elaborado um diagrama em que um retângulo representa o conjunto de todos os candidatos de concursos e dois balões (A e B) representam, respectivamente, o conjunto de candidatos que estudam para concursos e o conjunto de candidatos que vão bem nas provas, assinale a opção que mostra o diagrama em que a área mais escura representa corretamente a proposição “O candidato estuda para concurso e vai bem nas provas.”.

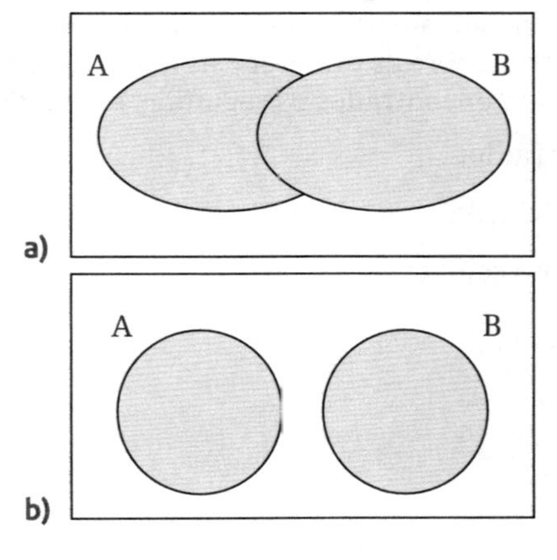

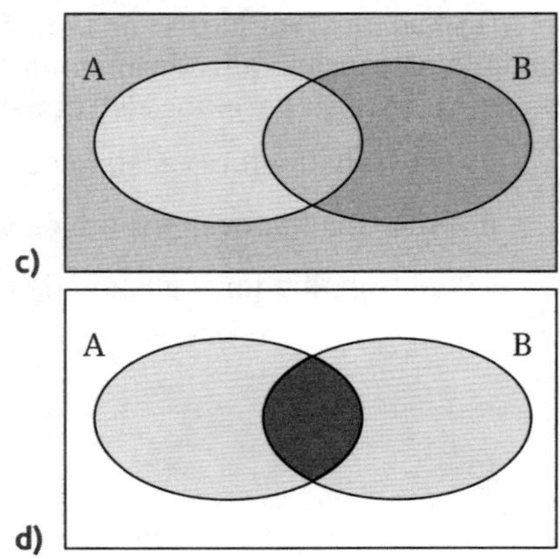

6. **(CESPE / CEBRASPE – 2023 – PREFEITURA DE SÃO CRISTÓVÃO/SE – ANALISTA AMBIENTAL)**

Texto CB1A3-I

Todo animal é racional.

O homem é um animal.

Logo, o homem é racional.

A partir do texto CB1A3-I, José elaborou diagramas lógicos, em que balões representados por A e B correspondem ao conjunto de seres que são animais e ao conjunto de seres que são racionais, respectivamente.

Tendo como referência essa situação hipotética e o argumento apresentado no texto CB1A3-I, assinale a opção que apresenta um diagrama lógico que representa corretamente a proposição "Todo animal é racional.".

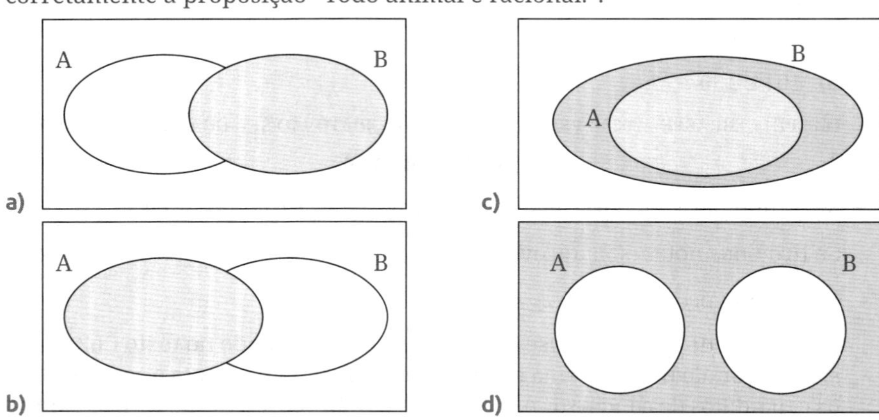

Texto para as próximas 3 questões.

(FUMARC - 2023 - PREFEITURA DE SÃO JOÃO DEL REI/MG - AUXILIAR DE CONSERVAÇÃO E LIMPEZA)
Em uma pesquisa, realizada em uma indústria, sobre as preferências dos trabalhadores em relação a aparelhos eletrônicos, foram encontrados os seguintes resultados:

A. 121 trabalhadores gostam de ouvir rádio;

B. 142 trabalhadores gostam de ver televisão;

C. 256 trabalhadores gostam de jogar no celular.

Observe atentamente o diagrama abaixo para responder à questão.

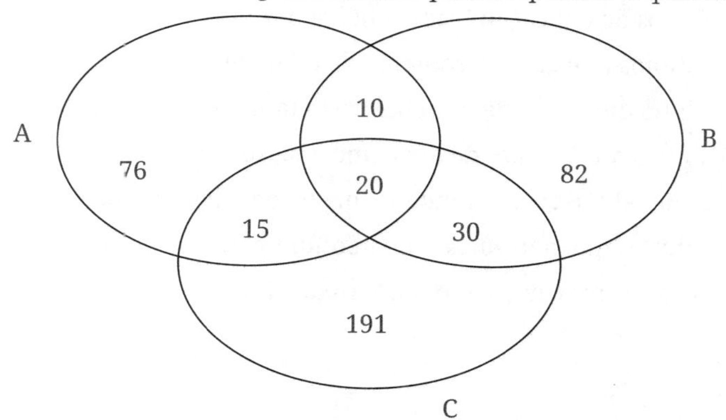

7. Quantos trabalhadores gostam de usar apenas o celular?

a) 191.

b) 206.

c) 211.

d) 256.

8. Quantos trabalhadores gostam de usar os três aparelhos?

a) 20.

b) 35.

c) 45.

d) 65.

9. Quantos trabalhadores tem esta indústria?

a) 256.

b) 303.

c) 349.

d) 424.

10. **(CONSULPLAN – 2023 – PREFEITURA DE ORLÂNDIA/SP – BOMBEIRO MUNICIPAL)** Um haras separou seus animais em grupos e os distribuiu em conjuntos conforme suas características. O conjunto dos cavalos, representado por C, contém todos os animais equinos machos da propriedade. Alguns dos animais já participaram de concursos de marcha e foram consagrados campeões; por isso também fazem parte de um outro conjunto, o conjunto dos estrelados, representado por E, que contém animais machos e fêmeas que já foram campeões em alguma categoria. Para identificar apenas os equinos machos que já foram campeões, o conjunto formado poderá ser representado por:

a) E – C.

b) C – E.

c) E ∪ C.

d) C ∩ E.

11. **(CONSULPLAN – 2023 – PREFEITURA DE ORLÂNDIA/SP – PROCURADOR JURÍDICO)** Em um grupo com 100 alunos de educação física sabe–se que:

- Há 25 alunos que gostam somente de atletismo;
- Todo aluno que gosta de beisebol gosta também de atletismo ou ciclismo;
- Há 9 alunos que gostam de atletismo e beisebol;
- Apenas um aluno gosta simultaneamente de atletismo, beisebol e ciclismo; e,
- Há 20 alunos que não gostam de nenhum desses esportes.

Com base nessas informações, o número de alunos que gostam de ciclismo é:

a) 46.
b) 47.
c) 48.
d) 49.

Texto para as próximas 3 questões.

(QUADRIX - 2023 - CREFONO 2/SP - ASSISTENTE DE ADMINISTRAÇÃO E SERVIÇOS) Os alienígenas estão estudando a população da Terra e, para isso, estão analisando alguns conjuntos de dados.

Considere os conjuntos A, B e C, em que:

- A representa os seres humanos que já avistaram um OVNI;
- B representa os seres humanos que acreditam em vida extraterrestre; e
- C representa os seres humanos que afirmam ter sido abduzidos por alienígenas.

Com base nesse caso hipotético, julgue os itens.

12. A diferença entre os conjuntos B e C representa os seres humanos que afirmam ter sido abduzidos por alienígenas, mas não acreditam em vida extraterrestre.

Certo ( ) Errado ( )

13. Se a interseção entre os conjuntos A e B é vazia, então não existe ser humano que tenha avistado um OVNI ou acredite em vida extraterrestre.

Certo ( ) Errado ( )

14. O complemento de A representa os seres humanos que nunca avistaram um OVNI.

Certo ( ) Errado ( )

15. **(CESPE/CEBRASPE – 2023 – PETROBRAS – ADMINISTRAÇÃO)** Acerca da teoria dos conjuntos, julgue o próximo item.

Para 3 conjuntos, A, B e C, não vazios, se A está contido em B e se C não contém B, então C também não contém A.

Certo ( ) Errado ( )

16. **(CESPE/CEBRASPE – 2023 – TJ/CE – TÉCNICO JUDICIÁRIO)** Considere–se que um grupo de 50 servidores de um tribunal tenha sido selecionado para realizar cursos de aperfeiçoamento e que cada pessoa desse grupo faça pelo menos um dos seguintes dois cursos: gestão de projetos e ciência de dados. Nessa situação hipotética 29 pessoas fizerem ambos os cursos e 37 pessoas fizerem pelo menos o curso de gestão de projetos, o número exato de pessoas que farão apenas o curso de ciência de dados é igual a

a) 8.

b) 33.

c) 42.

d) 13.

e) 21.

17. **(CPCON – 2023 – PREFEITURA DE CATOLÉ DO ROCHA/PB – PSICÓLOGO)** Sendo X = {–3, –2, –1, 0, 1, 2, 3, 5, 7, 10} e Y= {2, 3, 4, 5, 10, 11}, então o complementar de Y em X é:

a) {2, 3, 5, 10}.

b) Ø.

c) {-3, -2, -1}.

d) {11}.

e) {-3, -2, -1, 0, 1, 7}.

18. **(SELECON – 2023 – PREFEITURA DE NOVA MUTUM/MT – ANALISTA ADMINISTRATIVO)** Na segunda fase de um concurso, os 300 candidatos aprovados na fase anterior deveriam resolver três questões discursivas, A, B e C, sendo que para cada uma dessas questões seria atribuído 1 ponto ou 0 ponto. Ao final dessa fase, verificou–se que:

- 160 candidatos conseguiram 1 ponto na questão B;
- 140 candidatos conseguiram 1 ponto na questão C;
- 50 candidatos conseguiram 1 ponto nas questões A e B;
- 60 candidatos conseguiram 1 ponto nas questões A e C;
- 40 candidatos conseguiram 1 ponto nas questões B e C;
- 30 candidatos conseguiram 1 ponto nas questões A, B e C;
- Todos os candidatos conseguiram pelo menos 1 ponto.

O número total de candidatos que conseguiram 1 ponto na questão A corresponde a:

a) 100.

b) 110.

c) 120.

d) 130.

19. **(FUNDATEC – 2023 – ELETROCAR – ELETRICISTA)** A representação por extensão do conjunto A = { x ∈ N I x ≤ 5 } é:

a) A = {0, 1, 2, 3, 4, 5}.

b) A = {1, 2, 3, 4, 5}.

c) A = {0, 1, 2, 3, 4}.

d) A = {-5, -4, -3, -2, 0, 1, 2, 3, 4, 5}.

e) A = {1, 2, 3, 4}.

20. **(FGV – 2023 – BANESTES – ASSISTENTE SECURITÁRIO)** Sejam A e B dois conjuntos finitos tais que A∪B = {1, 2, 3, 4, 5, 6, 7} e {1, 2, 5} é o conjunto de elementos que estão em A e não estão em B.

O conjunto dos elementos que não estão em A ou estão em B é

a) {3, 4}.

b) {3, 6}.

c) {3, 4, 6}.

d) {4, 6, 7}.

e) {3, 4, 6, 7}.

21. **(FGV – 2023 – BANESTES – ANALISTA DE COMUNICAÇÃO)** Em um grupo de alunos que fez provas de Português e de Matemática, 14 foram reprovados em Português, 11 foram reprovados em Matemática, 15 foram aprovados em pelo menos uma dessas duas disciplinas e 13 foram aprovados em apenas uma dessas duas matérias.

Nesse grupo, a quantidade de alunos aprovados em Matemática supera a quantidade de aprovados em Português em

a) 3 unidades.

b) 4 unidades.

c) 5 unidades.

d) 6 unidades.

e) 7 unidades.

22. **(IBFC – 2023 – SEAD/GO – ANALISTA AMBIENTAL)** Ao analisar os relatórios de 85 técnicos ambientais verificou–se que: 37 relatórios versavam sobre fiscalização, 28 versavam sobre licenciamento e 16 versavam sobre ambos (fiscalização e licenciamento). Nessas condições, o total de relatórios que não versavam nem sobre fiscalização e nem sobre licenciamento é igual a:

a) 36.

b) 6.

c) 33.

d) 24.

e) 13.

23. **(UNESC – 2023 – PREFEITURA DE CRICIÚMA/SC – MOTORISTA)** Dados os conjuntos A = {1, 3, 5, 7} e B = {2, 4, 5, 7}, o conjunto $C = A \cap B$ é:

a) C = { }.

b) C = {5, 7}.

c) C = {1, 3}

d) C = {2, 4}.

e) C = {1, 2, 3, 4, 5, 7}.

24. **(IDECAN – 2023 – SEFAZ/RR – TÉCNICO EM INFRAESTRUTURA DE TECNOLOGIA DA INFORMAÇÃO)** No que diz respeitos às operações com conjuntos, marque a alternativa correta.

a) $(A - B^C) - C^C = A \cap (B \cup C)$.

b) $(A - B^C) - C = A \cup (B \cap C^C)^C$.

c) $B^C \cup C^C = (B \cap C)^C$.

d) $(A - B) \cup (B - A) = A$.

e) Se $(A \cup B)^C \subset C$, então $C^C \subset A$.

25. **(IBFC – 2023 – UFPB – ASSISTENTE DE ALUNOS)** Uma pesquisa revelou que dos estudantes de uma escola 78 deles gostam de futebol, 85 gostam de voleibol, sendo que destes 32 gostam das duas modalidades. Nessas condições, é correto afirmar que o total de entrevistados que gostam de somente uma das modalidades é:

a) 109..

b) 117

c) 99.

d) 131.

e) 53.

26. **(IBFC – 2023 – UFPB – ASSISTENTE EM ADMINISTRAÇÃO)** Sejam os conjuntos finitos A = {0,1,2,3,5,6} e B = {0,2,3,5,8}, então podemos dizer que:

a) A união entre os conjuntos A e B possui exatamente 8 elementos.

b) A – B possui exatamente 2 elementos.

c) B – A possui exatamente 2 elementos.

d) A intersecção entre os conjuntos A e B possui exatamente 3 elementos.

e) Os conjuntos A e B são disjuntos.

27. **(IADES – 2023 – GDF/SEEC – ANALISTA EM POLÍTICAS PÚBLICAS E GESTÃO GOVERNAMENTAL)** Em determinada região administrativa, 240 famílias participam de pelo menos um entre três programas de políticas públicas: ambiental, econômico ou educacional. Quem participa dos programas ambiental ou educacional não participa do programa econômico. Sabe–se que 108 famílias participam do programa ambiental, 95 participam do programa educacional e 25 famílias participam dos dois programas. Quantas famílias participam do programa econômico?

a) 50.

b) 57.

c) 60.

d) 62.

e) 65.

28. **(CESGRANRIO – 2023 – BANRISUL – ESCRITURÁRIO)** Um banco possui um total de 1000 clientes, dos quais apenas 700 investem em pelo menos um dos fundos A ou B. Sabe–se que o total de clientes que investem em ambos os fundos é igual a 250, e que pelo menos 100 clientes investem apenas no fundo B. Qual é o número máximo de clientes que investem apenas no fundo A?

a) 350.

b) 600.

c) 650.

d) 800.

e) 900.

29. **(FCM – 2023 – PREFEITURA DE CONTAGEM/ MG – ANALISTA FAZENDÁRIO)** Uma empresa fez uma pesquisa com seus funcionários para saber sobre as vacinas que tinham tomado recentemente. Dos 1.000 funcionários consultados, a pesquisa revelou que

600 pessoas tomaram a 1ª dose de covid-19;

400 pessoas tomaram a de influenza;

300 pessoas tomaram a de hepatite B;

200 pessoas tomaram a 1ª dose covid-19 e influenza;

150 pessoas tomaram a 1ª dose covid-19 e hepatite B;

100 pessoas tomaram a de influenza e hepatite B;

20 pessoas tomaram as três vacinas.

O número de funcionários que tomou duas ou mais dessas vacinas é

a) 410.

b) 470.

c) 500.

d) 650.

e) 720.

30. **(FCM – 2023 – PREFEITURA DE CONTAGEM/MG – AGENTE FAZENDÁRIO)** De um grupo de 20 pessoas, 13 possuem automóvel e 16 possuem casa própria.

Sendo assim, é correto afirmar que a quantidade de pessoas desse grupo que possuem automóvel e casa própria é

a) no mínimo igual a 9.

b) no máximo igual a 9.

c) no mínimo igual a 11.

d) exatamente igual a 9.

e) exatamente igual a 11.

31. **(FAUEL – 2023 – PREFEITURA DE PIÊN/PR – PROFESSOR)** João fez uma entrevista para saber a preferência de duas marcas de lápis de cor, a Colorido e a Pinturinha. 28 entrevistados responderam a marca Colorido, 20 a marca Pinturinha, 8 nenhuma das duas e 13 as duas marcas. Quantas pessoas foram entrevistadas?

a) 38 pessoas.
b) 43 pessoas.
c) 56 pessoas.
d) 61 pessoas.
e) 79 pessoas.

Texto para as próximas 2 questões.

(CESPE/CEBRASPE - 2022 – MPC/SC - PROCURADOR DE CONTAS DO MINISTÉRIO PÚBLICO) Em certa associação, há três dirigentes: uma presidente, uma secretária executiva e um tesoureiro, designados, respectivamente, pelas letras a, b e c.

Insatisfeito com a forma de administração dessa associação, um dos associados assim expressou sua revolta:

P1: Todos os dirigentes dessa associação são incompetentes.

P2: Nessa associação, existem dirigentes que atuam de má fé.

P3: Quem é incompetente e atua de má fé faz mau uso do dinheiro.

P4: Se alguém faz mau uso do dinheiro, o interesse coletivo fica prejudicado.

C: Logo, o interesse coletivo fica prejudicado.

Com base nessa situação hipotética, e considerando D = {a, b e c} o conjunto dos dirigentes da referida associação, julgue os itens seguintes.

32. Considerada a sentença aberta p(x): “x é incompetente”, é correto afirmar que a proposição P1 pode ser expressa por “se $x \in D$, então p(x)”.

Certo ( ) Errado ( )

33. Considerando–se a sentença aberta q(x): “x atua de má fé”, é correto afirmar que a proposição P2 pode ser expressa por $q(a) \vee q(b) \vee q(c)$, em que $\vee$ designa o conectivo lógico ou.

Certo ( ) Errado ( )

Texto para as próximas 4 questões.

(CESPE/CEBRASPE - 2022 - BANRISUL - SUPORTE À INFRAESTRUTURA DE TECNOLOGIA DA INFORMAÇÃO) Uma pesquisa feita no Aeroporto Internacional Salgado Filho, em Porto Alegre, com os turistas que estavam retornando para suas cidades de origem durante o mês de abril, revelou que, entre esses turistas, 556 visitaram a Orla do Guaíba, 190 não visitaram o Parque Farroupilha, 420 visitaram esses dois pontos turísticos e 154 visitaram apenas um desses dois pontos turísticos.

Considerando a situação hipotética apresentada, julgue os itens a seguir.

34. O número de turistas que visitaram a Orla do Guaíba e não visitaram o Parque Farroupilha é inferior a 140.

Certo ( ) Errado ( )

35. O número de turistas que visitaram o Parque Farroupilha e não visitaram a Orla do Guaíba é superior a 34.

Certo ( ) Errado ( )

36. O número total de turistas entrevistados é superior a 600.

Certo ( ) Errado ( )

37. O número de turistas que não visitaram o Parque Farroupilha nem a Orla do Guaíba é inferior a 50

Certo ( ) Errado ( )

38. **(CESPE/CEBRASPE – 2022 – PC/PB – PERITO)** Considere que, no conjunto D0 de todos os detentos em dado momento, D1 seja o conjunto de todos os detentos condenados pelo cometimento de, pelo menos, um crime, D2 seja o conjunto dos condenados por, pelo menos, dois crimes, e assim por diante. Nessa situação, o conjunto dos detentos condenados pelo cometimento de exatamente 4 crimes é

a) D1 ∩ D2 ∩ D3 ∩ D4.

b) D1 ∪ D2 ∪ D3 ∪ D4.

c) D4.

d) D4 – D5.

e) D5 – D4.

39. **(CESPE/CEBRASPE – 2022 – PC/PB – PAPILOSCOPISTA)** Dos 260 agentes de determinada delegacia, 120 praticam atividade física, 130 consultam–se com médicos e 45 não fazem nenhuma dessas duas coisas. Nesse caso, o número de agentes que apenas praticam atividade física é igual a

a) 35.

b) 45.

c) 95.

d) 75.

e) 85.

40. **(VUNESP – 2022 – UNESP – BIBLIOTECÁRIO)** Em um grupo de amigos que concluíram o ensino básico, 2 estudaram em três escolas: A, B e C. Com relação às quantidades de amigos que estudaram em mais de uma dessas escolas, tem–se: 6 estudaram nas escolas A e B, 7 estudaram nas escolas B e C, e 5 estudaram nas escolas A e C. Sabendo–se que 17 amigos estudaram na escola A, 13 amigos, na escola B, e 11 amigos estudaram na escola C, esse grupo de amigos é formado por

a) 21 pessoas.

b) 25 pessoas.

c) 31 pessoas.

d) 35 pessoas.

e) 41 pessoas.

41. **(VUNESP – 2022 – PC/SP – INVESTIGADOR DE POLÍCIA)** Considere um grupo formado por 31 *skatistas* e 27 bateristas. Nesse grupo, 15 pessoas têm mais de 25 anos e 12 bateristas têm 25 anos ou menos. O número de *skatistas* com 25 anos ou menos é

a) 16.

b) 31.

c) 27.

d) 19.

e) 24.

42. **(VUNESP – 2022 – PC/SP – INVESTIGADOR DE POLÍCIA)** Uma fazenda tem 14 funcionários e todos sabem cuidar de cavalos ou bois ou cachorros. Apenas um funcionário sabe cuidar de qualquer uma dessas espécies e quem sabe cuidar de boi, também sabe cuidar de cavalo. O número de funcionários que cuidam apenas de cavalos é igual ao número dos que cuidam apenas de cavalos e bois. O funcionário que sabe cuidar de ambos, cavalos e cachorros, também sabe cuidar de bois e 5 funcionários só sabem cuidar de cachorros. O número de funcionários que sabe cuidar apenas de cavalos é

a) 3.

b) 6.

c) 5.

d) 7.

e) 4.

43. **(VUNESP – 2022 – PM/SP – SARGENTO DA POLÍCIA MILITAR)** A figura a seguir representa uma operação envolvendo conjuntos, em que a região hachurada corresponde à resolução dessa operação.

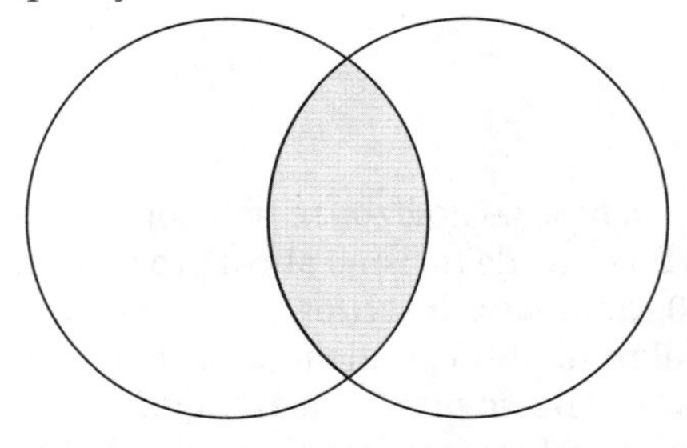

A operação representada pode ser relacionada a uma proposição lógica composta, que é chamada de

a) conjunção.

b) disjunção.

c) condicional.

d) bicondicional.

44. (FCC – 2022 – TRT/5ª REGIÃO – TÉCNICO JUDICIÁRIO) Uma pesquisa em um grupo de 25 estudantes constatou que 15 deles gostam de assistir jogos de futebol pela televisão, 12 gostam de assistir jogos de tênis e 10 gostam de assistir jogos de futebol e de tênis. O número de alunos dessa classe que não gostam de assistir jogos de futebol ou tênis é:

a) 5.

b) 6

c) 7.

d) 8.

e) 10.

45. (FCC – 2022 – TRT – 22ª REGIÃO – TÉCNICO JUDICIÁRIO) Em uma festa com 80 pessoas serão servidos dois pratos quentes, massa ou carne. Todos os convidados gostam de ao menos um dos pratos. Dos 80 convidados, 45 gostam de massa e 52 gostam de carne. O número de convidados que gostam dos dois pratos é

a) 15.

b) 17.

c) 16.

d) 14.

e) 22.

46. (FCC – 2022 – TRT – 23ª REGIÃO – TÉCNICO JUDICIÁRIO) Em uma pesquisa com 30 indústrias farmacêuticas sobre os tipos de insumos utilizados na produção de um determinado remédio, verificou–se que elas usam no máximo 2 tipos de insumos. Dentre as 30 indústrias pesquisadas, 16 usam insumo tipo A, 9 usam insumo tipo B e 8 usam insumo tipo C. O número de indústrias que usam exatamente dois tipos de insumos é

a) 3.

b) 6.

c) 4.

d) 5.

e) 2.

47. (RBO – 2022 – PREFEITURA DE BELO HORIZONTE/MG – AUDITOR FISCAL DE TRIBUTOS MUNICIPAIS) Uma empresa do ramo de turismo abriu processo para a seleção de agentes de viagens. Dos 180 candidatos inscritos, 12 foram eliminados logo no início do processo por não falarem um segundo idioma, o que era pré–requisito na seleção. Dos que ficaram, sabe–se que 78 falam inglês, 20 falam inglês e espanhol, 17 falam inglês e francês, 15 falam francês e espanhol e 5 falam os três idiomas. Sendo assim, assinale a alternativa correta.

a) A quantidade de candidatos que falam espanhol é igual a quantidade de candidatos que falam francês.

b) 50 candidatos falam somente inglês.

c) 46 candidatos falam pelo menos dois idiomas.

d) 49 candidatos falam francês.

e) 126 candidatos falam somente um dos idiomas.

48. (AOCP – 2022 – CÂMARA DE BAURU/SP – ASSISTENTE LEGISLATIVO I) Sabendo que A – B = {3, 4, 5, 8}, B – A = {6, 7} e A ∪ B = {x ∈ N* /x < 9}, assinale a alternativa que apresenta o conjunto A ∩ B.

a) {0, 1, 2}.

b) {0, 1, 2, 9}.

c) {1, 2, 9}.

d) {1, 2}.

e) {1, 2, 3, 4, 5, 6, 7, 8, 9}.

49. (AOCP – 2022 – IPE PREV – ANALISTA EM PREVIDÊNCIA) Para conhecer a opinião em relação à possível aplicação de dois fundos de Previdência em um plano aberto de Previdência, identificados por A e B, uma Instituição Financeira aplicou um questionário entre seus conveniados e verificou que:

- 48% de seus conveniados gostariam que o Fundo de Previdência A fosse aplicado em seus planos;
- 35% de seus conveniados gostariam que o Fundo de Previdência B fosse aplicado em seus planos;
- 12% de seus conveniados gostariam que o Fundo de Previdência A e o Fundo de Previdência B fossem aplicados em seus planos.

Dessa forma, é correto afirmar que

a) mais de 30% dos conveniados não responderam ao questionário ou não manifestaram interesse em qualquer um dos dois Fundos de Previdência.

b) o percentual de conveniados que gostariam que somente o Fundo de Previdência A fosse aplicado em seus planos foi de 23%.

c) 71 conveniados gostariam que pelo menos um dos dois Fundos de Previdência fosse aplicado em seus planos.

d) mais de 1/4 dos conveniados gostariam que somente o Fundo de Previdência B fosse aplicado em seus planos

e) mais de 70% dos conveniados gostariam que pelo menos um dos dois Fundos de Previdência fosse aplicado em seus planos, A ou B ou ambos.

50. (UPENET/IAUPE – 2022 – SEFAZ/PE – ANALISTA DE APOIO ADMINISTRATIVO) Um conjunto A possui 30 elementos enquanto que um conjunto B possui 20 elementos. Sobre a quantidade de elementos no conjunto formado pela união dos conjuntos A e B, é CORRETO afirmar que

a) a união possui exatamente 50 elementos.

b) a união pode possuir menos de 20 elementos.

c) a união possui pelo menos 30 e não mais que 50 elementos.

d) a união pode ser o conjunto vazio.

e) a união pode ter qualquer quantidade de elementos entre 0 e 50.

51. **(IBADE – 2022 – IPREV – ADMINISTRADOR)** Considere um conjunto A com 19 elementos e um conjunto Z com 23 elementos. O menor número de elementos da união do conjunto A com o conjunto Z é:

a) 42.

b) 19.

c) 23.

d) 4.

e) 20.

52. **(IBADE – 2022 – IPREV – ADMINISTRADOR)** Em uma pesquisa com 50 empresas do ramo náutico descobriu–se que todas elas usam no máximo 2 fornecedores de combustível. Dentre as 50 empresas verificou–se que 15 usam o fornecedor A, 25 usam o B e 18 usam o C. A quantidade de empresas que usa exatamente dois tipos de fornecedores é:

a) 6.

b) 7.

c) 8.

d) 9.

e) 10.

53. **(IBADE – 2022 – PREFEITURA DE SÃO PAULO/SP – GUARDA CIVIL METROPOLITANO)** A união de conjuntos é dada quando há a junção dos elementos dos mesmos. Considere um conjunto X com 55 elementos e um conjunto Y com 30 elementos. O menor número de elementos da união do conjunto X com o conjunto Y é:

a) 85.

b) 55.

c) 30.

d) 20.

e) 15.

Texto para as próximas 3 questões.

(QUADRIX - 2022 – CRESS/AP - AGENTE FISCAL) Considerando o conjunto A = {a, b, c, d, e, f}, julgue o item.

54. Se B = {a, b, c}, então B ∈ A.

Certo ( ) Errado ( )

55. O número de subconjuntos de com três elementos é igual a 21.

Certo ( ) Errado ( )

56. O número de subconjuntos de A com dois elementos é maior que o número de subconjuntos de A com quatro elementos.

Certo ( ) Errado ( )

57. **(IBFC – 2022 – PREFEITURA DE DOURADOS/MS – ANALISTA DE TECNOLOGIA DA INFORMAÇÃO)** Sejam os conjuntos A = {0,1,2,3}, B = {2,3,4,5} e C = {3,5,6}, então é correto afirmar que:

a) A – B = {0,4,5}.

b) B – C = {2,4}.

c) A – C = {0,1,2,6}.

d) C – B = {2,6}.

58. **(IBFC – 2022 – PREFEITURA DE CONTAGEM/MG – ENGENHEIRO DE SEGURANÇA DO TRABALHO)** Na eleição entre dois candidatos A e B foram ouvidas, uma única vez, 260 pessoas sobre o candidato preferido para votar e o resultado foi o seguinte: 120 votariam no candidato A, 130 votariam em somente um dos dois e 45 votariam em nenhum dos dois. Nessas condições, o total de pessoas que votariam no candidato B é igual a:

a) 180.

b) 130.

c) 95.

d) 85.

59. **(IBFC – 2022 – PREFEITURA DE CONTAGEM/MG – TÉCNICO DE EDIFICAÇÕES)** Noventa pessoas opinaram uma única vez sobre a preferência entre dois produtos A e B. Se 23 preferem os dois produtos e 18 nenhum dos dois, então o total de pessoas que preferem somente um dos dois produtos é:

a) 45.

b) 23.

c) 49.

d) 26.

60. **(FEPESE – 2022 – POLÍCIA CIENTÍFICA/SC – AUXILIAR CRIMINALÍSTICO)** Em uma empresa com 500 funcionários, 200 deles gostam de carne de boi, 280 gostam de carne de ovelha e 102 deles gostam de carne de boi e de carne de ovelha.

Quantos funcionários dessa empresa não gostam nem de carne de boi nem de carne de ovelha?

a) Mais de 150.

b) Mais de 140 e menos de 150.

c) Mais de 130 e menos de 140.

d) Mais de 120 e menos de 130.

e) Menos de 120.

61. **(FEPESE – 2022 – IGP/SC – AUXILIAR MÉDICO–LEGAL)** Em uma academia, durante a manhã, 40 pessoas se exercitam, utilizando–se das esteiras ou dos remadores. Destas pessoas, 24 utilizam as esteiras e 40 utilizam os remadores.

Portanto, o número de pessoas que utilizam as esteiras e os remadores é:

a) Maior que 28.

b) Maior que 25 e menor que 28.

c) Maior que 22 e menor que 25.

d) Maior que 19 e menor que 22.

e) Menor que 19.

62. **(FEPESE – 2022 – IGP/SC – AUXILIAR MÉDICO–LEGAL)** Um hotel hospeda 100 pessoas e todas utilizam a sauna ou a piscina disponível. Destas pessoas, 60 pessoas utilizam a sauna e 32 utilizam a sauna e a piscina.

Logo, o número de pessoas que utilizam a piscina e não utilizam a sauna é:

a) Maior que 39.

b) Maior que 36 e menor que 39.

c) Maior que 33 e menor que 36.

d) Maior que 30 e menor que 33.

e) Menor que 30.

63. **(QUADRIX – 2022 – PRODAM/AM – PROGRAMADOR–DESENVOLVEDOR)** Dados três conjuntos — A, B e C—, assinale a alternativa incorreta.

a) $A \cap A = A$.

b) $A \cup B = B \cup A$.

c) $A \cap B \cap C = A \cap (B \cap C)$.

d) $A \cup B \cup C = (A \cup B) \cup C$.

e) $A \cup (B \cap C) = (A \cap B) \cup (A \cup C)$.

64. **(FGV – 2022 – CÂMARA DE TAUBATÉ/SP – ASSISTENTE LEGISLATIVO)** Em uma assembleia com 172 votantes, duas propostas independentes, A e B, foram colocadas em votação. Cada votante votou a favor ou contra cada uma das duas propostas. Sabe–se que 138 votaram a favor da proposta A, 74 votaram a favor da proposta B e 32 votaram contra as duas propostas.

O número de votantes que votaram a favor da proposta A e contra a proposta B é

a) 66.

b) 69.

c) 72.

d) 74.

e) 140.

65. (FGV – 2022 – CÂMARA DE TAUBATÉ/SP – CONSULTOR LEGISLATIVO) Uma empresa disponibilizou 3 cursos de aperfeiçoamento para seus funcionários: o Curso A, o Curso B e o Curso C. Como o horário permitia, cada funcionário poderia se matricular em mais de um curso. Terminado o prazo de matrículas, verificou–se que 8 funcionários se matricularam no curso A, 10 no curso B e 12 no curso C. Havia 4 funcionários matriculados nos cursos A e B, 4 funcionários nos cursos B e C e, também, 4 nos cursos A e C. Sabe–se ainda que há 1 único funcionário matriculado apenas no curso A.

O número de funcionários que estão matriculados em ao menos 1 curso é

a) 19.
b) 21.
c) 23.
d) 27.
e) 30.

66. (FGV – 2022 – SEJUSP/MG – AGENTE DE SEGURANÇA PENITENCIÁRIO) Um grupo de 60 estudantes que se formaram juntos no Ensino Médio resolveu formar 2 grupos no *WhatsApp*: GP1 e GP2.

Sabe-se que dos 60 estudantes, 7 resolveram não participar do GP1 nem do GP2 e que os números de participantes do GP1 e do GP2 são, respetivamente, 41 e 32.

O número de estudantes que participam simultaneamente dos dois grupos é

a) 7.
b) 13.
c) 20.
d) 23.
e) 32.

67. (FGV – 2022 – SEJUSP/MG – AGENTE DE SEGURANÇA PENITENCIÁRIO) Os conjuntos A, B e C possuem, cada um, 10 elementos e são tais que: A e B possuem elementos em comum, B e C possuem elementos em comum, mas A e C não possuem elementos comuns. Entre os elementos da união dos três conjuntos sabe–se que 8 elementos pertencem apenas ao conjunto A e 5 elementos pertencem apenas ao conjunto C.

O número de elementos que pertencem apenas ao conjunto B é

a) 1.
b) 2.
c) 3.
d) 4.
e) 5.

68. (FGV – 2022 – MPE/GO – ANALISTA EM INFORMÁTICA) Uma empresa possui 32 funcionários que trabalham nos setores A, B e C. Sabe–se que 20 funcionários trabalham no setor A, 14 funcionários trabalham no setor B e 9 funcionários trabalham no setor C. Há funcionários que trabalham simultaneamente nos setores A e B, há funcionários que trabalham simultaneamente nos setores A e C, mas nenhum funcionário trabalha simultaneamente nos setores B e C.

O número de funcionários que trabalha apenas no setor A é igual a

a) 4.
b) 5.
c) 6.
d) 8.
e) 9.

69. (FGV – 2022 – MPE/GO – SECRETÁRIA ASSISTENTE) Em um grupo de 48 pessoas, há 35 advogados e 32 policiais.

Nesse grupo, o número mínimo de pessoas que são ao mesmo tempo advogados e policiais é

a) 13.
b) 16.
c) 19.
d) 32.
e) 35.

70. (FGV – 2022 – TJ/TO – TÉCNICO JUDICIÁRIO) Em um grupo de 40 advogados, 30 estão inscritos para um Concurso A e 25 estão inscritos para um Concurso B.

É correto concluir que:

a) no máximo 15 deles estão inscritos nos dois concursos.
b) no máximo 10 deles não estão inscritos nem no Concurso A nem no Concurso B.
c) no máximo 10 deles estão inscritos apenas no Concurso A.
d) no mínimo 15 deles estão inscritos apenas no Concurso B.
e) no mínimo 5 deles não estão inscritos nem no Concurso A nem no Concurso B.

71. (FGV – 2022 – SEFAZ/ES – CONSULTOR DO TESOURO ESTADUAL) Em um grupo de 70 pessoas, há 50 capixabas e 40 torcedores do Vasco.

Em relação a esse grupo de pessoas, é correto concluir que

a) no máximo 20 são capixabas torcedores do Vasco.
b) no mínimo 20 não são nem capixabas nem torcedores do Vasco.
c) exatamente 30 são capixabas não torcedores do Vasco.
d) no máximo 40 são capixabas torcedores do Vasco.
e) é possível que nenhuma delas seja capixaba torcedor do Vasco.

72. (FGV – 2022 – PM/AM – SOLDADO) Em um grupo de 45 soldados, 27 gostam de marchar e 38 gostam de praticar tiro ao alvo.

Sejam:

X: o número de soldados desse grupo que gostam de marchar e também de praticar tiro ao alvo;

Y: o número de soldados desse grupo que não gostam nem de marchar nem de praticar tiro ao alvo.

Nesse caso, é correto afirmar que

a) X é no máximo 20.

b) Y é no mínimo 7.

c) quando X = 23, tem-se Y = 7.

d) quando Y = 7, tem-se X = 20.

e) quando Y = 5, tem-se X = 25.

73. (FGV – 2022 – PC/AM – ESCRIVÃO DE POLÍCIA) Em um grupo de 64 policiais civis e militares, 24 são civis. Metade dos policiais militares é casada e há um total de 36 policiais solteiros.

Nesse grupo, o número de policiais civis casados é igual a

a) 8.

b) 10.

c) 12.

d) 13.

e) 16.

74. (FGV – 2022 – SSP/AM – TÉCNICO DE NÍVEL SUPERIOR) Sobre dois conjuntos A e B sabe–se que:

- A união de A e B tem 130 elementos;
- A diferença B – A tem 50 elementos;
- A diferença A – B tem 60 elementos.

Sendo x o número de elementos de A e y o número de elementos de B, o valor de x + y é igual a

a) 110.

b) 120.

c) 130.

d) 140.

e) 150.

75. **(CESGRANRIO – 2022 – ELETROBRAS/ELETRONUCLEAR – ESPECIALISTA EM SEGURANÇA)** Dois conjuntos não vazios A e B são tais que:

- $A \cup B = \{3,4,6,7,9\}$;
- $A \cap B = \{4,7\}$

O conjunto $(A - B) \cup (B - A)$ é igual a

a) N.
b) $\{3,4,6,7,9\}$.
c) $\{3,6,9\}$.
d) $\{4,7\}$.
e) $\emptyset$.

Texto para as próximas 2 questões.

(QUADRIX - 2022 – CRA/ PR - ANALISTA SISTEMAS) Considerando o conjunto das frutas F, o conjunto das comidas doces D e o conjunto dos tipos de manga M, julgue os itens.

76. O número de elementos do conjunto $F \cup D$ é igual à soma do número de elementos de F com o número de elementos de D.

Certo ( ) Errado ( )

77. $M \subset F$

Certo ( ) Errado ( )

Texto para as próximas 4 questões.

(QUADRIX - 2022 – CRP/11ª REGIÃO - TÉCNICO DE ORIENTAÇÃO E FISCALIZAÇÃO) Sendo $A \cup B = \{0, 1, 2, 3, 6, 7, 9\}$, $A \cap B = \{0, 1, 2, 3\}$ e $A - B = \{7\}$, julgue os itens.

78. $B - A = \{6, 9\}$.

Certo ( ) Errado ( )

79. O número de elementos de A é igual a 6.

Certo ( ) Errado ( )

80. $\emptyset \in A$.

Certo ( ) Errado ( )

81. O conjunto dos subconjuntos de B tem 65 elementos.

Certo ( ) Errado ( )

82. **(FUNDATEC – 2022 – SPGG/RS – ANALISTA DE PLANEJAMENTO, ORÇAMENTO E GESTÃO)** Em uma escola de informática, foram entrevistados 200 alunos. Com a entrevista, pode–se concluir que 61 alunos estudam Matemática, 55 estudam Programação e 50 estudam Raciocínio Lógico. Ainda, 20 alunos estudam Matemática e Programação, 23 estudam Raciocínio Lógico e Programação e 21 estudam Matemática e Raciocínio Lógico. E 12 alunos estudam as três disciplinas, Matemática, Raciocínio Lógico e Programação. Com base nessas informações, é possível concluir que:

a) 86 alunos não estudam nenhuma das três disciplinas.

b) 60 alunos estudam apenas uma das três disciplinas.

c) 34 alunos não estudam nenhuma das três disciplinas.

d) 30 alunos estudam apenas duas disciplinas.

e) 23 alunos estudam apenas matemática.

83. **(FUNDATEC – 2022 – IPE SAÚDE – ANALISTA DE GESTÃO EM SAÚDE)** Considerando como universo o conjunto U = {0,1,2,3,4,5} e as sentença abertas p(x): x + 3 é par e q(x): x + 3 = 7, podemos dizer que o conjunto verdade de p(x) ∧ ~q(x) é:

a) {4}.

b) {0, 1, 2}.

c) {1, 3, 5}.

d) {0, 1, 2, 3, 5}.

e) {0,1,2,3,4,5}.

84. **(FUNDATEC – 2022 – BM/RS – SOLDADO)** Considere os conjuntos:

A = {1,2,3,18}

B = {1,2,3, . . . ,18} = {x ∈ N / 0 < x < 19}

É possível afirmar que A ∩ B é dado por:

a) A.

b) B.

c) A ∪ B.

d) A\B.

e) B\A.

85. **(IADES – 2022 – CAU/SE – AUXILIAR DE FISCALIZAÇÃO)** Em determinado dia, o Conselho de Arquitetura e Urbanismo do Brasil (CAU/BR) recebeu 40 solicitações de emissão da Certidão de Acervo Técnico (CAT) ou da Certidão Negativa de Débito (CND). Sabe–se que 34 empresas solicitaram a CAT e 16 empresas solicitaram a CND. Quantas empresas solicitaram simultaneamente os dois tipos de certidões?

a) 10.

b) 11.

c) 14.

d) 15.

e) 16.

86. **(SELECON – 2022 – PREFEITURA DE SÃO GONÇALO/RJ – TÉCNICO DE APOIO ESPECIALIZADO)** Em uma empresa na qual trabalham 116 pessoas, sabe–se que:

- 72 têm ensino médio completo;
- 64 sabem usar o *EXCEL*;
- 35 têm ensino médio completo e sabem usar o *EXCEL*.

O número de funcionários dessa empresa que não têm ensino médio completo e não sabem usar o *EXCEL* é:

a) 13.

b) 14.

c) 15.

d) 16.

87. **(SELECON – 2022 – PREFEITURA DE SÃO GONÇALO/RJ – TÉCNICO DE APOIO ESPECIALIZADO)** Sejam A e B conjuntos definidos da seguinte maneira:

A= {pessoas que moram em São Gonçalo};

B = {pessoas que trabalham em Niterói}.

O conjunto A – (A – B) representa o conjunto cujos elementos são pessoas que:

a) moram em São Gonçalo e trabalham em Niterói.

b) moram em Niterói e trabalham em São Gonçalo.

c) moram em São Gonçalo e não trabalham em Niterói.

d) moram em Niterói e não trabalham em São Gonçalo.

88. **(SELECON – 2022 – SEJUSP/MG – POLICIAL PENAL/AGENTE PENITENCIÁRIO)** A respeito de um grupo formado por 610 agentes penitenciários é verdade que:

- 107 agentes são doadores de sangue, não usam óculos e não nasceram em Minas Gerais;
- 55 agentes usam óculos, não são doadores de sangue e não nasceram em Minas Gerais;
- 52 agentes nasceram em Minas Gerais, não são doadores e não usam óculos;
- 140 agentes são doadores de sangue e usam óculos;
- 158 agentes são doadores de sangue e nasceram em Minas Gerais;
- 173 agentes usam óculos e nasceram em Minas Gerais;
- 75 agentes não são doadores de sangue, não usam óculos e não nasceram em Minas Gerais.

Com base nos dados acima, conclui-se corretamente que a soma dos algarismos do número de agentes penitenciários doadores de sangue que usam óculos e nasceram em Minas Gerais é igual a:

a) 10.

b) 11.

c) 12.

d) 13.

Gabarito

1	C	23	B	45	B	67	C
2	A	24	C	46	A	68	E
3	D	25	C	47	E	69	C
4	B	26	B	48	D	70	B
5	D	27	D	49	E	71	D
6	C	28	A	50	C	72	E
7	A	29	A	51	C	73	A
8	A	30	A	52	C	74	E
9	D	31	B	53	B	75	C
10	D	32	CERTO	54	ERRADO	76	ERRADO
11	B	33	CERTO	55	ERRADO	77	CERTO
12	ERRADO	34	CERTO	56	ERRADO	78	CERTO
13	ERRADO	35	ERRADO	57	B	79	ERRADO
14	CERTO	36	CERTO	58	A	80	ERRADO
15	ERRADO	37	ERRADO	59	C	81	ERRADO
16	D	38	D	60	D	82	A
17	E	39	E	61	C	83	C
18	C	40	B	62	A	84	A
19	A	41	B	63	E	85	A
20	E	42	E	64	A	86	C
21	A	43	A	65	A	87	A
22	A	44	D	66	C	88	C

5 ANÁLISE COMBINATÓRIA

Disciplina do raciocínio lógico e da matemática que estuda a **CONTAGEM**, ou seja, calcula a quantidade de maneiras que um **determinado evento** (finito) pode acontecer, sem que seja necessário demonstrar todas essas maneiras.

Para os cálculos, usamos as técnicas de contagem, que são:

- Fatorial (!);
- Arranjo: simples e com repetição;
- Combinação: simples e com repetição;
- Permutação: simples, com repetição e circular e;
- Princípio Fundamental da Contagem (P.F.C).

A diferenciação de qual técnica utilizar se baseia na observação da **REPETIÇÃO** e **ORDEM** dos **ELEMENTOS** envolvidos na contagem.

Fique ligado!

O Fatorial é uma técnica acessória, presente nas combinações, arranjos e permutações.

Um bom exemplo para demonstrar o uso da análise combinatória é você pensar e responder à seguinte pergunta: quantas placas de veiculares são possíveis no Brasil? – (nessa situação os “elementos” são as letras e os dígitos numéricos – algarismos - usados nas placas).

Resposta:

A placa é composta de: Letra E Letra E Letra E Algarismo E Letra E Algarismo E Algarismo:

Calculando (desde a placa AAA-0A00 até a placa ZZZ-9Z99):

26x26x26x10x26x10x10 = 456.976.000 milhões de placas

(o cálculo foi feito pela técnica do P.F.C, e você não vai – nem quer – escrever ou mostrar todas essas 456.976.000 de placas).

5.1 Fatorial (!)

Técnica de contagem que multiplica um número (natural) por todos os seus antecessores, em ordem, até o número 1.

Fique ligado!

Não existe fatorial de número negativo.

Ex.:

5! = 5 x 4 x 3 x 2 x 1 = 120

Por convenção tanto o "1!" como o "0!" são iguais a 1.

Usos:

- 5! + 3! = 5x4x3x2x1 + 3x2x1 = 120 + 6 = 126
- (5 + 3)! = 8! = 8x7x6x5x4x3x2x1 = 40320
- 7! – 4! = 7x6x5x4x3x2x1 – 4x3x2x1 = 5040 – 24 = 5016
- (7 – 4)! = 3! = 3x2x1 = 6
- 7!/4! = 7x6x5x4x3x2x1/4x3x2x1 = 5040/24 = 210
- 7!/4! = 7x6x5x4!/4! (simplifica o 4! do numerador com o do denominador) = 7x6x5 = 210
- 3! x 2! = (3x2x1) x (2x1) = 6 x 2 = 12

Obs.: veja que 3! x 2! ≠ 6!

5.2 Arranjo

Simples

Técnica de contagem em que a ORDEM dos elementos gera resultados diferentes (leva em conta a ORDENAÇÃO dos elementos) e os elementos não se repetem.

Um bom exemplo do arranjo simples são as classificações nas competições.

A fórmula para calcular o arranjo é:

(cujo "n" corresponde ao total de elementos disponíveis e "p" a quantidade de elementos utilizados).

Ex.:

Imagine a copa do mundo de futebol com 32 seleções.

A **pergunta** é: de quantas formas podem ser definidos o campeão e o vice (considerando que todas as seleções têm a mesma chance de ser campeã)?

Resposta: a seleção que for campeã não pode ser vice-campeã e vice-versa (ser campeão é diferente de ser vice-campeão, então a ORDEM gera resultados diferentes), logo o cálculo de quantas maneiras existem para definição do campeão e do vice é:

$A_{n,p} = n! / (n-p)!$

$A_{32,2} = 32! / (32-2)!$

$A_{32,2} = 32! / 30!$

$A_{32,2} = 32x31x30! / 30!$ (simplificando 30!)

$A_{32,2} = 32 \times 31 = 992$ maneiras de se definir o campeão e o vice.

Questão comentada

1. (CETREDE – 2023 – PREFEITURA DE SANTANA DO ACARAÚ/CE – PROFESSOR) Bruna é professora de matemática e propôs uma competição aos seus alunos. Os três primeiros que acertassem um determinado desafio ganhariam pontos extras na nota final, de forma que o primeiro colocado ganha três, o segundo ganha dois e o terceiro ganha um ponto. Se 14 alunos participaram dessa competição, quantas são as possibilidades de colocação para os três primeiros alunos?

   a) 39.
   b) 156.
   c) 182.
   d) 1092.
   e) 2184.

Como os 3 primeiros terão pontuação diferente (o primeiro colocado ganha três, o segundo ganha dois e o terceiro ganha um ponto), então a ORDEM importa, logo temos aqui uma questão de arranjo, e calculando fica:

$A_{n\,p} = n! / (n-p)!$

$A_{14,3} = 14! / (14-3)!$

$A_{14,3} = 14! / 11!$

$A_{14,3} = 14x13x12x11! / 11!$ **(simplificando 11!)**

$A_{14,3} = 14 \times 13 \times 12 = 2184$ **possibilidades.**

GABARITO: E.

Com repetição

Técnica de contagem que leva em conta a **ordem** dos elementos, e, além disso, é possível a **repetição** desses elementos.

A fórmula para cálculo de questões com essa situação é:

$$A_r(n, p) = n^p$$

(cujo "n" corresponde ao total de elementos disponíveis e "p" a quantidade de elementos utilizados).

As questões de arranjo com repetição não precisam ser resolvidas por essa técnica já que na técnica do P.F.C (Princípio Fundamental da Contagem) acaba-se levando em conta tanto a repetição como a ordem dos elementos. Portanto, não precisa se preocupar ou se desgastar com esse assunto.

5.3 Combinação

Simples

Técnica de contagem em que a **ordem** dos elementos **não** gera resultados diferentes (NÃO leva em conta a **ordenação** dos elementos) e os elementos não se repetem.

Um bom exemplo da combinação simples são as formações de grupos ou equipes em que todos têm as mesmas funções.

A fórmula para calcular a combinação é:

$$C_{n,p} = \frac{n!}{p! \cdot (n-p)!}$$

(cujo "n" corresponde ao total de elementos disponíveis e "p" a quantidade de elementos utilizados).

Ex.:

Imagine uma sala com 40 alunos.

A pergunta é: de quantas formas podem ser formados um grupo de 3 alunos para representá-los junto à coordenação na reivindicação de melhorias?

Resposta: se forem escolhidas as pessoas Alda, Beto e Carla, a ORDEM de escolha dessas 3 pessoas NÃO altera a composição do grupo, pois o grupo sempre será formado por essas 3 pessoas (Alda, Beto e Carla). Com isso o cálculo de quantos grupos podem ser formados é:

$C_{n,p} = n! / p! \cdot (n-p)!$

$C_{40,3} = 40! / 3! \cdot (40-3)!$

$C_{40,3} = 40! / 3! \cdot 37!$

$C_{40,3} = 40x39x38x37! / 3x2x1 \cdot 37!$ (simplificando 37!)

$C_{40,3} = 40x39x38 / 3x2x1$ (simplificando 40 com 2 e 39 com 3)

$C_{40,3} = 20x13x38 = 9880$ maneiras de formar o grupo.

Questão comentada

1. **(FAFIPA – 2023 – FAZPREV/PR – ADVOGADO)** Durante uma atividade com um grupo de seis funcionários, o palestrante mandou que fossem formados pares. Assinale a alternativa que indica a quantidade de pares diferentes que são possíveis de formar nesta situação.

   a) 15.

   b) 12.

   c) 24.

   d) 30.

   e) 18.

Para formar pares de pessoas a ordem dessas não muda os pares (João e Maria = Maria e João), com isso temos uma questão de combinação, e calculando fica:

$C_{n\,p}$ = n! / p!·(n–p)!

$C_{6,2}$ = 6! / 2!·(6–2)!

$C_{6,2}$ = 6! / 2!·4!

$C_{6,2}$ = 6x5x4! / 2x1·4! (simplificando 4!)

$C_{6,2}$ = 6x5 / 2x1

$C_{6,2}$ = 30 / 2

$C_{6,2}$ = 15 pares diferentes.

GABARITO: A.

Com repetição

Igualmente, a combinação simples na combinação com repetição, a ORDEM dos elementos não gera resultados diferentes, contudo os elementos podem se repetir.

A fórmula para cálculo de questões com essa situação é:

$$C_{r(n\cdot p)} = \frac{(n+p-1)!}{p! \cdot (n-1)!}$$

(cujo “n” corresponde ao total de elementos disponíveis e “p” a quantidade de elementos utilizados).

Um bom exemplo dessa situação é numa sorveteria que tenha 15 sabores de sorvete e você quer um sorvete banana *split* (que tem 3 “bolas” de sorvete).

Ex.:

Vamos calcular a situação da sorveteria anteriormente citada.

Note que a ORDEM das “bolas” de sorvete NÃO interfere na composição do banana *split* e que as 3 bolas de soverte podem ser iguais. Com isso o cálculo fica:

$C_{r(n,p)}$ = (n+p–1)! / p!·(n–1)!

$C_{r(15,3)}$ = (15+3–1)! / 3!·(15–1)!

$C_{r(15,3)}$ = 17! / 3!·14!

$C_{r(15,3)}$ = 17x16x15x14! / 3x2x1·14! (simplificando 14!)

$C_{r(15,3)}$ = 17x16x15 / 3x2x1 (simplificando 16 com 2 e 15 com 3)

$C_{r(15,3)}$ = 17 x 8 x 5 = 680 maneiras de ter uma banana *split*.

Questão comentada

1. **(QUADRIX – 2022 – CRO/RS – ADVOGADO)** Um restaurante oferece quinze opções de acompanhamento para a refeição de seus clientes.

   Com base nesse caso hipotético, considerando-se que um mesmo acompanhamento possa ser selecionado duas vezes, é correto afirmar que um cliente pode montar seu prato, escolhendo dois acompanhamentos, de

   a) 105 modos distintos.
   b) 120 modos distintos.
   c) 135 modos distintos.
   d) 150 modos distintos.
   e) 210 modos distintos.

Como os acompanhamentos podem ser repetidos, e atentando que a ordem desses acompanhamentos não altera o prato, temos uma conta de combinação com repetição, e calculando fica:

$Cr_{(15,2)}$ = (15+2–1)! / 2!·(15–1)!
$Cr_{(15,2)}$ = 16! / 3!·14!
$Cr_{(15,2)}$ = 16x15x14! / 2x1·14! (simplificando 14!)
$Cr_{(15,2)}$ = 16x15 / 2x1
$Cr_{(15,2)}$ = 240 / 2 = 120 pratos.

GABARITO: C.

5.4 Permutação

Simples

Técnica de contagem que leva em conta a **organização** de **todos** os elementos gerando um resultado diferente para cada ordenação, ou seja, usamos a **permutação** quando precisamos **organizar todos** os elementos.

Um bom exemplo de permutação simples são as formas de organizar 5 pessoas, em que todos sabem dirigir, num carro de 5 lugares.

A fórmula para calcular a permutação é:

$$\mathbf{P_n = n!}$$

(cujo “n” corresponde ao total de elementos disponíveis e utilizados).

Ex.:

Vamos calcular a situação do carro anteriormente citado:

Como todos sabem dirigir, então podemos organizar as 5 pessoas em qualquer dos 5 lugares.

Calculando:

$P_n = n!$

$P_5 = 5!$

$P_5 = 5x4x3x2x1 = 120$ maneiras.

Fique ligado!

Os grandes exemplos de permutação são os **anagramas** (anagramas = todas as palavras que podem ser formadas com todas as letras de determinada palavra, quer essas novas palavras tenham sentido ou não, na linguagem comum).

Questão comentada

1. (OBJETIVA – 2023 – PREFEITURA DE NOVO XINGU/RS – MÉDICO) Maria tem 5 pares de meia de cores diferentes. Ela pretende usar um par em cada dia da semana (segunda a sexta–feira) sem repetir um par que já foi usado. Sendo assim, de quantas maneiras distintas ela pode escolher a sequência de meias que serão utilizadas na semana?

   a) 25.

   b) 60.

   c) 120.

   d) 10.

Como ela vai usar um par por dia e são 5 pares em 5 dias, temos então uma organização de todos os elementos, logo uma permutação, que calculando fica:

$\mathbf{P_n = n!}$

$\mathbf{P_5 = 5!}$

$\mathbf{P_3 = 5x4x3x2x1 = 120}$ **maneiras de utilizar as meias.**

GABARITO: C.

Com repetição

Igualmente, a permutação simples na permutação com repetição, serão organizados todos os elementos, mas além disso, alguns dos elementos podem ser **repetidos**.

Um bom exemplo de permutação com repetição são os anagramas de palavras com letras repetidas, como PATA.

A fórmula para calcular a permutação com repetição é:

$$P_n^{a,b,c,\ldots} = \frac{n!}{a! \cdot b! \cdot c! \cdot \ldots}$$

(cujo "n" corresponde ao total de elementos disponíveis e utilizados, e "a", "b", "c" são os elementos repetidos – em suas quantidades).

Ex.:

Vamos calcular os anagramas de PATA:

Observe que **PATA = PATA**, logo a mudança dos "A" de posição não cria uma nova palavra, então não precisa contar essas mudanças de posição dos "A".

Calculando:

$P_n^{a,b,c,\ldots} = n! / a!b!c!$

$P_4^{2} = 4! / 2!$

$P_4 = 4x3x2x1 / 2x1 = 24/2 = 12$ anagramas.

(pata, ptaa, paat, tapa, tpaa, taap, apat, atap, apta, atpa, aapt, aatp)

Questão comentada

1. **(OBJETIVA – 2023 – PREFEITURA DE HORIZONTINA/RS – AGENTE EDUCACIONAL)** Assinalar a alternativa que apresenta a quantidade total de anagramas da palavra QUALQUER:

   a) 40.320.

   b) 20.160.

   c) 10.080.

   d) 5.040.

A palavra qualquer tem 8 letras, e dessas, tem 2 "Q" e 2 "U", com isso o total de anagramas é:

$P_n^{a,b,c,\ldots} = n! / a!b!c!$

$P_8^{2,2} = 8! / 2!x2!$

$P_8^{2,2} = 8x7x6x5x4x3x2! / 2!x2!$ **(simplificando 2!)**

$P_8^{2,2} = 8x7x6x5x4x3 / 2x1$

$P_8^{2,2} = 20160 / 2$

$P_8^{2,2} = 10080$ anagramas.

GABARITO: C.

Circular

Técnica de contagem que leva em conta a **organização** de **todos** os elementos "ao redor de" ou "em torno de" algo.

A fórmula para calcular a permutação circular é:

$$P_c(n) = (n - 1)!$$

(cujo "n" corresponde ao total de elementos disponíveis e utilizados).

Fique ligado!

A ideia principal da permutação circular é que ela leva em conta a **MUDANÇA DE POSIÇÃO** e **não a mudança de lugar**, então não confunda mudar de lugar com mudar de posição, são coisas diferentes.

Veja:

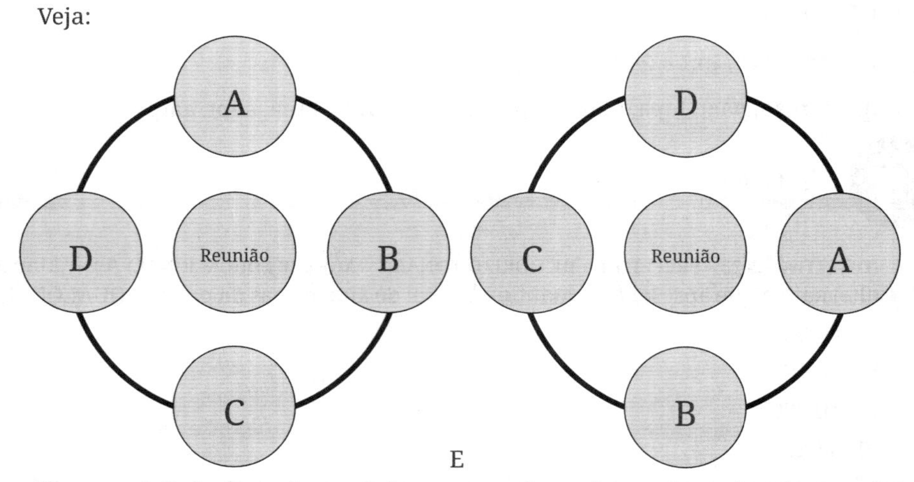

Note que A, B, C e D mudaram de lugar, mas não mudaram de posição (as suas direitas e esquerdas estão sempre as mesmas letras), então não houve de fato uma mudança.

Já em:

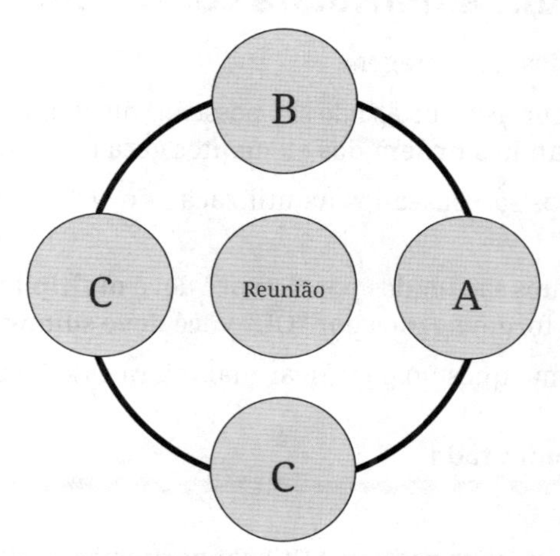

Note que A e B mudaram de posição (as suas direitas e esquerdas estão letras diferentes da situação anterior), com isso, há uma mudança de fato.

Questão comentada

1. **(AVANÇA SP – 2022 – PREFEITURA DE LARANJAL PAULISTA/SP – PROFESSOR)** Joana e suas 8 amigas saíram para jantar e a única mesa vaga no restaurante era uma mesa central redonda. Desse modo, de quantas formas elas podem se sentar nesta mesa?
   - **a)** 9!
   - **b)** 5!
   - **c)** 4!
   - **d)** 7!
   - **e)** 8!

A mesa é "redonda" e elas são 9 amigas (Joana + 8 amigas).

Calculando a permutação:

$P_{c(n)} = (n - 1)!$

$P_{c(9)} = (9 - 1)!$

$P_{c(9)} = 8!$

Como as respostas estão em fatorial, a alternativa correta é a alternativa E.

GABARITO: E.

5.5 Princípio fundamental da contagem (P.F.C)

É a principal técnica de contagem.

Usada quando as outras técnicas não são possíveis ou quando os elementos podem ser **repetidos** 'ou' quando a **ordem** dos elementos gera resultados diferentes.

No P.F.C os cálculos são baseados na utilização do "E" ou do "OU" que unem os elementos.

Quando os elementos são unidos por "E" você deve **multiplicar** suas quantidades; quando os elementos forem ligados por "OU" você deve **somar** suas quantidades.

Vamos resolver uma questão para ficar mais clara essa ideia.

Questão comentada

1. (SELECON – 2023 – IF/RJ – NUTRICIONISTA) Utilizando apenas os algarismos 1, 2, 3, 4 e 5, Pedro escreveu todos os números naturais, maiores do que 40 e menores do que 4000. A quantidade de números escritos por Pedro correspondeu a:
   a) 500.
   b) 505.
   c) 510.
   d) 515.
   e) 520.

Veja que os algarismos podem se repetir ou a ordem dos algarismos forma elementos diferentes. Usando o P.F.C e calculando a quantidade dos números, fica:

Com 2 algarismos (maiores que 40)

Algarismo E algarismo

2 x 5 = 10

Com 3 algarismos (todos são maiores que 40 e menores que 4000)

Algarismo E algarismo E algarismo

5 x 5 x 5 = 125

Com 4 algarismos (menores que 4000)

Algarismo E algarismo E algarismo E algarismo

3 x 5 x 5 x 5 = 375

Juntando os números com 2 ou com 3 ou com 4 algarismos:

10 + 125 + 375 = 510 números.

GABARITO: C.

5.6 Resumo da análise combinatória

Arrranjo	ORDEM dos elementos gera resultados diferentes
Combinação	ORDEM dos elementos NÃO gera resultados diferentes
Permutação	ORGANIZA TODOS os elementos
P.F.C	Elementos podem ser repetidos 'ou' a ordem gera resultados diferentes

Vamos praticar

1. **(CETREDE – 2023 – PREFEITURA DE SANTANA DO ACARAÚ/CE – PROFESSOR)** Olívia preparou uma mala com 18 blusas e 4 calças para sua viagem. Dessa forma, quantas combinações ela pode fazer com essas peças de roupa?

   a) 22.
   b) 36.
   c) 48.
   d) 60.
   e) 72.

2. **(INSTITUTO MAIS – 2023 – PREFEITURA DE SANTANA DE PARNAÍBA/SP – TÉCNICO EM SAÚDE BUCAL)** Uma senha deve ser composta de três caracteres, sendo o primeiro uma letra maiúscula, escolhida dentre o alfabeto de 26 letras, seguida de dois algarismos numéricos distintos. O número de maneiras como pode ser formada essa senha corresponde a

   a) 2.699.
   b) 2.600.
   c) 2.460.
   d) 2.340.

3. **(UNIRV/GO – 2023 – PREFEITURA DE RIO VERDE/GO – PROFESSOR)** Para tratar de questões relativas à paz mundial, a Organização das Nações Unidas (ONU) propôs a formação de uma comissão constituída de quatro países que serão escolhidos do G–8 (O G–8 é uma sigla que denomina os oito países mais ricos e influentes do mundo). Entretanto, nesse grupo, incluem–se Rússia e EUA, que atualmente estão com as relações diplomáticas estremecidas. Dessa forma, para que a comissão seja mais produtiva, decidiu–se que Rússia e EUA, juntos, não deveriam participar da comissão a ser formada. Considerando essa situação, de quantas maneiras distintas se pode formar essa comissão proposta pela ONU?

   a) 40.
   b) 55.

c) 60.

d) 75.

4. **(IGEDUC – 2023 – PREFEITURA DE TUPANATINGA/PE – PROFESSOR)** Julgue o item subsequente.

Robert é um professor de Matemática e se depara com o seguinte problema: Existem dois conjuntos numéricos, sendo um conjunto com 5 elementos positivos; e o outro, 5 elementos negativos. Assim, quando Robert escolhe 5 números desse conjunto, e efetua a multiplicação desses 5 números, sabe-se que o número final terá valor negativo. Diante disso, é possível afirmar que o Robert terá, ao todo, 125 possibilidades de obtenção desse resultado negativo.

Certo ( ) Errado ( )

5. **(FUNDATEC – 2023 – PREFEITURA DE PORTO ALEGRE/RS – PROFESSOR)** Em uma sala de aula com 18 alunos, serão escolhidos um líder, um vice–líder e um representante para assuntos esportivos distintos. Considerando que 2 alunos não participarão da eleição, de quantas maneiras diferentes essa escolha pode ser feita?

a) 3.360.

b) 4.360.

c) 4.896.

d) 43.680.

e) 1.028.160.

6. **(CONSULPLAN – 2023 – PREFEITURA DE ORLÂNDIA/SP – CONSULTOR JURÍDICO)** Para divulgar os avanços obtidos por um grupo de pesquisa, o departamento de saúde coletiva de uma universidade decidiu organizar um congresso acadêmico durante os dias 21 a 30 de março deste ano. No processo de inscrição, 16 comunicações orais foram submetidas para o congresso. Considerando que em cada dia do congresso terá a apresentação de apenas uma comunicação oral, sem repetição, então o número de maneiras distintas que as comunicações orais podem ser organizadas entre os dias do congresso é:

a) 10!

b) 16!

c) 16!/6!

d) 16!/10!

7. **(OBJETIVA – 2023 – CÂMARA DE PASSO FUNDO/RS – ESCRITURÁRIO)** Beatriz foi comprar sorvete. Ao chegar à sorveteria, decidiu comprar 3 bolas de sorvete de sabores distintos. Sabendo–se que a sorveteria possui 10 sabores diferentes de sorvete, ao todo, de quantos modos distintos Beatriz pode escolher os sabores do seu sorvete?

a) 240.

b) 120

c) 60.

d) 30.

8. **(OBJETIVA – 2023 – PREFEITURA DE NOVA BRÉSCIA/RS – MONITOR DE ESCOLA)** Certo modelo de placa é composto por duas vogais seguidas de dois algarismos. Sabendo–se que as vogais não podem ser repetidas, mas que os algarismos podem, ao todo, quantas placas desse modelo podem ser formadas de modo que elas sejam todas distintas?

a) 2.500.

b) 2.000.

c) 1.800.

d) 1.620.

9. **(CONSULPLAN – 2023 – PREFEITURA DE ORLÂNDIA/SP – PROCURADOR JURÍDICO)** Luciana está cursando as seguintes 5 disciplinas em seu curso de Estatística: Análise de Regressão; Probabilidade II; Inferência; Estatística Multivariada; e, Teoria de Resposta ao Item. Para cada disciplina, Luciana possui dois livros que precisam ser organizados em uma prateleira de modo que os livros da mesma disciplina permaneçam sempre juntos. Dessa forma, quantas maneiras distintas Luciana pode organizar os seus livros na prateleira?

a) 768.

b) 1.536.

c) 2.848.

d) 3.840.

10. **(CONSULPLAN – 2023 – PREFEITURA DE ORLÂNDIA/SP – AUXILIAR DE EDUCAÇÃO)** A direção de uma escola está elaborando o cardápio de merendas que serão servidas ao longo do ano. Ao consultar as regras nutricionais que devem ser seguidas, foi constatado que todos os dias devem ser servidas merendas que contenham uma proteína, um carboidrato, 3 legumes e 2 verduras. Assim, se a escola possui em sua despensa 4 tipos de proteínas, 3 tipos de carboidratos, 8 tipos de legumes e 6 tipos de verduras, o número de merendas distintas que ela poderá servir pertence a qual dos intervalos a seguir?

a) 1 e 4.999.

b) 5.000 e 8.999.

c) 9.000 e 9.999.

d) 10.000 e 11.000.

11. **(CONSULPLAN – 2023 – PREFEITURA DE ORLÂNDIA/SP – FISCAL TRIBUTÁRIO E DE POSTURAS)** A "Mandíbula de Caim" é um livro escrito em 1934 em que o leitor precisa descobrir o mistério de 6 assassinatos escondidos entre suas 100 páginas que foram impressas em ordem aleatória. O primeiro desafio do leitor é colocar as páginas do livro em ordem, o que torna a obra um grande quebra–cabeça. Imagine um livro semelhante, mas que tivesse apenas 10 páginas impressas em ordem aleatória. Ao começar a ler, o leitor consegue determinar que 3 dessas páginas já estão na sequência correta. Assim, se o leitor testar todas as formações possíveis para terminar de ordenar as páginas do livro, o número de combinações que ele deverá testar está compreendido entre:

a) 1 e 20.000.

b) 20.001 e 45.000.

c) 45.001 e 350.000.

d) 350.001 e 3.630.000.

(QUADRIX - 2023 - CRO/PB - FISCAL) Acerca dos conhecimentos matemáticos, julgue os itens.

12. Suponha–se que, em um consultório odontológico, um paciente precise escolher 2 tratamentos diferentes entre as 6 opções disponíveis. Nesse caso, é correto afirmar que o número total de maneiras como ele poderá escolher os tratamentos é igual a 10.

Certo ( ) Errado ( )

13. Suponha–se que, em um consultório dentário, um dentista deseje escolher 3 pacientes, de um total de 6, para realizar um tratamento. Nesse caso, é correto afirmar que o número total de maneiras como ele poderá escolher os pacientes é igual a 20.

Certo ( ) Errado ( )

14. Considere–se que, em uma clínica odontológica, haja 5 pacientes aguardando atendimento. Nesse caso, é correto afirmar que o número total de maneiras como eles poderão ser atendidos, em sequência, é igual a 120.

Certo ( ) Errado ( )

15. Considere–se que, em um evento odontológico, haja 8 palestras diferentes para escolher. Nesse caso, é correto afirmar que, se um participante deseja assistir a 3 palestras diferentes, o número total de maneiras como poderá escolhê-las é igual a 336.

Certo ( ) Errado ( )

(QUADRIX - 2023 - CRO/PB - AGENTE ADMINISTRATIVO) Uma clínica odontológica disponibiliza: 4 procedimentos diferentes para a prevenção de cáries; 5 tipos de restauração; e 3 opções de tratamento de canal.

Com base nessa situação hipotética, julgue os itens.

16. O número de combinações possíveis de um procedimento de prevenção de cáries e de um procedimento de restauração é menor que o número de combinações possíveis de um procedimento de prevenção de cáries e de um procedimento de tratamento de canal.

Certo ( ) Errado ( )

17. Se um paciente escolher um procedimento de cada tipo, haverá 60 possíveis combinações diferentes.

Certo ( ) Errado ( )

18. Caso um paciente escolha 2 procedimentos de prevenção de cáries e 1 procedimento de restauração, haveria 120 possíveis combinações diferentes.

Certo ( ) Errado ( )

(CESPE/CEBRASPE - 2023 - PETROBRAS - SUPRIMENTO DE BENS E SERVIÇOS-ADMINISTRAÇÃO) Considerando que uma equipe de manutenção de um dos setores de uma plataforma de petróleo seja composta por 8 pintores e 10 soldadores, julgue os itens subsequentes.

19. A quantidade de maneiras de se escolher um grupo com 2 pintores e 2 soldadores é inferior a 1.200.

Certo ( ) Errado ( )

20. Considera–se que, após pintar determinado local da plataforma, os pintores precisem aplicar sobre a pintura quatro tipos diferentes de produtos. Nesse caso, se a ordem de aplicação dos produtos não importar, então existem mais de 20 ordens diferentes de os produtos serem aplicados.

Certo ( ) Errado ( )

21. **(FUNDEPES – 2023 – PREFEITURA DE MARECHAL DEODORO/AL – ANALISTA DE CONTROLE INTERNO)** Uma empresa particular de transporte foi contratada para transportar turistas da cidade de Maceió para a praia do Francês em Marechal Deodoro – AL. No dia, a empresa tem, à sua disposição, sete motoristas e percebe que três veículos são suficientes para conduzir os turistas. Como a viagem é curta, basta um motorista para cada veículo. Dessa forma, de quantas maneiras a empresa poderá escolher os motoristas que irão dirigir os veículos para a praia do Francês levando os turistas?

a) 21.

b) 35.

c) 210..

d) 343

e) 350.

22. **(SELECON – 2023 – PREFEITURA DE BARRA DO BUGRES/MT – AGENTE OPERACIONAL)** Durante um saldão na loja ZARA, uma blogueira comprou algumas peças para fazer combinações de *looks* para seus seguidores. Sua compra final foi de 3 calças, 9 camisetas, 3 blusas sociais e 3 sapatos. A partir dessas aquisições, a influenciadora digital pôde compor diferentes *looks*, e a quantidade de combinações será de:

a) 100.

b) 108.

c) 110.

d) 112.

23. **(SELECON – 2023 – PREFEITURA DE BARRA DO BUGRES/MT – TÉCNICO EM INFORMÁTICA)** De uma estante onde estão guardados 6 livros diferentes de Língua Portuguesa e 8 livros diferentes de Raciocínio Lógico, João deve escolher 3 livros de Língua Portuguesa ou 4 livros de Raciocínio Lógico. O número máximo de escolhas diferentes que João poderá fazer é:

a) 80.

b) 90.

c) 1200.

d) 1400.

24. **(CESPE/CEBRASPE – 2023 – TJ/CE – TÉCNICO JUDICIÁRIO)** Considerando–se que, em uma estante, há 3 livros de direito constitucional, 2 livros de direito tributário e 3 livros de direito trabalhista, é correto afirmar que o número de maneiras distintas de se organizarem os livros na estante de modo que os livros de direito constitucional fiquem sempre juntos é igual a

a) 40.320.

b) 4.320.

c) 18.

d) 72.

e) 720.

25. **(SELECON – 2023 – PREFEITURA DE NOVA MUTUM–MT – AGENTE DE FISCALIZAÇÃO TRIBUTÁRIA)** Ao fazer o cadastro em um *site* de vendas, Renato teve que escolher uma senha formada por seis letras diferentes. Decidiu, então, que a senha seria formada pelas seis letras de seu nome e que nem a primeira nem a última letra seria R. O número máximo de senhas que podem ser formadas sob essas condições é igual a:

a) 240.

b) 360.

c) 480.

d) 500.

26. **(CONSULPLAN – 2023 – FEPAM/RS – ADMINISTRADOR)** Em uma loja, os atendimentos aos clientes são sempre feitos por 4 dos seus 7 colaboradores, sendo que, para uma eventualidade qualquer, dois particulares colaboradores, por serem os mais experientes, nunca são escalados pra trabalharem juntos. Sabendo–se que em todos os grupos de atendimento participa apenas um dos colaboradores mais experientes, a quantidade de grupos distintos de 4 colaboradores que podem ser formados é:

a) 2.

b) 8.

c) 10.

d) 20.

e) 40.

27. **(SELECON – 2023 – PREFEITURA DE NOVA MUTUM/MT – ANALISTA ADMINISTRATIVO)** Um grupo é formado por 9 analistas administrativos, entre eles, Paulo e Miguel. Um grupo de trabalho será formado com cinco desses analistas, obedecendo–se às seguintes condições:

- Em primeiro lugar, um dos analistas deve ser escolhido para ser o líder do grupo;
- Esse líder não pode ser nem Paulo, nem Miguel;
- Miguel deve, obrigatoriamente, fazer parte do grupo.

A quantidade máxima de grupos distintos que podem ser formados sob às condições impostas é de:

a) 210.

b) 225.

c) 230.

d) 245.

(QUADRIX - 2023 – CRT/ES - AUXILIAR ADMINISTRATIVO) Para montar um prato de feijoada, é necessário escolher 4 ingredientes, dentre as seguintes opções: feijão preto; carne seca; linguiça; bacon; costela; pé de porco; rabo de porco; e orelha de porco. Nesse caso, é possível escolher os ingredientes em qualquer ordem e repeti-los no prato.

Com base nessa situação hipotética, julgue os itens.

28. Existem 72 pratos de feijoada diferentes que podem ser feitos ao se escolher 4 ingredientes distintos.

Certo ( ) Errado ( )

29. Existem 56 maneiras diferentes de se escolher 3 ingredientes distintos, dentre os 8 disponíveis para o prato de feijoada.

Certo ( ) Errado ( )

30. Há 330 pratos de feijoada distintos que podem ser montados com as opções de ingredientes dadas.

Certo ( ) Errado ( )

31. **(FGV – 2023 – BANESTES – ANALISTA DE COMUNICAÇÃO)** Em uma empresa de projetos habitacionais, a equipe é formada por 6 engenheiros, 5 arquitetos e 4 paisagistas.

A fim de elaborar um novo projeto, serão escolhidos 4 desses profissionais, de modo que haja pelo menos um de cada habilitação profissional.

A quantidade de diferentes quartetos que podem assumir esse novo projeto é igual a

a) 300.

b) 420.

c) 480.

d) 540.

e) 720.

32. **(UNESC – 2023 – PREFEITURA DE CRICIÚMA/SC – AUXILIAR EM FARMÁCIA)** Luan está comprando ingressos para assistir um torneio de tênis e descobriu que no mesmo dia acontecerão 3 jogos às 9 horas, 5 jogos às 17 horas e 2 jogos às 20 horas. De quantas maneiras diferentes ele pode montar sua programação para assistir um jogo de cada horário?

a) De 30 maneiras diferentes.

b) De 25 maneiras diferentes.

c) De 41 maneiras diferentes.

d) De 13 maneiras diferentes.

e) De 17 maneiras diferentes.

33. (UNESC – 2023 – PREFEITURA DE CRICIÚMA/SC – AUXILIAR EM FARMÁCIA) Luana tem 25 opções de sobremesa para escolher 3, oferecidas pelo *buffet* que fará seu jantar de aniversário. De quantas maneiras diferentes ela pode montar seu cardápio de sobremesas?

a) De 3.560 maneiras diferentes.

b) De 2.420 maneiras diferentes.

c) De 2.940 maneiras diferentes.

d) De 2.300 maneiras diferentes.

e) De 1.950 maneiras diferentes.

34. (FGV – 2023 – RECEITA FEDERAL – ANALISTA-TRIBUTÁRIO) A quantidade de anagramas da palavra SAUDADE nos quais todas as vogais estejam juntas é igual a

a) 98.

b) 144.

c) 186.

d) 204.

e) 288.

35. (FGV – 2023 – RECEITA FEDERAL – AUDITOR-FISCAL) O número de anagramas que podem ser formados com as letras da palavra DEMOCRACIA em que todas as vogais estejam juntas e todas as consoantes também estejam juntas é igual a

a) 3600.

b) 4800.

c) 7200.

d) 12300.

e) 14400.

(QUADRIX - 2023 – IPREV/DF - ANALISTA PREVIDENCIÁRIO) Se a reta é o caminho mais curto entre dois pontos, a curva é o que faz o concreto buscar o infinito.

Oscar Niemeyer.

Tendo o texto acima como referência inicial, julgue os itens.

36. O número de anagramas da palavra NIEMEYER que possuem as vogais e consoantes alternadas é igual a 576.

Certo ( ) Errado ( )

37. O número de anagramas da palavra NIEMEYER que começam por consoante é igual a 3.360.

Certo ( ) Errado ( )

38. O número de anagramas da palavra OSCAR é igual a 120.

Certo ( ) Errado ( )

39. **(CONSULPLAN – 2023 – CÂMARA DE TREMEMBÉ/SP – OFICIAL LEGISLATIVO)** Na diretoria de uma empresa, há 9 funcionários, sendo 5 mulheres e 4 homens. Com o objetivo de avaliar uma possível implementação de cursos de capacitação para os profissionais da empresa, uma comissão deve ser formada por 4 membros, com igualdade entre os sexos. Considerando que André e Patrícia só aceitam participar se estiverem juntos na comissão, quantas comissões distintas podem ser feitas?

a) 15.

b) 30

c) 45.

d) 60.

40. **(IDECAN – 2023 – SEFAZ/RR – DESENVOLVEDOR DE SOFTWARE)** Uma bandeira com 7 listas em branco, deve ser pintada. Temos 11 cores, cada lista deve ter uma única cor, uma cor usada não pode ser reutilizada. De quantas formas essa bandeira pode ser pintada?

a) 1.543.200.

b) 1.663.200.

c) 1.423.200.

d) 1.373.200.

e) 1.293.200.

41. **(AVANÇA SP – 2023 – PREFEITURA DE AMERICANA/SP – PROFESSOR)** As senhas alfanuméricas de um cofre de segurança eram constituídas por três algarismos seguidos de quatro letras. O número de senhas que poderiam ser constituídas com algarismos ímpares distintos e as letras T, E, A, M seria:

a) 15360.

b) 16530.

c) 15630.

d) 16350.

e) 15036.

42. **(FUNDEP (GESTÃO DE CONCURSOS) – 2023 – PREFEITURA DE LAVRAS/MG – AGENTE DE TRÂNSITO)** Em uma empresa está acontecendo uma eleição para os cargos de supervisor e co–supervisor. Essa empresa possui 50 funcionários, sendo que metade deles irão concorrer aos cargos.

De quantas maneiras podem ser escolhidos esses dois funcionários?

a) 600 maneiras.

b) 500 maneiras.

c) 400 maneiras.

d) 300 maneiras.

(QUADRIX - 2023 – CRESS/AL - ASSISTENTE TÉCNICO ADMINISTRATIVO) 8 amigos fazem parte de um time de uma modalidade esportiva na qual existem 4 funções diferentes para os jogadores. Nenhum jogador pode exercer mais de uma função simultaneamente e todas as funções devem estar sendo exercidas pelo mesmo número de jogadores.

Com base nesse caso hipotético, julgue os itens.

43. Se João, integrante da equipe, deve ficar em uma posição específica, há 630 modos de distribuir as funções entre os integrantes restantes.

Certo ( ) Errado ( )

44. Há 2.520 modos de distribuir as diferentes funções entre os jogadores.

Certo ( ) Errado ( )

45. **(QUADRIX – 2023 – PREFEITURA DE ALTO PARAÍSO DE GOIÁS/ GO – TÉCNICO DE SEGURANÇA DO TRABALHO)** Uma família que adora viagens de ecoturismo decidiu que, no próximo feriado, visitará a região de Alto Paraíso de Goiás. Acessando o *site* oficial da prefeitura, observou que existem, na região, 20 pontos turísticos interessantes, entre cachoeiras, mirantes e vales. Porém, a família percebeu que, pelo tempo que terá, só poderá visitar 5 dos 20 pontos.

Com base nesse caso hipotético, assinale a alternativa que apresenta o número de modos de se escolher os 5 pontos turísticos, desconsiderando a ordem das visitas.

a) 1.860.480.

b) 930.240.

c) 15.504.

d) 7.752.

e) 100.

46. **(IBFC – 2023 – UFPB – ADMINISTRADOR)** Uma empresa irá contemplar três de seus funcionários que mais venderem seus produtos no mês de outubro. Se o prêmio para cada um dos três ganhadores for o mesmo e se oito funcionários irão participar, então o total de resultados possíveis para os três premiados é igual a:

a) 56.

b) 336.

c) 168.

d) 72.

e) 112.

47. **(IBFC – 2023 – UFPB – ASSISTENTE DE ALUNOS)** Numa corrida de rua serão distribuídos três prêmios diferentes. Nessas condições, o total de resultados possíveis para distribuição desses prêmios para os três primeiros colocados é igual a:

a) 12.

b) 6.

c) 9.

d) 3.

e) 8.

48. **(IADES – 2023 – GDF/SEEC – ANALISTA EM POLÍTICAS PÚBLICAS E GESTÃO GOVERNAMENTAL)** Suponha que, em determinada Secretaria do GDF, existam 5 analistas de políticas públicas e 7 gestores de políticas públicas. Será formada uma comissão de 4 membros para elaboração de um projeto social. De quantas maneiras podem ser escolhidos os 4 membros, de modo que exatamente 2 membros sejam gestores de políticas públicas?

a) 140.

b) 160.

c) 180.

d) 210.

e) 280.

49. **(IADES – 2023 – GDF/SEEC – GESTOR EM POLÍTICAS PÚBLICAS E GESTÃO GOVERNAMENTAL)** Suponha que uma Secretaria de Estado do Distrito Federal formará um comitê de pesquisa de seis membros com um administrador, três economistas e dois estatísticos. Sabe-se que, nessa secretaria, estão disponíveis para compor a comissão sete administradores, cinco economistas e quatro estatísticos. Quantos comitês de seis membros são possíveis?

a) 140.

b) 240.

c) 360.

d) 390.

e) 420.

50. **(CESPE/CEBRASPE – 2023 – PO/AL – AUXILIAR DE PERÍCIA)**

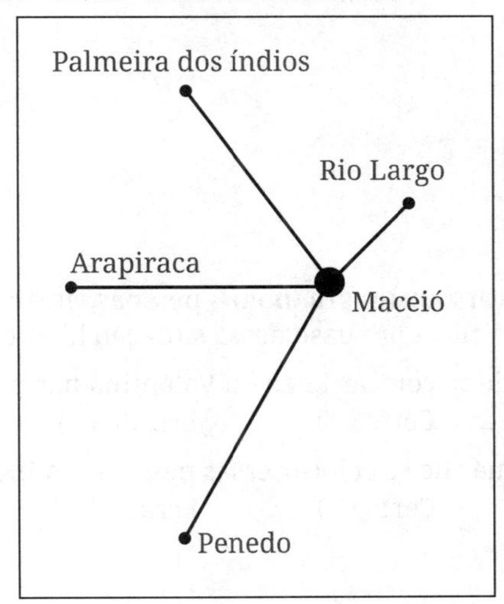

Considerando que, em uma grande operação policial em Alagoas, tenham sido enviados agentes de Maceió para as diversas cidades apresentadas no diagrama representado acima e supondo que o deslocamento dos agentes tenha sido realizado por micro-ônibus de 20 lugares, veículos SUV de 5 lugares e sedãs de 4 lugares, julgue o item seguinte.

Considerando-se que para Rio Largo tenham sido enviados 29 agentes distribuídos em um micro-ônibus, um veículo SUV e um veículo sedã, é correto afirmar que o número de maneiras aleatórias de distribuir esses 29 agentes nesses três veículos é superior a 29!/20!5!.

Certo ( ) Errado ( )

51. **(FGV – 2023 – SME/SP – PROFESSOR)** Considere o seguinte experimento aleatório: de uma caixa contendo 5 bolas verdes e 5 bolas laranjas, retiram–se em sequência e sem reposição 3 bolas da caixa, observando–se, a cada retirada, a cor da bola.

O número de elementos do espaço amostral dessa experiência é

a) 15.

b) 12.

c) 9.

d) 8.

e) 4.

52. **(CESGRANRIO – 2023 – BANRISUL – ESCRITURÁRIO)** Sete clientes de um banco devem ser colocados em fila única para atendimento. Sabe–se que há três clientes com idade igual ou superior a 65 anos, que devem ocupar as primeiras três posições da fila, necessariamente, sem qualquer restrição adicional de ordenação entre eles. Os clientes com menos de 65 anos deverão ocupar as 4 últimas posições da fila, também sem qualquer restrição adicional de ordenação entre eles. Atendendo às restrições colocadas, até quantas filas distintas poderiam ser montadas?

a) 12.

b) 24.

c) 144.

d) 2520.

e) 5040.

(QUADRIX - 2023 – CRA/PE - ADMINISTRADOR) 8 pessoas, entre elas Enzo e Valentina, devem ser colocadas em fila. Com base nessa situação hipotética, julgue os itens.

53. Há 20.160 formas de se colocar Enzo ou Valentina nas pontas da fila.

Certo ( ) Errado ( )

54. Há $2^7 \cdot 3^2 \cdot 5 \cdot 7$ formas de se colocar essas pessoas em fila.

Certo ( ) Errado ( )

55. **(FCM – 2023 – PREFEITURA DE CONTAGEM/MG – AGENTE FAZENDÁRIO)** Uma empresa possui dez funcionários, entre eles Carlos e Beatriz, e precisa selecionar uma comissão com quatro desses funcionários para viajarem a uma feira de negócios. Entretanto, é necessário que ao menos um deles, Carlos ou Beatriz, fique na empresa e, assim, não sejam escolhidos juntos para essa viagem.

Desse modo, considerando-se essa situação, o número de comissões diferentes com seus funcionários que a empresa pode organizar para ir à feira de negócios é

a) 45.
b) 112.
c) 165.
d) 182.
e) 210.

56. **(FGV – 2023 – SEFAZ/MG – AUDITOR FISCAL DA RECEITA ESTADUAL)** Os carros A, B, C e D ocupam quatro das seis vagas do estacionamento representado abaixo.

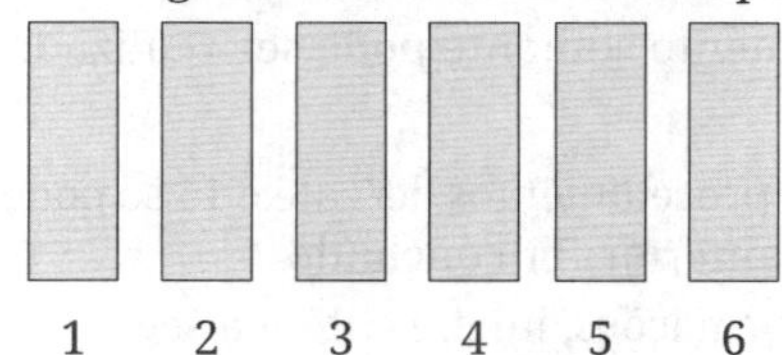

Sabe-se que os carros A e B estão em vagas vizinhas.

O número de maneiras diferentes em que os carros podem estar dispostos nesse estacionamento é igual a

a) 30.
b) 60.
c) 80.
d) 120.
e) 240.

57. **(UPENET/IAUPE – 2023 – PREFEITURA DE SÃO JOSÉ DA COROA GRANDE/PE – PROFESSOR)** O conselho da escola é formado por 5 professores e 2 estudantes. Candidataram–se 8 professores e 10 estudantes. De quantas maneiras diferentes, esse conselho pode ser eleito?

a) 604.800.
b) 6.720.
c) 2.520.
d) 56.
e) 45.

(QUADRIX - 2023 - CRO/SC - AGENTE FISCAL) Com relação aos anagramas distintos da palavra “CANGURU”, julgue os itens.

58. Mais de 5% dos anagramas começam e terminam com U.

Certo ( ) Errado ( )

59. 1.440 anagramas começam com consoante.

Certo ( ) Errado ( )

60. Ao todo, há 5.040 anagramas.

Certo ( ) Errado ( )

61. (CESPE/CEBRASPE – 2022 – SECONT/ES – AUDITOR DO ESTADO/ADMINISTRAÇÃO) Após análise realizada em determinada empresa, um auditor enumerou 15 procedimentos que devem ser realizados mensalmente por alguns funcionários para a melhoria da transparência e da eficiência da empresa. Nessa enumeração, destaca-se o seguinte:

- Os procedimentos de 1 a 5 são independentes entre si e podem ser realizados em qualquer ordem, mas não simultaneamente;
- O sexto procedimento somente pode ser realizado após a conclusão dos 5 primeiros;
- As execuções dos procedimentos de 7 até o 15 só podem ser realizadas quando o procedimento anterior for concluído.

Com base nessas informações, julgue o item a seguir.

A quantidade de ordens distintas de realização dos procedimentos em determinado mês é superior a 200.

Certo ( ) Errado ( )

62. (CESPE/CEBRASPE – 2022 – TELEBRAS – ASSISTENTE TÉCNICO) Julgue o item que se segue, a respeito de contagem, probabilidade e estatística.

Considere que três amigos farão uma dinâmica de grupos e precisarão se sentar em uma roda com outras 5 pessoas. Considere ainda que os três amigos fazem questão de ficarem juntos. Nessa situação, a roda poderá ser formada de 720 maneiras distintas, sem haver repetição das posições.

Certo ( ) Errado ( )

(CESPE/CEBRASPE - 2022 - TELEBRAS - ESPECIALISTA EM GESTÃO DE TELECOMUNICAÇÕES) Uma empresa dispõe de dez funcionários, dos quais selecionará quatro para montar uma equipe para a realização de determinada tarefa, todos com igual função nessa tarefa. Márcio e Marcos são muito amigos e, quando trabalham juntos, costumam conversar demasiadamente, prejudicando a produtividade. Pedro e Paulo são desafetos, não trocam entre si nem mesmo as comunicações essenciais para o desempenho da tarefa, prejudicando também a produtividade.

No que se refere a essa situação hipotética, julgue os itens que se seguem.

63. Desconsiderando os riscos de prejuízos à produtividade, há mais de 250 maneiras de a equipe ser montada.

Certo ( ) Errado ( )

64. Há 4! maneiras de montar uma equipe com a participação de Márcio, Marcos, Pedro e Paulo.

Certo ( ) Errado ( )

65. O número de maneiras de se montar uma equipe em que Márcio e Marcos participem é inferior a 20.

Certo ( ) Errado ( )

66. **(CESPE/CEBRASPE – 2022 – PC/PB – PAPILOSCOPISTA)** Uma quadrilha especializada em roubo a bancos é composta por 5 homens: o chefe, o subchefe, o especialista em explosivos, o especialista em tecnologia e o especialista em armas. A polícia descobriu que a quadrilha faria um roubo e que seus membros estariam usando máscaras com cores diferentes (preta, cinza, azul, verde e marrom), mas não descobriu quem estaria usando qual máscara.

Nesse caso, é possível distribuir as máscaras entre os membros da quadrilha de

a) 5 formas distintas.

b) 120 formas distintas.

c) 10 formas distintas.

d) 25 formas distintas.

e) 32 formas distintas.

67. **(CESPE/CEBRASPE – 2022 – PC/RO – TÉCNICO EM NECROPSIA)** Texto CG4A2–II

De um conjunto de 10 técnicos em necropsia, 4 serão selecionados para um treinamento especial.

Considerando o texto CG4A2-II, a quantidade de maneiras que esta delegação de 4 técnicos poderá ser formada é igual a

a) 40.

b) 210.

c) 256.

d) 5.040.

e) 10.000.

68. **(CESPE/CEBRASPE – 2022 – SERES/ PE – POLICIAL PENAL DO ESTADO)** Uma agência de turismo oferece passeios consistentes na visita a 12 pontos turísticos da cidade de Olinda–PE, entre os quais estão as praias do Bairro Novo e da Casa Caiada, que são as únicas praias da lista de pontos turísticos.

A partir dessas informações, assinale a opção que apresenta o número de maneiras possíveis de organizar roteiros de visitas aos 12 pontos turísticos, tal que, se uma praia é visitada, então a segunda praia deve ser o próximo ponto turístico a ser visitado.

a) $10!$

b) $2 \times 3 \times 10!$

c) $2 \times 11!$

d) $12 \times 11 \times 10 \times \cdots \times 4 \times 3$

e) $12!$

69. (FGV – 2022 – CGU – TÉCNICO FEDERAL DE FINANÇAS E CONTROLE) O número de anagramas da palavra CONCURSO que começam por C ou terminam por O é:

a) 1.260.

b) 1.440.

c) 4.320.

d) 5.040.

e) 10.080.

70. (FGV – 2022 – MPE/SC – AUXILIAR DO MINISTÉRIO PÚBLICO) Quatro casais foram ao cinema e vão sentar em 8 cadeiras consecutivas em uma mesma fileira.

O número de maneiras distintas de os 4 casais se sentarem nas 8 cadeiras, de modo que cada mulher se sente ao lado de seu marido, é:

a) 24.

b) 96.

c) 256.

d) 384.

e) 576.

71. (FGV – 2022 – MPE/SC – ANALISTA) O número de anagramas da palavra ASSADO que não têm as 2 letras S juntas é:

OBS.: Anagramas de uma palavra são as permutações das letras dessa palavra.

a) 720.

b) 360.

c) 120.

d) 84.

e) 72.

72. (FGV – 2022 – TJ/TO – TÉCNICO JUDICIÁRIO) Considere as 4 letras da sigla TJTO.

O número de maneiras de escrever essas 4 letras em sequência, de modo que as 2 letras T não fiquem juntas, é:

a) 24.

b) 12.

c) 8.

d) 6.

e) 4.

73. (FGV – 2022 – SEFAZ/BA – AGENTE DE TRIBUTOS ESTADUAIS) Quatro pessoas deverão fazer um trabalho de pesquisa sobre certo tema. O trabalho pode ser feito individualmente ou em dupla.

O número de modos diferentes que essas 4 pessoas podem se arrumar para fazer o trabalho é

a) 6.

b) 8.

c) 9.

d) 10.

e) 12.

74. (FGV – 2022 – SEFAZ/ES – CONSULTOR DO TESOURO ESTADUAL) Dois casais irão se sentar em 4 cadeiras consecutivas de uma fila de um cinema.

O número de maneiras de eles sentarem nas 4 cadeiras, de modo que cada casal se sente junto, é igual a

a) 4.

b) 6.

c) 8.

d) 12.

e) 16.

75. (FGV – 2022 – SENADO FEDERAL – CONSULTOR LEGISLATIVO) Luciana deseja ir do vértice A ao vértice B da malha abaixo.

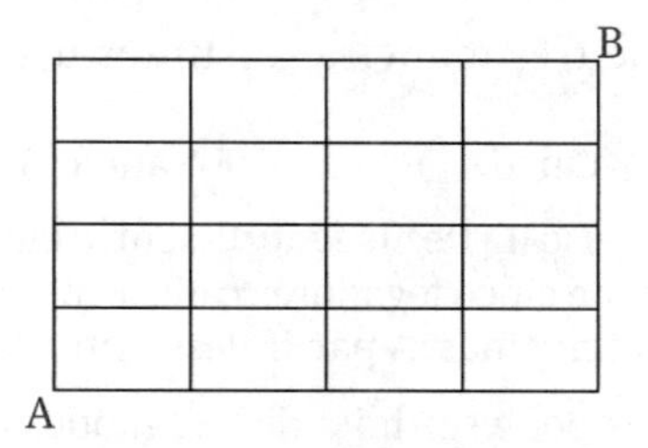

Ela pode caminhar em linha reta, indo de baixo para cima ou da esquerda para a direita, ao longo das linhas da malha.

O número de modos diferentes de Luciana realizar o seu trajeto é igual a

a) 32.

b) 56.

c) 64.

d) 70.

e) 84.

(QUADRIX - 2022 – CRECI/24ª REGIÃO – FISCAL) Julgue os itens.

76. 17.280 anagramas da palavra LISPECTOR têm as consoantes juntas.

Certo ( ) Errado ( )

77. O número de anagramas da palavra CRIME está para o número de anagramas da palavra CASTIGO, assim como 1 está para 42.

Certo ( ) Errado ( )

(QUADRIX - 2022 – CRT/03 - ANALISTA ADMINISTRATIVO) A respeito dos anagramas distintos da palavra “GAROTO”, julgue os itens.

78. Existem 180 anagramas que começam com vogais.

Certo ( ) Errado ( )

79. Há 24 anagramas que começam com a letra G e terminam com a letra A.

Certo ( ) Errado ( )

80. Ao todo, há 720 anagramas.

Certo ( ) Errado ( )

(QUADRIX - 2022 – CRESS/AP - AGENTE FISCAL) Gael decidiu que irá para uma festa usando um boné, uma camisa e uma bermuda.

Com base nessa situação hipotética, sabendo que Gael possui quatro bonés (vermelho, verde, azul e amarelo), três camisas (vermelha, azul e branca) e três bermudas (vermelha, amarela e cinza), julgue os itens.

81. Gael pode vestir–se de 36 maneiras distintas.

Certo ( ) Errado ( )

82. Gael pode vestir–se de três maneiras distintas usando apenas verde, azul e amarelo.

Certo ( ) Errado ( )

83. **(QUADRIX – 2022 – CRC/MG – FISCAL)** Dez jogadores, entre eles Edson e Marta, devem ser divididos em dois times de cinco jogadores cada. Um time jogará com coletes azuis, e o outro, com coletes vermelhos. A partir dessa situação hipotética, julgue o item.

A divisão dos jogadores pode ser feita de 252 modos diferentes.

Certo ( ) Errado ( )

84. **(QUADRIX – 2022 – CRF/PR – FARMACÊUTICO FISCAL JUNIOR)** Assinale a alternativa que apresenta o número de anagramas da palavra “ABACAXI”.

a) 5.040.
b) 2.520.
c) 1.680.
d) 1.260.
e) 840

85. **(QUADRIX – 2022 – PRODAM/AM – PROGRAMADOR–DESENVOLVEDOR)** Considerando que sete bandas se apresentarão no último dia de um festival, assinale a alternativa que apresenta a quantidade de ordens possíveis de apresentação dessas bandas.

a) 40.320.
b) 5.040.
c) 720.
d) 120.
e) 24.

86. **(IBFC – 2022 – EBSERH – PEDAGOGO)** Para o seu casamento, Adriana deve escolher três músicas que serão tocadas na igreja, dentre 10 possíveis. Além disso, Adriana deve escolher em qual ordem cada uma dessas três músicas escolhidas serão tocadas. Nessas condições, o total de escolhas possíveis de Adriana é igual a:

a) 120.

b) 360.

c) 480.

d) 720.

e) 1440.

87. **(CS–UFG – 2022 – CRA/GO – ANALISTA)** Ao procurar um programa para assistir, um assinante de um serviço de *streaming* se interessou por um filme de terror, um filme de comédia e três filmes de ação. De quantas maneiras essa pessoa pode organizar sua agenda nos próximos cinco dias, de modo a assistir apenas um filme por dia, não repetir nenhum filme e não assistir terror e comédia em dias consecutivos?

a) 24.

b) 36.

c) 54.

d) 72.

88. **(CS/UFG – 2022 – CRA/GO – ANALISTA)** Uma empresa farmacêutica possui 12 químicos, 9 farmacêuticos e 6 técnicos e decidiu selecionar uma equipe formada por 2 técnicos, 3 farmacêuticos e 4 químicos para conduzir um programa de *trainee*. Quantas equipes diferentes podem ser formadas para atender este programa de *trainee*?

a) 623.700.

b) 415.800.

c) 583.160.

d) 356.400.

89. **(IDCAP – 2022 – PREFEITURA DE JACOBINA/BA – GUARDA MUNICIPAL)** O coral "Voz da Vida" vai fazer uma apresentação em duetos e o maestro precisa formar essas duplas. Se o coral tem 27 integrantes, de quantas maneiras diferentes esses duetos podem ser formados?

a) Esses duetos podem ser formados de 289 maneiras diferentes.

b) Esses duetos podem ser formados de 303 maneiras diferentes.

c) Esses duetos podem ser formados de 542 maneiras diferentes.

d) Esses duetos podem ser formados de 351 maneiras diferentes.

90. **(RBO – 2022 – PREFEITURA DE BELO HORIZONTE/MG – AUDITOR FISCAL DE TRIBUTOS MUNICIPAIS)** Marcelo possui um cartão de crédito de uma determinada instituição financeira e a senha desse cartão deve ser formada exclusivamente por algarismos de 0 a 9. Essa instituição permite que o proprietário do cartão utilize, somente, senhas de cinco algarismos distintos e que a senha seja sempre um número par. Assinale a alternativa que apresenta o número de senhas possíveis para o cartão de crédito de Marcelo.

a) 3.600.

b) 25.200.

c) 75.600.

d) 7.200.

e) 15.120.

91. **(CONSULPLAN – 2022 – SEED/PR – MATEMÁTICA)** Suponha que as letras da palavra ÂNGULO precisam ser distribuídas nas seis lacunas a seguir:

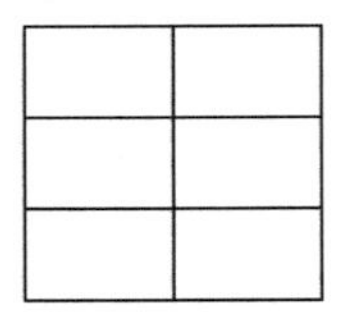

O número de maneiras distintas que tais letras podem ser distribuídas de modo que todas as vogais fiquem em uma mesma coluna é:

a) 18.

b) 36.

c) 72.

d) 144.

92. **(CONSULPLAN – 2022 – SEED/PR – MATEMÁTICA)** Em 5 dias de suas férias, Juliano pretende assistir 10 filmes de terror distintos, sendo 2 filmes por dia escolhido. Todos os filmes podem ser vistos de maneira aleatória, exceto dois deles que formam uma sequência com partes 1 e 2 que precisam ser vistos no mesmo dia e nessa ordem. Com base nessas informações, o número de maneiras diferentes que Juliano pode ver todos os filmes é:

a) $8!$

b) $8! \cdot 5$

c) $9! \cdot 2!$

d) $9! \cdot 5$

93. **(FUNDATEC – 2022 – PREFEITURA DE GIRUÁ/RS – PROFESSOR)** Um time de futsal comprou uma pequena van para ir aos seus jogos. Se a van tem 6 lugares e o time vai sempre com 6 jogadores, sendo que apenas 3 deles sabem dirigir, o número de possibilidades de dispor todos na van é de:

a) 6.

b) 15.

c) 36.

d) 120.

e) 360.

94. **(UFMT – 2022 – PREFEITURA DE NOBRES/MT – CARGOS DE NÍVEL MÉDIO)** Dentre tantas belezas naturais presentes em Nobres, destacam–se: o Aquário Encantado, o Reino Encantado, a Estância da Mata, o Mirante do Cerrado, a Lagoa das Araras, a Gruta Duto do Quebó, a Cachoeira dos Namorados, a Cachoeira Serra Azul, o Refúgio Água Azul, o Vale das Águas, o Balneário Estivado e o Complexo Akaiá. Um turista deseja passar 6 dias visitando algumas dentre essas 12 belezas naturais citadas, sendo apenas uma delas por dia, sem repetir a visita nos demais dias. Porém, ele determinou que no primeiro dia deveria visitar o Aquário Encantado ou o Reino Encantado ou a Lagoa das Araras e que nenhuma dessas três opções deveria ficar para o último dia. Sendo assim, de quantas maneiras esse turista poderia realizar sua programação de visitas?

a) 95.040.

b) 118.800.

c) 136.080.

d) 142.560.

95. **(IBADE – 2022 – PREFEITURA DE ACRELÂNDIA/AC – TÉCNICO EM ENFERMAGEM)** Um anagrama é uma espécie de jogo de palavras criado com a reorganização das letras de uma palavra ou expressão para produzir outras palavras ou expressões. Sendo assim, quantos anagramas possui a palavra "aprovado"?

a) 10.080.

b) 12.800.

c) 8.650.

d) 7.890.

e) 6.030.

96. **(FEPESE – 2022 – PREFEITURA DE BIGUAÇU/SC – PROFESSOR)** Uma escola possui 15 professores, sendo 7 homens e 8 mulheres.

Logo, o número de comissões de 5 pessoas, sendo 3 mulheres e 2 homens, que se pode formar é:

a) Maior que 1500.

b) Maior que 1400 e menor que 1500.

c) Maior que 1300 e menor que 1400.

d) Maior que 1200 e menor que 1300.

e) Menor que 1200.

Gabarito

1	E	25	C	49	E	73	D
2	D	26	D	50	ERRADO	74	C
3	B	27	D	51	D	75	D
4	ERRADO	28	ERRADO	52	C	76	CERTO
5	A	29	CERTO	53	ERRADO	77	CERTO
6	C	30	CERTO	54	CERTO	78	CERTO
7	B	31	E	55	D	79	ERRADO
8	B	32	A	56	D	80	ERRADO
9	D	33	D	57	C	81	CERTO
10	D	34	B	58	ERRADO	82	CERTO
11	B	35	C	59	CERTO	83	CERTO
12	ERRADO	36	ERRADO	60	ERRADO	84	E
13	CERTO	37	CERTO	61	ERRADO	85	B
14	CERTO	38	CERTO	62	CERTO	86	D
15	ERRADO	39	B	63	ERRADO	87	D
16	ERRADO	40	B	64	ERRADO	88	A
17	CERTO	41	A	65	ERRADO	89	D
18	ERRADO	42	A	66	B	90	E
19	ERRADO	43	CERTO	67	B	91	C
20	CERTO	44	CERTO	68	C	92	B
21	B	45	C	69	C	93	E
22	B	46	A	70	D	94	C
23	B	47	B	71	C	95	A
24	B	48	D	72	D	96	E

6 PROBABILIDADE

Disciplina do raciocínio lógico e da matemática que estuda/calcula a CHANCE de determinado evento acontecer.

Fique ligado!

A ideia mais fácil de associar à probabilidade é pensar na chance que você tem de ganhar um jogo.

Antes de calcular a "chance" de algo acontecer, é importante saber alguns conceitos.

6.1 Experimento aleatório

Experimento aleatório é qualquer experimento que **não tem** como **garantir** o resultado.

O primeiro e melhor exemplo é o lançamento da moeda. No lançamento da moeda, só tem dois resultados possíveis, porém ao lançar a moeda você **não tem** como **garantir** o resultado, pode-se até acertar o resultado, mas **garantir** o resultado **não**.

Fique ligado!

Lembre-se, a ideia é a da **garantia**, se não garante o resultado, então é experimento aleatório.

6.2 Espaço amostral (tudo que se tem)

Espaço Amostral são **todos** os resultados possíveis para o experimento aleatório.

Na moeda, então, o espaço amostral é 2. No dado, o espaço amostral é 6 (o dado tem 6 faces e qualquer uma delas pode ficar voltada para cima ao lançar um dado). Para cada situação existirá um espaço amostral.

O espaço amostral sempre será expresso em valores/quantidade.

6.3 Evento (o que se quer)

O Evento é uma parte do Espaço Amostral e é exatamente aquela que se quer saber a "chance" de acontecer.

No dado, por exemplo, ao ser lançado e queira se saber a chance de sair um número par, então o evento será 3, afinal existem três números pares no dado (2, 4, 6).

O evento também sempre será expresso em valores/quantidade.

6.4 Cálculo da probabilidade

Para calcular a probabilidade, basta dividir o evento pelo espaço amostral. Em outras palavras, basta dividir o que "se quer" pelo que "se tem".

$$P = \frac{\text{evento}}{\text{espaço amostral}} \quad \textbf{ou} \quad P = \frac{\text{quero}}{\text{tenho}}$$

Os resultados do cálculo da probabilidade podem ser expressos tanto em fração, em número decimal, como em porcentagem.

Resolvendo o exemplo do dado, para saber a chance de, ao lançar um dado, o resultado ser um número par, temos:

P = evento/espaço amostral

P = quero/tenho

P = 3/6 (simplificando tudo por 3)

P = 1/2

Ou

P = 0,5

Ou

P = 50%

Fique ligado!

Para expressar o resultado em decimal, basta dividir a fração, e, para expressar o resultado em porcentagem, basta multiplicar o número decimal por 100.

Questão comentada

1. **(INSTITUTO MAIS – 2023 – PREFEITURA DE SANTANA DE PARNAÍBA/SP – TÉCNICO EM SAÚDE BUCAL)** Marcos dispõe de dois dados não viciados de seis faces, numeradas de 1 a 6, e lançou–os sobre a mesa. Então, a probabilidade de que a soma das faces apresentadas pelos dois dados seja igual a 5 corresponde a, aproximadamente,
   a) 1,2%.
   b) 1,1%.
   c) 12,1%.
   d) 11,1%.

Lançando 2 dados, o espaço amostral é 36 (total de pares ao lançar os dados, desde o par 1,1 até o par 6,6); já o evento "soma 5" acontece 4 vezes (1,4 – 2,3 – 3,2 – 4,1).

Calculando a probabilidade:

P = evento/espaço amostral

P = quero/tenho

P = 4/36 (simplificando tudo por 4)

P = 1/9

P = 0,1111...

P = 11,1%

GABARITO: D.

6.5 Probabilidade complementar

Em probabilidade, ao se calcular a "chance" de algo **acontecer,** dá automaticamente a "chance" deste algo **não acontecer** também.

Isso é possível pela aplicação da probabilidade complementar, que é:

Chance de ACONTECER (P_A) + Chance de NÃO ACONTECER ($P_{A'}$) = 100% (1).

ou

$P_A + P_{A'} = 100\%$

$P_A + P_{A'} = 1$

Fique ligado!

Uma das grandes vantagens da probabilidade complementar é que, às vezes, a questão vai te dar dados para calcular a chance de um determinado evento acontecer, mas vai te pedir como resposta a chance desse evento não acontecer.

Questão comentada

1. (OBJETIVA – 2023 – PREFEITURA DE HORIZONTINA/RS – AGENTE EDUCACIONAL) Considerando–se uma caixa com dez bolas, sendo quatro delas da cor rosa, assinalar a alternativa que apresenta a probabilidade de, ao retirar uma bola dessa caixa, sair uma bola cuja cor NÃO seja rosa:
   a) 30%.
   b) 40%.
   c) 50%.
   d) 60%.

Calculando a chance de a bola ser rosa, fica:

P = evento/espaço amostral

P = quero/tenho

P = 4/10

P = 0,4

P = 40%

Agora, calculando a chance de a bola não ser rosa, por probabilidade complementar:

Chance de a bola ser rosa + Chance da não ser rosa = 100%

$P_A + P_{A'} = 100\%$

$40\% + P_{A'} = 100\%$

$P_{A'} = 100\% - 40\%$

$P_{A'} = 60\%$

GABARITO: D.

6.6 Eventos independentes e eventos sucessivos

Quando numa mesma questão são calculadas várias probabilidades, é importante saber se essas probabilidades serão 'juntadas' e de que forma isso vai acontecer, se por uma multiplicação ou por uma soma.

Se as probabilidades forem ligadas por **E**, suas chances serão multiplicadas, se forem ligadas por **OU** suas chances serão somadas.

Outro ponto importante a ser considerado nessas situações é que nos eventos independentes, em geral, o espaço amostral não muda, já nos eventos sucessivos, geralmente, o espaço amostral diminui.

Fique ligado!

Dentro dessa parte da probabilidade há também os "eventos mutuamente excludentes" ou "mutuamente exclusivos".

Nesse caso, ao calcular a chance de um determinado evento acontecer, outros eventos não mais acontecerão, pois como os eventos são excludentes, ao acontecer um deles, os outros não acontecem mais.

Questões comentadas

1. **(CESGRANRIO – 2023 – AGERIO – ASSISTENTE TÉCNICO ADMINISTRATIVO)** Uma moeda com faces cara e coroa e um dado usual, com seis faces numeradas de 1 a 6, ambos honestos, serão lançados simultaneamente. Qual é a probabilidade de o resultado do lançamento ser coroa e um número par menor do que 6?
   - a) 1/6.
   - b) 5/6.
   - c) 1/4.
   - d) 2/3.
   - e) 1/3.

Veja que ao lançar uma moeda e um dado, os eventos são independentes, calculando as probabilidades e multiplicando-as (são ligadas por E):

P = evento/espaço amostral

P = quero/tenho

P = coroa na moeda E número par menor que 6 no dado

P = 1/2 x 2/6 (simplificando 2 do numerador com o do denominador)

P = 1/6

GABARITO: A.

2. **(FGV – 2023 – PGM/NITERÓI – TÉCNICO DE PROCURADORIA)** Em uma urna, há 20 bolas, algumas verdes e as demais azuis. Sabe–se que, ao retirarmos uma bola aleatoriamente da urna, a probabilidade de que ela seja azul é 40%. Retirando–se, ao acaso, duas bolas em sequência da urna original, a probabilidade de que as duas bolas retiradas sejam verdes é:
   - a) 9/25.
   - b) 27/75.
   - c) 33/95.

d) 52/105.

e) 58/115.

40% de 20 = 8, então 8 bolas da urna são azuis.

Com isso as outras 12 bolas (20 – 8 = 12) são verdes.

Retirando duas bolas verdes em sequência, temos então um evento sucessivo, e calculando a probabilidade fica:

P = evento/espaço amostral

P = quero/tenho

P = uma bola verde E outra bola verde

P = 12/20 x 11/19

(note que o espaço amostral – e o evento – diminuíram, pois, uma bola já tinha sido retirada)

P = 132/380 (simplificando por 4)

P = 33/95

GABARITO: C.

6.7 Probabilidade condicional

É a chance de um determinado evento acontecer sabendo que outro evento já aconteceu.

Em algumas situações do cálculo das probabilidades, vai acontecer de já ser dada uma informação – algo que já aconteceu – que diminui o espaço amostral original (e também pode diminuir o evento), aumentando a chance de o evento desejado acontecer.

Quando isso ocorrer, significa que estamos diante de uma questão de probabilidade condicional, já que a condição imposta implica numa nova forma de calcular a probabilidade, que pode ser feita assim:

$\boldsymbol{P_{A/B} = P_{A \cap B} / P_B}$

Cujo:

$P_{A/B}$ = probabilidade de acontecer A sabendo que já aconteceu B

$P_{A \cap B}$ = probabilidade de acontecer A e B

P_B = probabilidade de acontecer B

Fique ligado!

Mesmo tendo uma fórmula para calcular a probabilidade condicional, o melhor a se fazer ainda é lembrar da redução do espaço amostral e calcular pela fórmula simples da probabilidade, só atentando para usar os valores ajustados.

Questão comentada

1. **(QUADRIX – 2023 – CREFONO 2/SP – ASSISTENTE DE ADMINISTRAÇÃO E SERVIÇOS)** Em um dia de promoção em uma loja de roupas, 40 clientes compraram camisetas, 30 compraram calças e 15 compraram tanto camisetas quanto calças.

   Com base nessa situação hipotética, julgue o item.

   Caso se selecione, aleatoriamente, um cliente que comprou uma camiseta, a probabilidade de ele também ter comprado uma calça é igual a 37,5%.

   Certo ( ) Errado ( )

Como sabemos que o cliente já comprou uma camiseta, a chance de ele ter comprado também uma calça será:

$P_{A/B} = P_{A \cap B}/P_B$

$P_{A/B}$ = comprar uma calça sabendo que comprou uma camiseta

$P_{A \cap B}$ = comprar tanto camiseta quanto calça

P_B = comprar uma camiseta

$P_{A/B} = P_{A \cap B}/P_B$

$P_{A/B} = 15/40$

P = 0,375 = 37,5%.

Calculando de forma mais simplificada:

P = evento/espaço amostral

P = quero/tenho

P = calça e camiseta/camiseta

P = 15/40

P = 0,375 = 37,5%.

GABARITO: CERTO.

6.8 Probabilidade da união de eventos

Sempre que uma questão pedir para calcular a probabilidade de algo acontecer **OU** de outro algo acontecer, teremos o cálculo da probabilidade associado a teoria de conjuntos.

Pela ideia do número de elementos da união de conjuntos, apenas substituímos o número de elementos pelo cálculo da probabilidade.

$$\mathbf{P_{AouB} = P_A + P_B - P_{AeB}}$$

$$\mathbf{P_{A \cup B} = P_A + P_B - P_{A \cap B}}$$

Cujo:

$P_{AUB} = P_{AouB}$ = probabilidade de acontecer A ou B ($P_A + P_B$)

$P_{A\cap B} = P_{AeB}$ = probabilidade de acontecer A e B ($P_A \cdot P_B$)

P_A = probabilidade de acontecer A

P_B = probabilidade de acontecer B

Nem sempre acontecerá uma interseção entre os eventos, com isso basta somar as probabilidades dos eventos sem precisar fazer qualquer subtração (ou multiplicação).

Fique ligado!

A ideia da probabilidade da união de eventos se aplica também à união de 3 eventos, assim como temos a união de 3 conjuntos (com ou sem interseção de 2 ou até dos 3 conjuntos).

Questão comentada

1. **(IBADE – 2022 – FACELI – AGENTE ADMINISTRATIVO)** Luiza possui fichas enumeradas de 20 a 40. Escolhendo uma das fichas ao acaso, qual é a probabilidade de Luiza retirar uma ficha com numeração par ou múltipla de 5?
   a) 8/16.
   b) 9/21.
   c) 9/16.
   d) 8/21.
   e) 13/21.

Do 20 ao 40 existem 21 números e desses 11 são pares (20, 22, 24, 26, 28, 30, 32, 34, 36, 38, 40), 5 são múltiplos de 5 (20, 25, 30, 35, 40) e 3 números são ao mesmo tempo múltiplos de 5 e pares.

Calculando então a probabilidade pedida na questão:

P = evento/espaço amostral

P = quero/tenho

$P_{AUB} = P_A + P_B - P_{A\cap B}$

$P_{AUB} = 11/21 + 5/21 - 3/21$

$P_{AUB} = 13/21$

GABARITO: E.

6.9 Probabilidade Binomial

É a chamada probabilidade **estatística**.

Quando um evento ocorre diversas vezes sob as mesmas circunstâncias, a chance de se obter um "sucesso" será dada pela seguinte ideia (distribuição do sucesso):

$\mathbf{P = C_{n,s} \cdot P_s^{\,S} \cdot P_f^{\,F}}$

Cujo:

$C_{n,s}$ = combinação do número de repetições do evento pela quantidade de sucessos desse evento

P_s = probabilidade do sucesso

P_f = probabilidade do fracasso

S = quantidade de sucesso

F = quantidade de fracasso

Fique ligado!

Nessa probabilidade, a ideia de sucesso não significa, necessariamente, que seja algo "bom", o sucesso em si é o que se quer definir, ou seja, a chance de acontecer.

Questão comentada

1. (AOCP – 2023 – SESA/BA – TÉCNICO ADMINISTRATIVO) Uma certa enfermidade, muito comum em pessoas do sexo masculino, é detectada através de um exame simples. Sabe–se que 3 em cada 5 homens possui essa enfermidade. Em uma sala de espera, há 3 homens que farão o exame para saber se têm ou não essa enfermidade. Qual é a probabilidade de, exatamente dois desses três homens, possuir essa enfermidade?

a) 17/50.

b) 17/150.

c) 27/75.

d) 17/125.

e) 54/125.

O evento repetido é a quantidade de homens (3) e o sucesso será 2 deles possuírem a doença (com isso o fracasso será 1 deles não possuir), agora, calculando a probabilidade, temos:

$\mathbf{P_s = P_{doente} = 3/5}$

$\mathbf{P_f = P_{nao\ doente} = 2/5}$ **(calculado por probabilidade complementar)**

$P = C_{n,s} \times P_s^S \times P_f^F$

$P = C_{3,2} \times (3/5)^2 \times (2/5)$

P = 3 x 9/25 x 2/5

P = 54/125

Outra forma de calcular a probabilidade seria:

P = evento/espaço amostral

P = quero/tenho

P = 1 homem doente E 1 homem doente E 1 homem não doente

P = 3/5 x 3/5 x 2/5

P = 18/125

Contudo, não sabemos se os homens doentes são os dois primeiros, podem ser 'o primeiro e o terceiro' ou 'o segundo e o terceiro', com isso temos 3 possibilidades de distribuição desses homens doentes, logo:

P = 3 x 18/125

P = 54/125

GABARITO: E.

6.10 Árvore da probabilidade

Consiste basicamente em ramificar as probabilidades de acordo com os dados disponíveis e chegar às conclusões necessárias, baseado nessas ramificações.

A melhor forma de ver essa situação é resolvendo uma questão.

Questão comentada

1. **(CESGRANRIO – 2023 – BANCO DO BRASIL – AGENTE DE TECNOLOGIA)** Para melhorar a educação financeira de seus clientes quanto ao uso do crédito, um banco contratou uma empresa de análise de risco, que classifica os clientes quanto à propensão de usar o cheque especial, em dois tipos: A e B, sendo o tipo A propenso a usar o cheque especial, e o tipo B, a não usar o cheque especial. Para uma determinada agência, um estudo da empresa mostrou que a probabilidade de um cliente tipo A usar o cheque especial, em um intervalo de um ano, é de 80%. Já para o tipo B, a probabilidade de usar é de 10%, no mesmo intervalo de tempo. Considere que, nessa agência, 30% dos clientes são considerados do tipo A.

   Nesse contexto, se um cliente entrou no cheque especial, a probabilidade de que seja do tipo A, é de, aproximadamente

   a) 65%.
   b) 70%.
   c) 77%.
   d) 82%.
   e) 85%.

Construindo a árvore da probabilidade, de acordo com os dados da questão, temos:

Cliente	Quantidade	Usa cheque especial	Quantidade final
A	30%	Sim = 80%	80% de 30% = 24%
		Não = 20%	20% de 30% = 6%
B	70%	Sim = 10%	10% de 70% = 7%
		Não = 90%	90% de 70% = 63%

Total de clientes que entraram no cheque especial = 31% (24+7)

Com isso, a probabilidade de um cliente que entrou no cheque especial ser do tipo A, é:

P = evento/espaço amostral

P = quero/tenho

P = 24/31

P = 0,7742

P = 77%

GABARITO: C.

Vamos praticar

1. **(SELECON – 2023 – IF/RJ – TÉCNICO DE INFORMÁTICA)** Francisco tem o hábito de frequentar os restaurantes A e B. Aos sábados, as probabilidades de esses restaurantes servirem feijoada são, respectivamente, iguais a 9/10 e 1/2. Em um determinado sábado, Francisco escolhe, ao acaso, um desses restaurantes com a intenção de comer uma feijoada. A probabilidade de que Francisco coma uma feijoada nesse sábado corresponde a:

   a) 70%.

   b) 72%.

   c) 74%.

   d) 76%.

   e) 78%.

2. **(FUNDATEC – 2023 – PROCERGS/ANC – ANALISTA EM COMPUTAÇÃO)** Considere o seguinte exemplo do uso de *Naïve Bayses*: José voa com frequência e gosta de atualizar o seu assento para a primeira classe. Ele determinou que, se fizer *check–in* para o seu voo pelo menos duas horas antes, a probabilidade de conseguir um *upgrade* é de 0,75. Caso contrário, a probabilidade de obter uma atualização para a primeira classe é de 0,35. Com sua agenda lotada, ele faz *check–in* pelo menos duas horas antes de seu voo apenas 40% do tempo. Suponha que José não tenha recebido uma atualização para a primeira classe em sua tentativa mais recente. Qual é a probabilidade de que José não tenha chegado duas horas mais cedo?

   a) 0,49.

   b) 0,51.

c) 0,65.

d) 0,75.

e) 0,79.

3. **(INSTITUTO MAIS – 2023 – PREFEITURA DE SANTANA DE PARNAÍBA/SP – AUXILIAR EM SAÚDE BUCAL)** Sheila está se arrumando para se encontrar com Tomas. Ela possui 4 tiaras, 5 colares e 2 cachecóis, e vai usar uma peça de cada um desses três itens para se adornar para o encontro. Então, a probabilidade de que Tomas, em um palpite aleatório, acerte exatamente a combinação de peças que Sheila estará usando no encontro corresponde a

a) 2,5%.

b) 3,0%.

c) 3,5%.

d) 4,0%.

4. **(CESPE/CEBRASPE – 2023 – CGDF – AUDITOR DE CONTROLE INTERNO DO DISTRITO FEDERAL)**

Texto 1A3

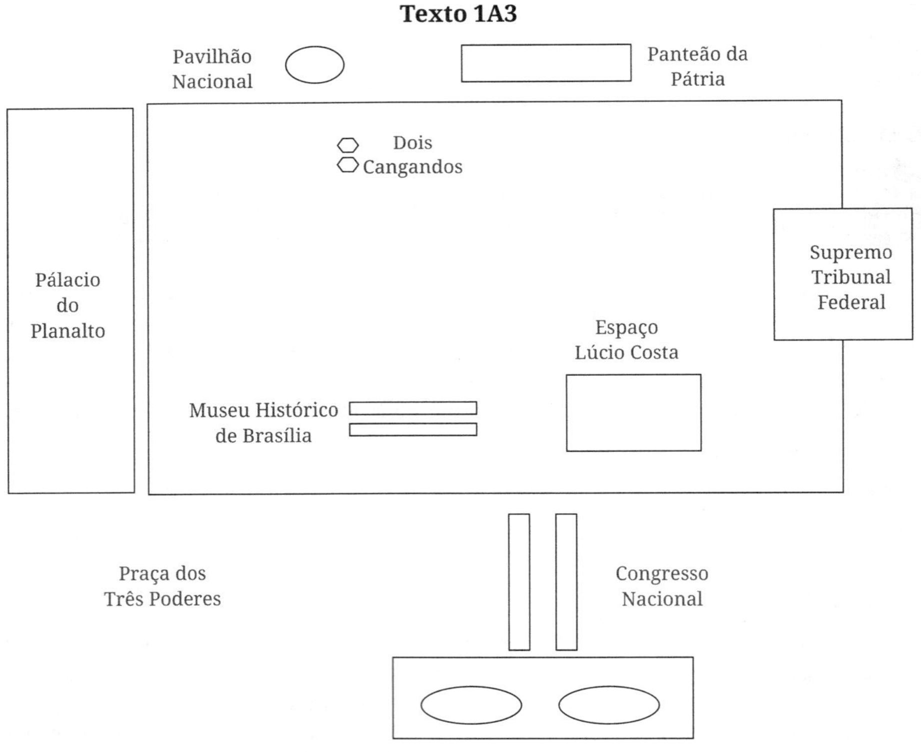

A figura precedente apresenta um esquema da Praça dos Três Poderes, em Brasília – DF, na qual há 8 pontos turísticos de interesse: o Congresso Nacional, o Palácio do Planalto, o Supremo Tribunal Federal, o Museu Histórico de Brasília, o Espaço Lúcio Costa, a estátua Dois Candangos, o Pavilhão Nacional e o Panteão da Pátria. Cada pessoa que vai à Praça dos Três Poderes pode criar seu próprio itinerário de visitação a esses 8 pontos turísticos.

As chances de um indivíduo escolher um itinerário para a visitação, apenas uma vez, de todos os pontos turísticos mencionados no texto 1A3, de modo que a visita termine no Supremo Tribunal Federal, são

a) inferiores a 6%.

b) superiores a 7% e inferiores a 10%.

c) superiores a 11% e inferiores a 13%.

d) superiores a 14%.

5. **(COTEC – 2023 – PREFEITURA DE SÃO ROMÃO/MG – TÉCNICO EM INFORMÁTICA)** Uma moeda não viciada é lançada 4 vezes. Marque a alternativa que indica a probabilidade de saírem 2 coroas seguidas.

a) 1/4.

b) 1/3.

c) 1/5.

d) 1/6.

e) 1/2.

(IGEDUC - 2023 - PREFEITURA DE TUPANATINGA/PE - PROFESSOR) Julgue os itens subsequentes.

6. A Escola Carochinha está promovendo uma rifa a partir do sorteio aleatório de um número entre 60 números disponíveis para venda. O intuito é beneficiar alunos que estão se formando no ABC. Supondo que uma pessoa compre 5 dos números disponíveis para venda, então a probabilidade de ela vencer a rifa (um de seus números ser o sorteado) corresponde a um valor entre 7 e 8%.

Certo ( ) Errado ( )

7. As irmãs Mariana e Jéssica têm 3 bolas coloridas, cada uma delas. As bolas são: 01 branca, 01 azul e 01 vermelha. As irmãs brincam de colocar as bolas, cada uma delas de forma aleatória e independente, em 3 caixas existentes, sendo uma bola em cada caixa. De acordo com as possibilidades apresentadas, é possível afirmar que a probabilidade de pelo menos uma caixa ter ficado com 2 bolas da mesma cor corresponde a 75%.

Certo ( ) Errado ( )

8. **(OBJETIVA – 2023 – CÂMARA DE PASSO FUNDO/RS – ESCRITURÁRIO)** Dois amigos disputam quem vai comer o último bombom da caixa. Pensando nos números de 1 a 10, um deles escolheu um número e o escreveu na mão. Se o outro adivinhar o número em até três palpites, ganhará o bombom. Caso contrário, o perderá. Qual é a probabilidade de ele acertar esse número em qualquer um dos três palpites?

a) 1 em 10.

b) 2 em 10.

c) 3 em 10.

d) 4 em 10.

9. **(CONSULPLAN – 2023 – PREFEITURA DE ORLÂNDIA/SP – AJUDANTE OPERACIONAL)** Gabriel comprou 4 capinhas de celular em um *site* internacional de baixo custo. Ao consultar a qualidade dos produtos analisando as opiniões de pessoas que já haviam comprado, verificou que 20% dos produtos costumam vir com defeito. Assim, nessa compra feita por Gabriel, a chance de que as 4 capinhas venham sem defeito pertence a qual dos intervalos a seguir?

a) 10,0% a 19,9%.

b) 20,0% a 29,9%.

c) 30,0% a 39,9%.

d) 40,0% a 50,0%.

10. **(FUNDEP (GESTÃO DE CONCURSOS) – 2023 – PREFEITURA DE SETE LAGOAS/MG – PROFESSOR)** Uma loja de produtos hospitalares vende aparelhos de pressão de um único modelo e marca. De acordo com o fabricante, a probabilidade de um aparelho de pressão desse modelo apresentar defeito durante a fabricação é de 0,3%.

Considerando que uma clínica médica adquiriu 5 aparelhos de pressão dessa loja, qual é a probabilidade de essa clínica não ter adquirido aparelhos defeituosos?

a) $(0,003)^5$.

b) $(0,997)^5$.

c) $(0,03)^5$.

d) $(0,97)^5$.

11. **(CONSULPLAN – 2023 – PREFEITURA DE ORLÂNDIA/SP – PROCURADOR JURÍDICO)** Em um condomínio, para que cada proposta solicitada nas reuniões seja aprovada, ela deve ser aceita pela maioria dos três síndicos – João, Matheus e Ricardo. João aceita uma proposta com probabilidade 0,8; Matheus aceita com 0,7; e, Ricardo, 0,5. Considere que os eventos que respondem pela aceitação de uma proposta por cada um dos síndicos são eventos independentes. Dessa forma, qual a probabilidade de uma proposta solicitada na reunião ser aceita?

a) 0,47.

b) 0,68.

c) 0,75.

d) 0,80.

12. **(FUNDEP (GESTÃO DE CONCURSOS) – 2023 – PREFEITURA DE SETE LAGOAS/MG – TÉCNICO ORÇAMENTÁRIO)** Os alunos de uma escola venderam algumas rifas para o sorteio de uma televisão em uma campanha beneficente. Todas as rifas foram identificadas com números de dois algarismos de 1 a 9 e foram colocadas em uma caixa para realização do sorteio.

Sabendo que não existem rifas com números repetidos, a probabilidade de um cartão com número menor que 40 ser sorteado é de:

a) 1/2.

b) 1/3.

c) 1/4.

d) 1/5.

13. **(COTEC – 2023 – PREFEITURA DE SÃO ROMÃO/MG – AGENTE ADMINISTRATIVO)** Em uma caixa, há 15 bolas de mesmo tamanho e massa, numeradas de 1 a 15. A probabilidade de sortear uma bola com numeração igual ou superior a 11 é de, aproximadamente,

a) 3,33%.
b) 3,35%.
c) 5,33%.
d) 33,3%.
e) 35,3%.

14. **(FAUEL – 2023 – PREFEITURA DE PIÊN/PR – AUXILIAR ADMINISTRATIVO)** Lais vendeu 200 rifas para sua formatura. José comprou 15 números para participar dessa rifa. Qual a probabilidade de José ser sorteado?

a) 1/200.
b) 4/45.
c) 3/20.
d) 3/40.
e) 1/45.

15. **(CESGRANRIO – 2023 – BANCO DO BRASIL – AGENTE DE TECNOLOGIA)** Após uma festa de casamento, a anfitriã percebeu que foram esquecidos quatro telefones celulares. Na manhã seguinte, enviou uma mensagem para o grupo de convidados pelo *WhatsApp* sobre o esquecimento, e apenas quatro pessoas não responderam, fazendo com que ela presumisse, corretamente, que estas quatro pessoas seriam os proprietários dos telefones. Para devolvê–los, a anfitriã preparou quatro envelopes, cada um contendo um dos endereços desses quatro proprietários. Ato contínuo, colocou aleatoriamente cada celular em um envelope e os despachou para uma entrega expressa.

A probabilidade de que apenas um desses quatro convidados tenha recebido o seu próprio celular é de

a) 3/4.
b) 2/3.
c) 1/2.
d) 3/8.
e) 1/3.

16. **(INSTITUTO MAIS – 2023 – PREFEITURA DE SANTANA DE PARNAÍBA/SP – ANALISTA PROGRAMADOR)** Um restaurante realizou uma pesquisa sobre os tipos de carnes mais consumidos pelos seus clientes, conforme mostra a tabela abaixo.

Tipos de Carnes	Quantidade de Clientes
Carne Bovina	110
Carne Suína	30
Frango	60
Peixe	50

Se um dos clientes, que participou da pesquisa, entrar no restaurante e pedir uma carne, a probabilidade de que seja carne bovina é de

a) 44%.

b) 46%.

c) 48%.

d) 50%.

17. **(OBJETIVA – 2023 – PREFEITURA DE PONTE ALTA/SC – ESCRITURÁRIO)** Julia colocou 12 objetos distintos em uma caixa. Sabe–se que 3 deles são verdes, 4 são azuis e 5 são vermelhos. Retirando–se aleatoriamente um objeto dessa caixa, qual a probabilidade dele ser um objeto azul?

a) 1/3.

b) 1/4.

c) 2/3.

d) 3/4.

18. **(SELECON – 2023 – PREFEITURA DE NOVA MUTUM/MT – ANALISTA ADMINISTRATIVO)** Admita que a probabilidade de Valéria resolver corretamente uma questão de geometria seja de 80%. Se Valéria resolver quatro questões desse assunto, a probabilidade de todas as questões estarem erradas corresponde a:

a) 0,016%.

b) 0,16%.

c) 1,6%.

d) 16%.

19. **(QUADRIX – 2023 – CRT/ES – AUXILIAR ADMINISTRATIVO)** Para montar um prato de feijoada, é necessário escolher 4 ingredientes, dentre as seguintes opções: feijão preto; carne seca; linguiça; bacon; costela; pé de porco; rabo de porco; e orelha de porco. Nesse caso, é possível escolher os ingredientes em qualquer ordem e repeti-los no prato.

Com base nessa situação hipotética, julgue o item.

Se um ingrediente escolhido ao acaso não é feijão preto, carne seca ou orelha de porco, a probabilidade de ele ser bacon é igual a 25%.

Certo ( ) Errado ( )

20. **(FUNDATEC – 2023 – PREFEITURA DE CASCA/RS – PROFESSOR)** Em uma escola, 60% dos alunos praticam esportes e 30% praticam esportes e participam do grêmio estudantil. Qual é a probabilidade de um aluno escolhido aleatoriamente praticar esportes, dado que ele não participa do grêmio estudantil?

a) 1/2.

b) 1/3.

c) 2/7.

d) 3/7.

e) 9/11.

21. **(CESPE/CEBRASPE – 2023 – TJ/ES – ANALISTA JUDICIÁRIO)** Apresentada uma situação hipotética seguida de uma assertiva a ser julgada com base em análise combinatória, probabilidade, operações com conjuntos e problemas geométricos.

Suponha que um arquivo contenha 12 pastas numeradas de 1 a 12, ordenadas de forma aleatória, e que uma advogada precise retirar desse arquivo as pastas 2, 3, 7 e 9. Nessa situação, a probabilidade de que a advogada retire exatamente duas pastas certas e duas pastas erradas, em uma única tentativa, é 56/165.

Certo ( ) Errado ( )

22. **(AOCP – 2023 – SESA/BA – TÉCNICO ADMINISTRATIVO)** Ao jogar três dados, que possuem seis faces numeradas de 1 a 6, e fazer o produto dos números das faces voltadas para cima, qual é a probabilidade desse produto ser um número ímpar?

a) 1/2.
b) 3/4.
c) 3/8.
d) 1/4.
e) 1/8.

23. **(VUNESP – 2023 – CAMPREV/SP – AGENTE ADMINISTRATIVO)** Em um grupo de 14 pessoas, há homens e mulheres, havendo nesse grupo duas mulheres a mais que o número de homens. Tomando–se aleatoriamente uma pessoa desse grupo, a probabilidade de que seja um homem é

a) 1/14.
b) 1/6.
c) 2/7.
d) 3/8.
e) 3/7.

24. **(CONSULPLAN – 2023 – MPE/BA – ANALISTA TÉCNICO)** Três sedes administrativas, A, B e C, são responsáveis por receber e distribuir os processos encaminhados a um determinado Ministério Público Estadual. Considere que as probabilidades a priori de que um processo selecionado aleatoriamente seja recebido pelas sedes A, B e C são 0,25, 0,45 e 0,30, respectivamente. Dentre os processos recebidos pela sede A, 5% são distribuídos ao setor errado. Dentre aqueles recebidos pela sede B, o percentual de processos distribuídos ao setor errado é de 10%, enquanto que a sede C distribui erroneamente apenas 3% dos processos que recebe. Se um processo selecionado aleatoriamente foi distribuído ao setor errado, qual a probabilidade a posteriori aproximada de que ele não tenha sido recebido pela sede B?

a) 0,045.
b) 0,188.
c) 0,323.
d) 0,677.
e) 0,955.

25. (IBFC – 2023 – SEJUSP/MG – AGENTE DE SEGURANÇA SOCIOEDUCATIVO) Numa urna existem 12 bolas do mesmo tamanho, sendo que 2 são pretas, 6 são azuis e 4 são vermelhas. O experimento consiste em retirar duas bolas em dois sorteios consecutivos, sem reposição. Dessa forma, a probabilidade de se retirar duas bolas de mesma cor corresponde a:

a) 11/36.

b) 1/3.

c) 11/72.

d) 1/6.

26. (UNESC – 2023 – PREFEITURA DE CRICIÚMA/SC – AUXILIAR EM FARMÁCIA) Hugo precisa ser transportado de ambulância para uma cidade diferente daquela na qual mora para fazer revisão de uma cirurgia e a prefeitura, que lhe oferece a condução, tem 3 ambulâncias confortáveis, 6 medianas e 6 em péssimo estado de conservação. Considerando que a prefeitura pode enviar qualquer uma delas, qual é a probabilidade de Hugo fazer sua viagem em uma ambulância confortável?

a) A probabilidade é de 7%.

b) A probabilidade é de 13%.

c) A probabilidade é de 5%.

d) A probabilidade é de 20%.

e) A probabilidade é de 9%.

27. (FGV – 2023 – RECEITA FEDERAL – ANALISTA-TRIBUTÁRIO) Ana vai passar o fim de semana em sua casa de praia. A previsão do tempo diz que a probabilidade de chuva no sábado é de 30%, e a probabilidade de chuva no domingo é de 40%.

Nesse caso, a probabilidade de que Ana consiga ir à praia no fim de semana sem pegar chuva é de

a) 46%.

b) 55%.

c) 63%.

d) 88%.

e) 92%.

28. (FGV – 2023 – RECEITA FEDERAL – AUDITOR-FISCAL) Numa população, 50% das pessoas têm uma certa característica C. Se 4 pessoas forem aleatoriamente selecionadas, com reposição, a probabilidade de que mais de uma tenha a característica C é igual a

a) 0,3125.

b) 0,3650.

c) 0,4245.

d) 0,6875.

e) 0,7225.

29. (FGV – 2023 – RECEITA FEDERAL – AUDITOR–FISCAL) Uma equipe de trabalho reúne 4 auditores e 6 analistas. Se três pessoas dessa equipe forem selecionadas aleatoriamente para formar um pequeno grupo de trabalho, a probabilidade de que esse grupo seja formado por dois analistas e um auditor é igual a

a) 0,2.

b) 0,5.

c) 0,6.

d) 0,7.

e) 0,8.

30. (FGV – 2023 – RECEITA FEDERAL – AUDITOR–FISCAL) A partida decisiva Maiorais x Geniais envolve uma grande incógnita. O goleiro Pegatudo, dos Geniais, está machucado, e a probabilidade de sua presença em campo é de 60%. Das últimas 10 partidas entre as equipes com Pegatudo no gol, os Geniais ganharam 7 e perderam 3. Porém, nas últimas 4 vezes em que Pegatudo esteve ausente, os Maiorais venceram 3 e só perderam 1.

Usando esses dados, a probabilidade que os Geniais saiam vencedores do confronto é estimada em

a) 76%.

b) 68%.

c) 60%.

d) 58%.

e) 52%.

31. (CONSULPLAN – 2023 – CÂMARA DE TREMEMBÉ/SP – MOTORISTA) A prefeitura de uma cidade tem um total de 9 motoristas contratados para levar e buscar os alunos nas escolas municipais. Como é comum em algumas dessas escolas a existência de alguns sábados letivos, 5 desses motoristas precisarão ser escalados para trabalhar nesses dias. A princípio, apenas dois motoristas se prontificaram a trabalhar nos dias de sábado, os demais seriam escalados com base em um sorteio. Rafael é um dos motoristas que não se prontificou a trabalhar no sábado. Neste caso, a probabilidade de Rafael não ser escalado para trabalhar em algum dos sábados letivos está compreendida entre:

a) 15,0% e 55,0%.

b) 55,1% e 60,0%.

c) 60,1% e 75,0%.

d) 75,1% e 86,0%.

32. (CONSULPLAN – 2023 – CÂMARA DE TREMEMBÉ/SP – OFICIAL LEGISLATIVO) Um empresário tem programado para seu dia de trabalho um total de 3 vendas. Cada venda tem uma probabilidade de 0,8 de ser bem–sucedida e os eventos que respondem pelo sucesso de cada venda são independentes. Dessa forma, qual a probabilidade de pelo menos uma venda não ser bem–sucedida nesse dia de trabalho?

a) 0,364.

b) 0,488.

c) 0,512.

d) 0,636.

33. (CONSULPLAN – 2023 – CÂMARA DE TREMEMBÉ/SP – OFICIAL LEGISLATIVO) Em uma empresa, 40% dos funcionários possuem pós–graduação. Além disso, sabe–se que 40% dos funcionários que possuem pós–graduação são do sexo feminino e 60% dos funcionários que não possuem graduação são do sexo feminino. Escolhido um funcionário dessa empresa aleatoriamente, qual a probabilidade desse funcionário ser do sexo feminino?

a) 0,16.

b) 0,36.

c) 0,52.

d) 0,64.

34. (CONSULPLAN – 2023 – PREFEITURA DE FORMIGA/MG – AGENTE DE CONTROLE DE ENDEMIAS) Determinado Agente de Controle de Endemias constatou que em um bairro onde estava atuando, a probabilidade de uma residência possuir foco de vetores é de 20%, sendo a situação de uma casa totalmente independente das demais. Assim, se o Agente visitar 5 casas desse bairro, a probabilidade de que exatamente 3 possuam focos de vetores é um valor compreendido entre:

a) 0,0% e 2,0%.

b) 2,1% e 6,0%.

c) 6,1% e 10,0%.

d) 10,1% e 15,0%.

35. (CONSULPLAN – 2023 – SEGER/ES – ANALISTA DO EXECUTIVO) Roberto tem duas reuniões de negócios em um determinado dia. Na primeira reunião, ele estima em 0,7 a probabilidade de o encontro ser bem–sucedido. Na segunda reunião, essa probabilidade cai para 0,4. Sabendo que os eventos que respondem pelo sucesso das reuniões são independentes, qual a probabilidade de Roberto conseguir pelo menos uma reunião bem–sucedida?

a) 0,28.

b) 0,36.

c) 0,55.

d) 0,68.

e) 0,82.

36. (CONSULPLAN – 2023 – SEGER/ES – ANALISTA DO EXECUTIVO) Determinada fábrica de refrigerantes possui três máquinas (I, II e III), que são responsáveis pelo preenchimento de 40%, 50% e 10% do total de latas de refrigerantes produzidas, respectivamente. Das latas de refrigerante preenchidas pelas máquinas I, II e III, sabe–se que 3%, 5% e 2% estão com volume diferente do especificado na embalagem (fora do padrão), respectivamente. Uma lata de refrigerante é escolhida aleatoriamente. Qual a probabilidade aproximada dela ter sido preenchida pela máquina II se ela está fora do padrão?

a) 0,359.

b) 0,454.

c) 0,546.

d) 0,641.

e) 0,687.

37. **(IDECAN – 2023 – SEFAZ/RR – DESENVOLVEDOR DE SOFTWARE)** Três alunos na faculdade estão concorrendo a uma vaga de seleção para bolsa de monitoria. O professor que aplica a prova conhece os três alunos, e sabendo do potencial de cada um, ele afirma que a probabilidade de Antônio resolver um problema é de P(A) = 1/2, já Bruno é de P(B) = 1/3 e Carlos P(C) = 1/4. Determine a probabilidade que em que os três resolvam o problema.

a) P = 1/12.

b) P = 1/18.

c) P = 1/22.

d) P = 1/24.

e) P = 1/28.

38. **(FUNDEP (GESTÃO DE CONCURSOS) – 2023 – PREFEITURA DE LAVRAS/MG – ASSISTENTE SOCIAL)** Bruna comprou seis pastéis e colocou todos em um mesmo recipiente fechado. Os sabores escolhidos por ela foram:

- 2 de carne;
- 3 de queijo;
- 1 de pizza.

Bruna tirou dois pastéis de forma aleatória do recipiente.

Qual é a probabilidade de os dois serem de sabor queijo?

a) 4/5.

b) 5/11.

c) 1/4.

d) 1/5.

(QUADRIX - 2023 – CRO/BA - ANALISTA DE LICITAÇÕES E CONTRATOS)

Augusta possui 32 dentes:

- 8 dentes incisivos;
- 4 dentes caninos;
- 8 dentes pré-molares;
- 8 dentes molares; e
- 4 sisos.

Com base nesse caso hipotético, julgue os itens.

39. Selecionando–se um dente de Augusta ao acaso, a probabilidade de ele ser um molar, dado que ele não é um siso, é de 2/7.

Certo ( ) Errado ( )

40. Selecionando–se um dente de Augusta ao acaso, a probabilidade de ele ser incisivo ou canino é de 37,5%.

Certo ( ) Errado ( )

41. **(INQC – 2023 – COMDEP/RJ – CARGOS DE NÍVEL MÉDIO)** Leandro carrega em um bolso 10 moedas, sendo 4 delas de vinte e cinco centavos de real e 6 de um real. Se Leandro retirar ao acaso duas moedas desse bolso, a probabilidade de que a quantia total retirada seja igual a 2 reais é:

a) 1/3.

b) 1/4.

c) 1/5.

d) 1/6.

42. **(FUMARC – 2023 – AL/MG – ANALISTA LEGISLATIVO – ANALISTA DE SISTEMAS)** No lançamento de uma moeda por seis vezes consecutivas, qual a probabilidade de se obter exatamente 2 caras?

a) 1/2.

b) 1/3.

c) 1/64.

d) 15/64.

43. **(AOCP – 2023 – PC/GO – ESCRIVÃO DE POLÍCIA)** Considere as letras da palavra ESCRIVÃO e todos os “N” conjuntos formados por 4 dessas letras. Cada um desses “N” conjuntos é escrito em um pedaço de papel, de modo que cada conjunto esteja em um papel. Se esses “N” papéis forem colocados em uma urna e embaralhados, então a probabilidade de se sortear um papel cujo conjunto escrito só tem vogais é igual a

a) 1/1680.

b) 1/420.

c) 1/300.

d) 1/210.

e) 1/70.

44. **(IBFC – 2023 – PREFEITURA DE CUIABÁ/MT – ESTATÍSTICO)** Suponha que numa linha de produção, de cada 100 peças produzidas, 10 são defeituosas. Para um controle de qualidade, 5 peças são sorteadas ao acaso e sem reposição. Assinale a alternativa que apresenta a probabilidade de se obter pelo menos uma peça defeituosa.

a) 0.584.

b) 0.426.

c) 0.5.

d) 0.4.

45. **(FEPESE – 2023 – EPAGRI – ANALISTA ADMINISTRATIVO E FINANCEIRO)** Dois carros serão sorteados entre 80 pessoas, das quais 30% não sabem dirigir. Cada pessoa só pode ser sorteada uma vez.

Logo, a probabilidade de as duas pessoas sorteadas saberem dirigir é:

a) Menor que 47%.

b) Maior que 47% e menor que 48%.

c) Maior que 48% e menor que 49%.

d) Maior que 49% e menor que 50%.

e) Maior que 50%.

46. **(IADES – 2023 – GDF/SEEC – ANALISTA EM POLÍTICAS PÚBLICAS E GESTÃO GOVERNAMENTAL)** Um órgão do Governo do Distrito Federal possui dois veículos oficiais. Por causa da demanda dos veículos e de a chance de falha mecânica, a probabilidade de que um veículo específico esteja disponível quando necessário é de 90%. A disponibilidade de um veículo é independente da disponibilidade do outro. Qual é a probabilidade de que nenhum veículo esteja disponível em determinado momento?

a) 1%.

b) 2%.

c) 10%.

d) 90%.

e) 99%.

47. **(IBFC – 2023 – SEC/BA – PROFESSOR)** Dois dados não viciados são lançados. A probabilidade de a soma dos valores obtidos ser múltiplo de 3 é igual a:

a) 1/3.

b) 2/3.

c) 7/3.

d) 8/3.

e) 5/3.

(CESPE/CEBRASPE - 2023 – PO/AL - AUXILIAR DE PERÍCIA)

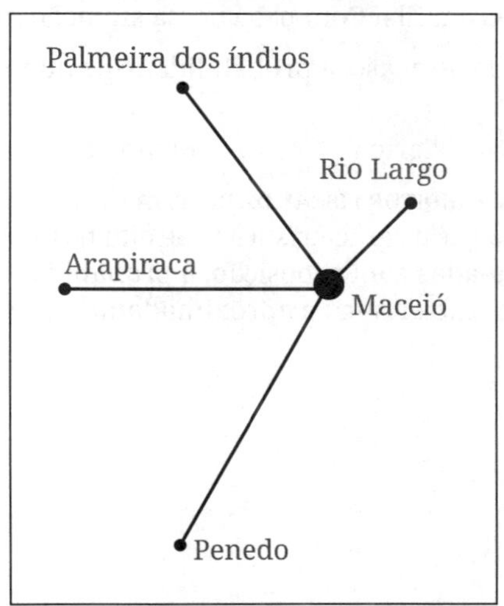

Considerando que, em uma grande operação policial em Alagoas, tenham sido enviados agentes de Maceió para as diversas cidades apresentadas no diagrama representado acima e supondo que o deslocamento dos agentes tenha sido realizado por micro-ônibus de 20 lugares, veículos SUV de 5 lugares e sedãs de 4 lugares, julgue os itens seguintes.

48. Considerando–se que tenham sido enviados para Arapiraca 60 agentes, dos quais 32 fossem mulheres, e para Palmeira dos Índios, 50 agentes, dos quais 22 fossem mulheres, é correto afirmar que, entre os 110 agentes que tenham atuado nessas duas cidades, as chances de se escolher aleatoriamente um que seja mulher e tenha ido para Palmeira dos Índios é inferior a 22%.

Certo ( ) Errado ( )

49. Considerando–se que, para a cidade de Penedo, tenham sido enviados 38 agentes distribuídos em um micro–ônibus, duas SUV e dois sedãs, é correto afirmar que, caso se selecione, ao acaso, um desses 38 agentes, a probabilidade de o agente selecionado ter–se deslocado para Penedo utilizando um veículo SUV é inferior a 0,31.

Certo ( ) Errado ( )

50. **(FGV – 2023 – SME/SP – PROFESSOR)** Em um saco, há 50 bolinhas iguais numeradas de 1 até 50.

Retirando uma delas ao acaso, a probabilidade de que seu número não seja nem par nem múltiplo de 3 é igual a

a) 30%.

b) 32%.

c) 34%.

d) 36%.

e) 38%.

51. **(QUADRIX – 2023 – CRA/PE – ADMINISTRADOR)** 8 pessoas, entre elas Enzo e Valentina, devem ser colocadas em fila. Com base nessa situação hipotética, julgue o item.

Formando-se essa fila ao acaso, a probabilidade de que Enzo e Valentina fiquem juntos é de 25%.

Certo ( ) Errado ( )

52. **(FGV – 2023 – SEFAZ/MG – AUDITOR FISCAL DA RECEITA ESTADUAL)** Numa população, 50% das pessoas têm uma certa característica C. Se oito pessoas desta população foram aleatoriamente sorteadas com reposição, a probabilidade de que mais de cinco tenham a referida característica é aproximadamente igual a

a) 14%.

b) 18%

c) 22%.

d) 25%.

e) 29%.

53. **(UPENET/IAUPE – 2023 – PREFEITURA DE SÃO JOSÉ DA COROA GRANDE/PE – PROFESSOR)** No lançamento simultâneo de dois dados perfeitos distinguíveis, a probabilidade de não sair a soma igual a 3 vale

a) 1/18.

b) 3/18.

c) 5/18.

d) 17/18.

e) 19/18

(CESPE/CEBRASPE - 2022 - ANP - FISCAL DA PRODUÇÃO) Foram selecionados para inspeção 21 poços produtores de petróleo de três plataformas FPSO, sendo 6 da plataforma Cidade de Itaguaí, 8 da plataforma Cidade de Maricá e 7 da plataforma Cidade de Saquarema. Sabe-se que uma ficha técnica foi gerada para cada um desses 21 poços e que as fichas foram escolhidas de forma aleatória para que se iniciem as inspeções.

A partir dessa situação hipotética e considerando 1/95 = 0,011, julgue os itens seguintes.

54. As chances de que três fichas selecionadas de forma aleatória sejam de plataformas diferentes é superior a 30%.

Certo ( ) Errado ( )

55. A probabilidade de que três fichas selecionadas de forma aleatória sejam da plataforma Cidade de Saquarema é inferior a 3/18.

Certo ( ) Errado ( )

56. **(CESPE/CEBRASPE – 2022 – MPC/SC – TÉCNICO EM CONTAS PÚBLICAS)** Dada uma equipe de dez servidores, entre eles Alberto e Bruna, W é o conjunto de todas as listas que podem ser formadas com exatamente três servidores.

A partir das informações anteriores, e sabendo que, nessa hipótese, A é o conjunto de todas as listas em que consta o nome de Alberto e B, o conjunto daquelas em que consta o nome de Bruna, julgue o item que se segue.

Selecionando-se ao acaso uma lista em W, a probabilidade de essa lista conter o nome de Bruna, mas não o de Alberto, é inferior a 10%.

Certo ( ) Errado ( )

(CESPE/CEBRASPE - 2022 - MC - ATIVIDADES TÉCNICAS DE SUPORTE) Uma pesquisa foi feita com 1.400 jovens que utilizam celular ou da marca SU, ou da marca AP. Verificou-se que nem todos os celulares utilizados por esses jovens estavam preparados para a tecnologia 5G, pois alguns modelos ainda suportavam somente a tecnologia 4G. Os resultados obtidos na pesquisa estão mostrados na tabela a seguir.

	Tipo de celular				
	SU 5G	SU 4G	AP 5G	AP 4G	TOTAL
Rapazes	140	200	180	120	640
Moças	160	220	200	180	760

Com base nessas informações, julgue os itens seguintes.

57. As chances de se escolher, aleatoriamente, entre os 1.400 jovens que participaram da pesquisa, um rapaz que não usa celular SU 5G ou uma moça que usa celular AP 5G são superiores a 60%.

Certo ( ) Errado ( )

58. A probabilidade de um rapaz que tem um celular da marca AP ser escolhido, aleatoriamente, entre os 1.400 jovens que participaram da pesquisa é inferior a 0,23.

Certo ( ) Errado ( )

59. **(CESPE/CEBRASPE – 2022 – SECONT/ES – AUDITOR DO ESTADO – ADMINISTRAÇÃO)** Após análise realizada em determinada empresa, um auditor enumerou 15 procedimentos que devem ser realizados mensalmente por alguns funcionários para a melhoria da transparência e da eficiência da empresa. Nessa enumeração, destaca–se o seguinte:

- Os procedimentos de 1 a 5 são independentes entre si e podem ser realizados em qualquer ordem, mas não simultaneamente;
- O sexto procedimento somente pode ser realizado após a conclusão dos 5 primeiros;
- As execuções dos procedimentos de 7 até o 15 só podem ser realizadas quando o procedimento anterior for concluído.

Com base nessas informações, julgue o item a seguir.

A probabilidade de os procedimentos 3 e 5 serem os dois primeiros a se realizarem em determinado mês é igual a 1/10.

Certo ( ) Errado ( )

60. **(CESPE/CEBRASPE – 2022 – BANRISUL – SUPORTE À INFRAESTRUTURA DE TECNOLOGIA DA INFORMAÇÃO)** De acordo com o organograma do BANRISUL, existem sete diretorias ligadas diretamente à Presidência dessa instituição, entre as quais se incluem a Diretoria Administrativa e a Diretoria de Tecnologia da Informação e Inovação. Para aumentar a eficiência, 28 funcionários foram enviados para o centro de treinamento da empresa, tendo sido quatro funcionários escolhidos por cada uma das sete diretorias.

Com base na situação hipotética anterior, julgue o próximo item, relacionados aos 28 funcionários enviados para o centro de treinamento da empresa.

A probabilidade de serem escolhidos, aleatoriamente, três funcionários da Diretoria de Tecnologia da Informação e Inovação entre os referidos 28 funcionários é superior a 1/28×27.

Certo ( ) Errado ( )

61. **(CESPE – 2022 – FUNPRESP/EXE – ANALISTA DE PREVIDÊNCIA)** A seguir, são apresentadas informações obtidas a partir de uma pesquisa realizada com 1.000 pessoas.

- 480 possuem plano de previdência privada;
- 650 possuem aplicações em outros tipos de produtos financeiros;
- 320 não possuem aplicação em nenhum produto financeiro.

Com base nessa situação hipotética, julgue o item seguinte.

Se uma pessoa escolhida ao acaso entre as que participaram da pesquisa possui plano de previdência privada, então a probabilidade de ela possuir também aplicação em outros produtos financeiros é superior a 90%.

Certo ( ) Errado ( )

62. **(CESPE/CEBRASPE – 2022 – TELEBRAS – ASSISTENTE TÉCNICO)** Julgue o item que se segue, a respeito de contagem, probabilidade e estatística.

Considere que seja preciso comprar duas peças p1 e p2 para um projeto de satélite. Considere ainda que a probabilidade de ter a peça p1 no estoque na distribuidora é de 1/3 e a probabilidade de ter a peça p2 no estoque na mesma distribuidora é de 3/5. Nesse caso, a probabilidade de que pelo menos uma das peças esteja no estoque é de 11/15.

Certo ( ) Errado ( )

63. **(CESPE/CEBRASPE – 2022 – TELEBRAS – ESPECIALISTA EM GESTÃO DE TELECOMUNICAÇÕES)** Uma empresa dispõe de dez funcionários, dos quais selecionará quatro para montar uma equipe para a realização de determinada tarefa, todos com igual função nessa tarefa. Márcio e Marcos são muito amigos e, quando trabalham juntos, costumam conversar demasiadamente, prejudicando a produtividade. Pedro e Paulo são desafetos, não trocam entre si nem mesmo as comunicações essenciais para o desempenho da tarefa, prejudicando também a produtividade.

No que se refere a essa situação hipotética, julgue o item que se segue.

Se os membros da equipe forem selecionados ao acaso, a probabilidade de não haver prejuízos à produtividade decorrentes dos aspectos mencionados é inferior a 75%

Certo ( ) Errado ( )

64. **(CESPE/CEBRASPE – 2022 – PETROBRÁS – ENGENHARIA DE EQUIPAMENTOS)** No que diz respeito aos conceitos e cálculos utilizados em probabilidade e estatística, julgue o item a seguir.

Considere que, em uma sala de provas de um concurso, ao se selecionar aleatoriamente um candidato para acompanhar a abertura do envelope de provas, a probabilidade de ele ter estudado em escola particular é 0,32 e a probabilidade de ele ter estudado em escola particular e ser um candidato forte à aprovação é 0,24. Nessa situação, se o candidato selecionado estudou em escola particular, então a probabilidade de ele ser um candidato forte à aprovação é 0,75.

Certo ( ) Errado ( )

65. (FGV – 2022 – CÂMARA DE TAUBATÉ/SP – ASSISTENTE LEGISLATIVO) Dois números diferentes serão sorteados, aleatoriamente, entre os números −3, −2, −1, 0, 1, 2, 3, 4.

A probabilidade de que o produto dos dois números sorteados seja maior do que zero é:

a) 1/2.
b) 9/28.
c) 19/28.
d) 19/56.
e) 23/56.

66. (FGV – 2022 – CÂMARA DE TAUBATÉ/SP – AUXILIAR LEGISLATIVO) Em uma urna há 6 bolas numeradas de 1 a 6.

Retiram-se da urna, aleatoriamente, 2 bolas em sequência e sem reposição.

A probabilidade de o maior número nas bolas retiradas ser igual a 4 é

a) 1/2.
b) 2/3.
c) 1/5.
d) 2/5.
e) 3/5.

67. (FGV – 2022 – TCE/TO – ASSISTENTE DE CONTROLE EXTERNO) Em um saco há 9 bolinhas iguais, numeradas de 1 a 9. Duas bolinhas são retiradas do saco ao acaso.

A probabilidade de que as bolinhas retiradas tenham números consecutivos é, aproximadamente, igual a:

a) 22%.
b) 28%.
c) 33%.
d) 39%.
e) 45%.

68. (FGV – 2022 – TCE/TO – ANALISTA TÉCNICO) Dois eventos A e B têm probabilidades iguais a 0,5 e 0,6, respectivamente. A probabilidade condicional de A ocorrer dado que B ocorre é igual a 0,8.

Assim, a probabilidade de B ocorrer dado que A ocorre é igual a:

a) 0,96.
b) 0,82.
c) 0,54.
d) 0,36.
e) 0,24.

69. **(FGV – 2022 – MPE/GO – ANALISTA EM INFORMÁTICA)** Em uma determinada cidade, se chover em um dia a probabilidade de chover no dia seguinte é 60%. Se não chover em um dia, a probabilidade de chover no dia seguinte é 10%.

Hoje não choveu nessa cidade.

A probabilidade de não chover depois de amanhã é de

a) 90%.
b) 85%.
c) 81%.
d) 76%.
e) 72%.

70. **(FGV – 2022 – MPE/SC – AUXILIAR DO MINISTÉRIO PÚBLICO)** ALESSANDRA escreveu em 10 cartões diferentes cada uma das 10 letras do seu nome e colocou esses cartões em uma urna. A seguir, ela retirou, aleatoriamente e em sequência, 3 cartões da urna.

A probabilidade de que ALESSANDRA tenha retirado os 3 cartões com a letra "A" é:

a) 1/120.
b) 7/120.
c) 1/40.
d) 3/10.
e) 3/7.

71. **(FGV – 2022 – SSP/AM – ASSISTENTE OPERACIONAL)** Seis cartas estão em uma caixa; em cada uma delas está escrita uma das seis letras: A, B, C, D, E, F, e cada letra só aparece uma vez.

Retirando da caixa, simultaneamente e ao acaso, duas cartas, a probabilidade de que as cartas A ou C sejam sorteadas é

a) 1/2.
b) 2/5.
c) 3/5.
d) 7/15.
e) 8/15.

72. **(VUNESP – 2022 – PM/SP – SARGENTO DA POLÍCIA MILITAR)** Para a escolha de um presidente e um vice–presidente de uma banca responsável por um concurso, têm–se 4 e 6 nomes, respectivamente, todos com chances iguais de serem escolhidos. Para presidente, um dos nomes é o do 1º Tenente A e, para vice, um dos nomes é o do 2º Tenente B. Se essa escolha ocorrerá por sorteio simples, a probabilidade de o nome do 1º Tenente A ou do 2º Tenente B ser escolhido para compor essa banca é de:

a) 7/24.
b) 1/3.
c) 3/8.
d) 5/12.

(QUADRIX - 2022 – CRECI/11ª REGIÃO - ASSISTENTE ADMINISTRATIVO) Na aula de artes visuais, Bárbara aprendeu que as sete cores do arco-íris são: vermelho; laranja; amarelo; verde; azul; anil; e violeta. Na mesma aula, ela também aprendeu que o azul, o verde, o anil e o violeta são cores frias e que o vermelho, o laranja e o amarelo são cores quentes.

Com base nesse caso hipotético, julgue os itens.

73. Selecionando–se uma cor do arco–íris ao acaso, a probabilidade de ela ser fria é de 3/7.

Certo ( ) Errado ( )

74. Selecionando–se quatro cores distintas do arco–íris ao acaso, a probabilidade de que todas sejam frias é maior que 3%.

Certo ( ) Errado ( )

75. Selecionando–se duas cores distintas do arco–íris ao acaso, a probabilidade de que pelo menos uma das cores seja quente é de 5/7.

Certo ( ) Errado ( )

76. **(QUADRIX – 2022 – CRC/PR – ASSISTENTE ADMINISTRATIVO)** O cardápio de um restaurante apresenta quatro tipos de entrada, seis tipos de prato principal e três tipos de sobremesa. Para participar de determinada promoção nesse restaurante, cada cliente deverá escolher um item de cada uma dessas três categorias.

Com base nesse caso hipotético, julgue o item.

A probabilidade de um casal, que esteja participando dessa promoção, pedir exatamente os mesmos pratos é maior que 1,4%.

Certo ( ) Errado ( )

(QUADRIX - 2022 – CRA/PR - AUXILIAR ADMINISTRATIVO) Em um bingo, são distribuídas cartelas, com diferentes números, para João, para Pedro e para seus amigos. Cada cartela possui 7 números distintos. Em seguida, os números são sorteados, até que todos os números de uma cartela sejam sorteados e o dono dessa cartela seja declarado o vencedor. Nesse bingo, as cartelas possuem números de 1 a 35 e um número não pode ser sorteado duas vezes.

Com base nessa situação hipotética, julgue os itens.

77. A probabilidade de o segundo número sorteado ser par é igual a 17/35.

Certo ( ) Errado ( )

78. A probabilidade de o número 11 ser um dos 11 primeiros números a serem sorteados é menor que 31%.

Certo ( ) Errado ( )

79. A probabilidade de o número 7 estar tanto na cartela de João quanto na cartela de Pedro é maior que 4%.

Certo ( ) Errado ( )

80. **(QUADRIX – 2022 – CRMV/PR – MÉDICO VETERINÁRIO)** A probabilidade de o canal *Math4ever* publicar um novo vídeo é de 0,1, todo dia.

Com base nesse caso hipotético, é correto afirmar que, em um período de quatro dias, a probabilidade de apenas um vídeo ter sido lançado é de

a) 7,29%.

b) 20%.

c) 29,16%.

d) 34,39%.

e) 65,61%.

81. **(AOCP – 2022 – PC/GO – AGENTE DE POLÍCIA)** Todos os anagramas da palavra AGENTE e todos os anagramas da palavra POLICIA (sem acento) foram embaralhados e escritos em uma mesma lista. Ao escolhermos um desses anagramas, aleatoriamente, a probabilidade de ser um anagrama da palavra AGENTE está entre

a) 0% e 20%.

b) 21% e 40%.

c) 41% e 60%.

d) 61% e 80%.

e) 81% e 100%.

82. **(IBADE – 2022 – SEA/SC – ANALISTA DE INFORMÁTICA)** Considerando o lançamento consecutivo de uma moeda não viciada, a probabilidade de em três lançamentos termos pelo menos duas caras é:

a) 10%.

b) 25%.

c) 50%.

d) 75%.

e) 90%.

83. **(FEPESE – 2022 – PREFEITURA DE GUATAMBÚ/SC – AUDITOR FISCAL)** Em um grupo de 40 pessoas, todos falam inglês ou alemão. Sabe–se também que 15 falam inglês e 35 falam alemão.

Escolhendo-se ao acaso uma pessoa neste grupo, a probabilidade de que esta pessoa fale inglês e alemão é:

a) Maior que 30%.

b) Maior que 28% e menor que 30%.

c) Maior que 26% e menor que 28%.

d) Maior que 24% e menor que 26%.

e) Menor que 24%.

84. **(FEPESE – 2022 – CASAN – ADMINISTRADOR)** Um zoológico tem um casal de hipopótamos.

Assuma que no nascimento de um hipopótamo a probabilidade de cada um dos sexos ocorrer é a mesma.

Logo, se o referido casal de hipopótamos tem 3 filhotes, então a probabilidade de todos os filhotes serem do mesmo sexo é:

a) Maior que 26%.

b) Maior que 22% e menor que 26%.

c) Maior que 18% e menor que 22%.

d) Maior que 14% e menor que 18%.

e) Menor que 14%.

85. **(FEPESE – 2022 – CELESC – TÉCNICO AMBIENTAL)** Uma urna contém 8 bolas numeradas de 2 a 9. São sorteadas 3 bolas, uma após a outra, repondo–se cada bola sorteada.

A probabilidade de nenhum número sorteado ser primo é:

a) Maior que 13%.

b) Maior que 12% e menor que 13%.

c) Maior que 11% e menor que 12%.

d) Maior que 10% e menor que 11%.

e) Menor que 10%.

86. **(RBO – 2022 – PREFEITURA DE BELO HORIZONTE/MG – AUDITOR FISCAL DE TRIBUTOS MUNICIPAIS)** Numa empresa, 10% das pessoas apresentam algum tipo de comorbidade. Uma pesquisa aponta que a probabilidade de uma pessoa com comorbidade ficar contaminadas com COVID–19 é de 90%, enquanto as pessoas sem comorbidade tem 30% de chance de contaminação. Nessas condições, se uma pessoa desta empresa está contaminada com COVID–19, a probabilidade de que essa pessoa não apresente comorbidade é de:

a) 25,0%.

b) 33,3%.

c) 66,7%.

d) 75,0%.

e) 82,5%.

Gabarito

1	A	23	E	45	C	67	A
2	E	24	C	46	A	68	A
3	A	25	B	47	A	69	B
4	C	26	D	48	CERTO	70	A
5	E	27	D	49	CERTO	71	C
6	ERRADO	28	D	50	C	72	C
7	ERRADO	29	B	51	CERTO	73	ERRADO
8	C	30	E	52	A	74	ERRADO
9	D	31	B	53	D	75	CERTO
10	B	32	B	54	ERRADO	76	ERRADO
11	C	33	C	55	CERTO	77	CERTO
12	B	34	B	56	ERRADO	78	ERRADO
13	D	35	E	57	ERRADO	79	ERRADO
14	D	36	D	58	CERTO	80	C
15	E	37	D	59	CERTO	81	A
16	A	38	D	60	ERRADO	82	C
17	A	39	CERTO	61	CERTO	83	D
18	B	40	CERTO	62	CERTO	84	B
19	ERRADO	41	A	63	CERTO	85	B
20	D	42	D	64	CERTO	86	D
21	CERTO	43	E	65	B		
22	E	44	B	66	C		

7 SEQUÊNCIAS NUMÉRICAS

7.1 Sequência

Sequência é continuação, a partir de algo que já teve um início, seguindo determinado padrão estabelecido.

Sequências numéricas

São as sequências em que os elementos são números, definidos e organizados por uma **lei de formação**.

Ex.:

1, 2, 4, 7, 10, 13, 18 (sequência finita).

1, 3, 7, 15, 31, 63, 127, ... (sequência infinita).

Nas sequências numéricas, os termos são representados por:

a_1 = 1º termo;

a_2 = 2º termo;

a_n = Último termo (ou termo geral);

(a_1, a_2, a_3, a_4, ..., a_n) Sequência finita;

(a1, a2, a_3, a_4, ..., a_n, ...) Sequência infinita.

Lei de formação de uma sequência

As leis de formação de uma sequência são o que definem como será a sequência.

As leis de formação podem ser as mais diversas possíveis.

Ex.:

A sequência definida pela lei $a_n = 2 \cdot n + 1$, com "n" ϵ N, cujo a_n é o termo que ocupa a n-ésima posição na sequência é:

Para n = 0: $a_2 = 1$,

Para n = 1: $a_2 = 3$,

Para n = 2: $a_2 = 5$,

Para n = 3: $a_3 = 7$,

Para n = 4: $a_4 = 9$,

Para n = 5: $a_5 = 11$,

E assim, sucessivamente.

Note que essa sequência do exemplo são os números naturais ímpares.

Algumas sequências são bem famosas e bastante conhecidas.

A sequência de **Fibonacci** é uma sequência que, a partir do 3º termo, seus termos são a soma dos dois termos antecessores, logo, o 3º termo é a soma do 1º com o 2º, o 4º termo é a soma do 2º com o 3º, o 5º termo é a soma do 3º com o 4º, e assim por diante.

Ex.:

1, 2, 3, 5, 8, 13, 21, 34, 55, 89, ...

2, 2, 4, 6, 10, 16, 26, 42, 68, 110, ...

Os **números triangulares** são números naturais que representam quantidades que podem ser organizadas na forma de triângulo equilátero.

Ex.: 1, 3, 6, 10, 15, 21, ...

A sequência de números triangulares é infinita e para encontrar um número triangular qualquer basta usar a seguinte fórmula:

$\mathbf{T_n = n \cdot (n + 1)/2}$

Os **quadrados perfeitos** são resultados da soma dos números naturais ímpares, na quantidade do número que está elevado ao quadrado.

Ex.:

$3^2 = 9$ (1+3+5)

$7^2 = 49$ (1+3+5+7+9+11+13)

As **progressões, aritméticas e geométricas** também são sequências com características bem específicas.

Nas P.A (progressões aritméticas), os termos são obtidos por somas ou subtrações de uma parcela fixa. Já nas P.G (progressões geométricas), os termos são obtidos por multiplicações ou divisões.

Ex.:

P.A: 2, 9, 16, 23, 30, 37, ...

P.G: 4, 12, 36, 108, 324, ...

P.A e P.G ao mesmo tempo: 1, 1, 1, 1, 1, 1, 1, ...

7.2 Progressão aritmética

Progressão aritmética (P.A) é toda sequência numérica em que de um termo para outro ocorre uma soma (ou subtração) por uma parcela fixa e constante chamada de razão (r).

Ex.:

3, 7, 11, 15, 19, 23, ... (P.A crescente)

28, 24, 20, 16, 12, 8, ... (P.A decrescente)

7, 7, 7, 7, 7, 7, 7, 7, ... (P.A constante)

As P.A podem ser crescentes (razão positiva), decrescentes (razão negativa) ou constantes (r = 0).

Fique ligado!

Para achar a razão, basta subtrair um termo – a partir do segundo – pelo seu antecessor.

Representação genérica de uma P.A

As progressões aritméticas podem ser representadas de algumas formas que facilitam sua visualização e, principalmente, cálculos relacionados.

Veja:

- Com 3 termos:

  a – r, a, a + r

- Com 4 termos:

  a – 3r, a – r, a + r, a + 3r

- Com 5 termos:

  a – 2r, a – r, a, a + r, a + 2r

Termo geral da P.A

Para determinar o termo geral – ou qualquer termo – de uma P.A, conhecendo algum termo e a razão da P.A, basta utilizar a fórmula do termo geral da P.A., que é:

$$\mathbf{a_n = a_1 + (n - 1) \cdot r}$$

Em que:

a_n = termo que se quer determinar (ou termo dado na questão)

a_1 = primeiro termo da P.A

n = posição do termo a ser determinado (ou dado na questão)

r = razão da P.A

Questão comentada

1. **(CETREDE – 2023 – PREFEITURA DE SANTANA DO ACARAÚ/CE – PROFESSOR)** Uma progressão aritmética de razão 3 é iniciada com o número 8. O 30º termo dessa progressão é
   a) 89.
   b) 92.
   c) 95.
   d) 98.
   e) 101.

Calculando o que foi pedido na questão temos:

$a_1 = 8$

$r = 3$

$n = 30$

$a_n = a_1 + (n - 1) \cdot r$

$a_{30} = 8 + (30 - 1) \cdot 3$

$a_{30} = 8 + (29) \cdot 3$

$a_{30} = 8 + 87$

$a_{30} = 95$

GABARITO: C.

Soma dos termos da P.A

Para somar os termos da P.A devemos conhecer o primeiro e o último termo e a quantidade de termos dessa progressão.

Com essas informações, basta usar a fórmula da soma dos termos da P.A.:

$$S_n = (a_1 + a_n) \cdot n/2$$

Em que:

S_n = soma dos "n" termos de uma P.A

a_n = último termo da P.A

a_1 = primeiro termo da P.A

n = quantidade de termos da P.A

Questão comentada

1. **(FUNDEP (GESTÃO DE CONCURSOS) – 2023 – PREFEITURA DE SETE LAGOAS/MG – TÉCNICO ORÇAMENTÁRIO)** Alice resolveu economizar, ao longo do ano, uma certa quantia para fazer uma viagem no final de dezembro. Para realizar esse desejo, ela fez depósitos mensalmente e os depósitos seguiram o padrão apresentado na tabela a seguir:

Mês	Depósito feito em conta
Janeiro	R$ 50,00
Fevereiro	R$ 100,00
Março	R$ 150,00
...	...
Dezembro	X

A quantia final total economizada por Alice em dezembro foi:

a) R$ 1.650,00.

b) R$ 2.100,00.

c) R$ 3.900,00.

d) R$ 5.700,00.

Calculando o valor que será pago em dezembro e a soma do ano:

$a_1 = 50$

$r = 50$

$n = 12$

$a_n = a_1 + (n - 1) \cdot r$

$a_{12} = 50 + (12 - 1) \cdot 50$

$a_{30} = 50 + (11) \cdot 50$

$a_{30} = 50 + 550$

$a_{30} = 600$

$S_n = (a_1 + a_n) \cdot n/2$

$S_{12} = (50 + 600) \cdot 12/2$

$S_{12} = (650) \cdot 6$

$S_{12} = 3900,00.$

GABARITO: C.

Propriedades das P.A

Termos equidistantes

A soma de termos equidistantes numa P.A (mesma distância de determinado referencial) é sempre igual.

Ex.:

2, 5, 8, 11, 14, 17, 20, 23, 26, 29, 32, 35.

Se partirmos dos extremos, note que 2+35 = 5+32 = 8+29 = 11+26, e assim, por diante.

Se tomarmos o 20 como referencial, veja que 17+23 = 14+26 = 11+29, e assim, sucessivamente.

Média aritmética

Qualquer termo de uma P.A – a partir do segundo – é a média aritmética do seu antecessor e seu sucessor.

Ex.:

2, 5, 8, 11, 14, 17, 20, 23, 26, 29, 32, 35.

Veja:

5 = 2+8/2

14 = 11+17/2

29 = 26+32/2

Interpolação aritmética

Interpolar significa "colocar entre".

Interpolação aritmética é colocar termos entre termos já conhecidos de uma P.A, de modo que a sequência formada pelos números seja uma P.A.

Para fazer a interpolação, é necessário o uso da fórmula do termo geral da P.A, pois temos que definir a razão da P.A para poder fazer a interpolação.

Ex.:

Interpolar 4 termos entre o 1 e o 16, de modo que a sequência formada seja uma P.A.

Como o 1 e o 16 são termos da P.A. e serão interpolados mais 4 termos, a P.A. terá ao todo 6 termos.

Calculando a razão da P.A:

$a_n = a_1 + (n - 1) \cdot r$

$a_6 = a_1 + (6 - 1) \cdot r$

$16 = 1 + 5r$

$5r = 16 - 1$

$5r = 15$

$r = 15/5$

$r = 3$

Concluindo a interpolação:

1, **4, 7, 10, 13**, 16

7.3 Progressão geométrica

Progressão geométrica (P.G) é toda sequência numérica em que de um termo para outro ocorre uma multiplicação (ou divisão) por uma parcela fixa e constante chamada de razão (q).

Ex.:

2, 8, 32, 128, 512, ... (P.G crescente)

625, 125, 25, 5, 1/5, ... (P.G decrescente)

10, 10, 10, 10, 10, ... (P.G constante)

3, -12, 48, -192, 768, ... (P.G oscilante)

As P.G podem ser crescentes (razão positiva), decrescentes ($0 < q < 1$), constantes ($q = 1$) ou oscilantes (razão negativa).

Fique ligado!

Para achar a razão, basta dividir um termo – a partir do segundo – pelo seu antecessor.

Representação genérica de uma P.G

As progressões geométricas também podem ser representadas de forma que facilita sua visualização e, principalmente, cálculos relacionados.

Veja:

- Com 3 termos:

  $a/q, a, a \cdot q$

- Com 5 termos:

  $a/q^2, a/q, a, a \cdot q, a \cdot q^2$

Termo geral da P.G

Para determinar o termo geral – ou qualquer termo – de uma P.G, conhecendo algum termo e a razão da P.G, basta utilizar a fórmula do termo geral da P.G.

$$a_n = a_1 \cdot q^{(n-1)}$$

Em que:

a_n = termo que se quer determinar (ou termo dado na questão)

a_1 = primeiro termo da P.G

n = posição do termo a ser determinado (ou dado na questão)

q = razão da P.G

Questão comentada

1. **(AVANÇA SP – 2023 – PREFEITURA DE SÃO MIGUEL ARCANJO/SP – PROFESSOR)** Uma progressão geométrica cujo primeiro termo e razão são desconhecidos, é representada da seguinte forma: (–x, 3x, –9x, ...).

Se nessa sequência o oitavo termo assumir o valor de 4374, o primeiro termo será um número:

a) Múltiplo de 3.
b) Ímpar.
c) Natural.
d) Inteiro.
e) Quadrado perfeito.

Usando a fórmula do termo geral e fazendo o cálculo para chegar ao primeiro termo, tem-se:

$q = 3x/-x = -3$

$a_1 = -x$

$a_8 = 4374$

$a_n = a_1 \cdot q^{(n-1)}$

$a_8 = a_1 \cdot q^{(8-1)}$

$4374 = -x \cdot (-3)^{(7)}$

$4374 = -x \cdot (-2187)$

$2187x = 4374$

$x = 4374/2187$

$x = 2$

Cuidado, o primeiro termo é -x, ou seja, -2, que é um número inteiro.

GABARITO: C.

Soma dos termos da P.G finita

Para somar os termos da P.G finita, devemos conhecer o primeiro termo, a quantidade de termos e a razão da P.G.

Com essas informações, usa-se a fórmula:

$$\mathbf{S_n = a_1 \cdot (q^n - 1)/(q - 1)}$$

Em que:

S_n = soma dos "n" termos de uma P.G

a_1 = primeiro termo da P.G

n = quantidade de termos da P.G

q = razão da P.G

Se for conhecido ou determinado também o último termo da P.G, pode-se usar a seguinte fórmula também:

$$\mathbf{S_n = (a_n \cdot q - a_1)/(q - 1)}$$

Em que:

S_n = soma dos "n" termos de uma P.G

a_1 = primeiro termo da P.G

a_n = último termo da P.G

n = quantidade de termos da P.G

q = razão da P.G

Questão comentada

1. **(UNIRV/GO – 2023 – PREFEITURA DE RIO VERDE/GO – MAQUEIRO)** Os policiais militares que controlam o tráfego em uma rodovia estadual recém–inaugurada registraram que a quantidade de veículos que circularam no 1º, 2º e 3º dia foram respectivamente 38, 152 e 608 automóveis. Sabendo que essa sequência observada é uma progressão geométrica crescente, pode–se afirmar que a quantidade de automóveis que trafegou nos cinco primeiros dias foi de:

   a) mais de 5.000 e menos de 7.000.

   b) mais de 7.000 e menos de 9.000.

   c) mais de 9.000 e menos de 11.000.

   d) mais de 11.000 e menos de 13.000.

A questão quer saber a soma dos termos da P.G nos 5 primeiros dias de observação, fazendo o cálculo tem-se:

$\mathbf{a_1 = 38}$

$\mathbf{q = 152/38 = 4}$

$n = 5$

$S_n = a_1 \cdot (q^n - 1)/(q - 1)$

$S_n = 38 \cdot (4^5 - 1)/(4 - 1)$

$S_n = 38 \cdot (1024 - 1)/(3)$

$S_n = 38 \cdot (1023)/(3)$

$S_n = 38 \cdot (341)$

$S_n = 12958$ **automóveis.**

GABARITO: D.

Soma dos termos da P.G infinita

Para fins de questões de concurso, uma P.G é infinita quando ela é decrescente, ou seja, sua razão está entre 0 e 1 ($0 < q < 1$)

Para somar os termos da P.G infinita, devemos conhecer o primeiro termo e a razão da P.G.

Com essas informações, usa-se a fórmula:

$$S_n = a_1/(1 - q)$$

Em que:

S_n = soma dos termos da P.G

a_1 = primeiro termo da P.G

q = razão da P.G

Questão comentada

1. **(AOCP – 2022 – CÂMARA DE BAURU/SP – RECEPCIONISTA)** Assinale a alternativa que apresenta o valor de x na equação:

   $2x + x + x/2 + x/4 + x/8 + \ldots = 12.$

   a) 8/3.
   b) 3.
   c) 11/3.
   d) 2.
   e) 9/2.

Os valores de x estão numa P.G decrescente. Calculando a soma dos valores de x e resolvendo a equação, tem-se:

$a_1 = 2x$

$q = x/2x = 1/2$

$S_n = a_1/(1 - q)$

$12 = 2x/(1 - 1/2)$

$12 = 2x/(1/2)$

$12 = 2x \cdot 2$

$4x = 12$

$x = 12/4$

$x = 3.$

GABARITO: B.

Propriedades das P.G

Termos equidistantes

O produto de termos equidistantes numa P.G (mesma distância de determinado referencial) é sempre igual.

Ex.:

2, 6, 18, 54, 162, 486, 1458.

Se partirmos dos extremos, note que 2x1458 = 6x486 = 18x162.

Se tomarmos o 18 como referencial, veja que 6x54 = 2x162.

Média geométrica

Qualquer termo de uma P.G – a partir do segundo – é a média geométrica do seu antecessor e seu sucessor.

Ex.:

2, 6, 18, 54, 162, 486, 1458.

Veja:

$6 = \sqrt{2}x18$

$162 = \sqrt{54}x486$

Interpolação geométrica

Interpolar significa "colocar entre".

Interpolação geométrica é colocar termos entre termos já conhecidos de uma P.G, de modo que a sequência formada pelos números seja uma P.G.

Para fazer a interpolação, é necessário o uso da fórmula do termo geral da P.G, pois temos que definir a razão da P.G para poder fazer a interpolação

Ex.:

Interpolar 3 termos entre o 6 e o 96 de modo que a sequência formada seja uma P.G.

Como o 6 e o 96 são termos da P.G. e serão interpolados mais 3 termos, a P.G. terá ao todo 5 termos.

Calculando a razão da P.G:

$a_n = a_1 \cdot q^{(n-1)}$

$a_5 = a_1 \cdot q^{(5-1)}$

$96 = 6 \cdot q^4$

$q^4 = 96/6$

$q^4 = 16$

$q = 2$

Concluindo a interpolação:

*6, **12, 24, 48**, 96*

Produto dos termos da P.G

Para calcular o produto dos termos de uma P.G, finita, devemos conhecer o primeiro termo, o último termo e a quantidade de termos.

Com essas informações, usa-se a fórmula:

$$\mathbf{P_n = \pm\sqrt{(a_1 \cdot a_n)^n}}$$

Em que:

P_n = produto dos "n" termos de uma P.G

a_1 = primeiro termo da P.G

a_n = último termo da P.G

n = quantidade de termos da P.G

Questão comentada

1. **(COTEC – 2022 – IPREB/MG – ASSISTENTE ADMINISTRATIVO)** A soma e o produto de três números reais que formam uma progressão geométrica valem 143 e 35.937, respectivamente. Então, o maior desses números é

a) 33.

b) 90.

c) 99.

d) 119.

e) 297.

Representando a P.G em termos genéricos, e aplicando a fórmula do produto da P.G, fica:

$a_1 = x/q$

$a_2 = x$

$a_3 = xq$

$S_n = 143$

$P_n = 35.937$

$P_n = \pm\sqrt{(a_1 \cdot a_n)^n}$

$35.937 = \sqrt{(x/q \cdot xq)^3}$

$35.937 = \sqrt{(x^2)^3}$

$35.937 = \sqrt{(x^6)}$

$x^3 = 35937$

$x =$

$x = 33$

Calculando a razão (q) pela da soma dos termos:

$x/q + x + xq = 143$

$33/q + 33 + 33q = 134$

$33/q + 33q = 143 - 33$

$33/q + 33q = 110$

Supondo valores para "q" de forma a evitar uma equação de 2º grau:

Se $q = 3$:

$33/3 + 33 \cdot 3 = 110$

$11 + 99 = 110$

Portanto, a razão "q" é 3, com isso a P.G é:

11, 33, 99

E seu maior termo é 99.

GABARITO: C.

Vamos praticar

1. **(UNIRV/GO – 2023 – PREFEITURA DE RIO VERDE/GO – MAQUEIRO)** O tio de Raphael tem um projeto de depositar mensalmente certa quantia na sua caderneta de poupança para futuramente ajudá–lo no pagamento das mensalidades da faculdade. Pretende começar com R$ 45,00 e aumentar R$ 15,00 por mês, ou seja, depositar R$ 60,00 no segundo mês, R$ 75,00 no terceiro mês e assim por diante. Após efetuar o vigésimo depósito, a quantia total depositada por ele será de:
   a) R$ 1.050,00.
   b) R$ 2.150,00.
   c) R$ 3.750,00.
   d) R$ 4.950,00.

2. **(FAFIPA – 2023 – FAZPREV/PR – ADVOGADO)** Determine a soma dos cinco primeiros termos de uma Progressão Geométrica iniciada em 3 e com razão igual a 4.
   a) 1372.
   b) 343.
   c) 1023.
   d) 1024.
   e) 81.

3. **(IDESG – 2023 – PREFEITURA DE VILA VALÉRIO/ES – FISCAL DE OBRAS)** Os números de um conjunto formam uma progressão aritmética, sendo seus elementos. O menor dos números é igual a 5, e o segundo menor dos números é igual a 8. Se esse conjunto possui 5 números, qual é a soma de seus elementos?
   a) 28.
   b) 55.
   c) 94.
   d) 71.

(IGEDUC - 2023 - PREFEITURA DE TUPANATINGA/PE - PROFESSOR II MATEMÁTICA) Julgue os itens subsequentes.

4. Os vírus reproduzem–se em um processo denominado de “replicação”, que ocorre em seis etapas básicas: adsorção, penetração, desnudamento, síntese viral, montagem e maturação e liberação. O processo ocorre no interior de uma célula viva, e sua multiplicação pode ser considerada em uma progressão geométrica de razão 2. Assim, sabendo que no início temos 2 vírus e após 8 horas temos 32 vírus, com o dobro de vírus, a replicação ocorrerá em metade do tempo (4h), até chegarem as 32 unidades.

   Certo ( ) Errado ( )

5. Se três números reais formam uma progressão aritmética, cuja soma dos termos corresponde a 18, e o produto entre eles corresponde a 66, podemos afirmar que o maior desses termos corresponde a 11.

Certo ( ) Errado ( )

6. **(CONSULPLAN – 2023 – PREFEITURA DE ORLÂNDIA/SP – CONSULTOR JURÍDICO)** O número acumulado de itens produzidos por uma indústria em cada minuto de uma hora completa é descrito pela sequência (3, 5, 9, 11, 15, 17, ...). Sabe–se que essa sequência possui uma regra lógica envolvendo sua formação. Dessa forma, qual a produção acumulada obtida no 42º minuto?

a) 113.

b) 125.

c) 137.

d) 141.

7. **(AVANÇA SP – 2023 – PREFEITURA DE ITAPECERICA DA SERRA/SP – DIRETOR DE ESCOLA)** Considere a seguinte sequência numérica: 7, 4, –2, –11, –23. É correto afirmar que o 8º termo da sequência é igual a:

a) -49.

b) -56.

c) -77.

d) -93.

e) -101.

8. **(CONSULPLAN – 2023 – PREFEITURA DE ORLÂNDIA/SP – AUXILIAR DE EDUCAÇÃO)** Marcelo está se preparando para uma prova que irá ocorrer em 30 dias. Para isso, decidiu começar estudando no primeiro dia por um tempo de 12 minutos e irá acrescentar 40 segundos de estudo a cada dia até o 30º dia, quando fará a prova. Seguindo essa estratégia de estudos, pode–se concluir que Marcelo irá acumular um tempo de estudos até o dia da prova que está compreendido entre:

a) 6 e 7 horas.

b) 7 e 8 horas.

c) 10 e 11 horas.

d) 11 e 12 horas.

9. **(CESPE/CEBRASPE – 2023 – PETROBRAS – ADMINISTRAÇÃO)** Um grupo de estagiários do setor de atendimento ao público de uma empresa deve ser avaliado em relação ao tempo de duração do atendimento. Um estagiário é considerando eficiente quando todos os seus atendimentos duram, no máximo, 9 minutos. Todas as pessoas que procuram esse setor buscam a solução de um mesmo tipo de problema, demandando, assim, um mesmo tempo aproximado.

A partir dessa situação hipotética, julgue o item seguinte.

Suponha-se que, em 2022, a quantidade de atendimentos no setor tenha crescido mensalmente em progressão aritmética com razão igual a 75. Nesse caso, se, em julho de 2022, tiverem sido registrados 2.500 atendimentos, então, em janeiro de 2022, o número de atendimentos terá sido superior a 2.100.

Certo ( ) Errado ( )

10. **(FUNDEPES – 2023 – PREFEITURA DE MARECHAL DEODORO/AL – ANALISTA DE CONTROLE INTERNO)** O município de Marechal Deodoro é popularmente conhecido como um grande celeiro da música do estado de Alagoas. Nos períodos festivos, os músicos da cidade são bastante solicitados para animar os eventos. No carnaval, certa banda carnavalesca organizou o seu desfile no seguinte formato: os instrumentos de sopro vieram à frente com três filas em uma progressão geométrica de razão dois com um componente na primeira fila, os tarôs formaram três filas com quatro componentes cada, e os tambores formaram quatro filas em progressão aritmética de razão um com um componente na primeira fila. Dessa forma, quantos componentes, no total, havia nessa banda?

a) 7.

b) 10.

c) 12.

d) 29.

e) 33.

11. **(FAUEL – 2023 – PREFEITURA DE PIÊN/PR – AUXILIAR ADMINISTRATIVO)** A sequência (–7, –4, –1, ...) é uma Progressão Aritmética (PA).

Assinale a alternativa que apresenta CORRETAMENTE a razão dessa PA.

a) 3.

b) -3.

c) 7.

d) -7.

e) 0.

12. **(CESGRANRIO – 2023 – BANCO DO BRASIL – AGENTE DE TECNOLOGIA)** No primeiro dia de agosto, foram registradas 180 reclamações em um órgão de defesa do consumidor. No segundo dia, foram registradas 184 reclamações.

Supondo-se que há reclamações todos os dias e que cada dia tenha 4 reclamações a mais do que o dia anterior, durante todos os 31 dias do mês de agosto, o total de reclamações registradas será igual a

a) 7.108.

b) 7.440.

c) 7.860.

d) 8.184.

e) 8.880.

13. **(INSTITUTO MAIS – 2023 – PREFEITURA DE SANTANA DE PARNAÍBA/SP – AGENTE DE DEFESA CIVIL)** Se Z é um elemento da sequência 2, 7, 22, 67, 202, Z. O valor de Z é

a) 404.

b) 454.

c) 565.

d) 607.

14. **(FEPESE – 2023 – CIDASC – ASSISTENTE ADMINISTRATIVO)** A soma dos valores de x que torna

$(x - 1, x^2 + 1, 9x + 3)$

Uma progressão aritmética é:

a) Menor que 1.

b) Maior que 1 e menor que 4

c) Maior que 4 e menor que 7.

d) Maior que 7 e menor que 10.

e) Maior que 10.

15. **(CONSULPLAN – 2023 – FEPAM/RS – AGENTE ADMINISTRATIVO)** Responsáveis técnicos da FEPAM mapearam uma região de reserva natural e estimaram que a quantidade de codornas–mineiras, uma espécie ameaçada de extinção, era de 1.200 aves e que, a cada ano, o número de aves dessa espécie cresce 250 unidades. Assim, mantendo–se essa taxa de crescimento inalterada e considerando–se que a observação inicial se deu no ano de 2022, com o primeiro aumento contabilizado em 2023, quantas codornas–mineiras haverá nessa região no final do ano de 2050?

a) 7.950.

b) 8.200.

c) 8.450.

d) 8.700.

e) 8.950.

16. **(CONSULPLAN – 2023 – CÂMARA DE TREMEMBÉ/SP – MOTORISTA)** Pensando em fazer uma reserva financeira para poder viajar no final do ano, Ruan resolve que irá depositar em um cofre, todos os meses, uma determinada quantia. No mês de janeiro ele guardará uma quantia no cofre e nos demais meses se propôs a guardar sempre R$ 20,00 a mais que no mês anterior. Para que Ruan tenha, ao final de 12 meses, uma quantia de exatamente R$ 3.000,00 para poder viajar, ele deverá começar guardando em seu cofre, no primeiro mês, a quantia de:

a) R$ 40,00.

b) R$ 140,00.

c) R$ 200,00.

d) R$ 240,00.

17. **(AVANÇA SP – 2023 – PREFEITURA DE AMERICANA/SP – PROFESSOR)** Os honorários de três colaboradores estão, respectivamente, em Progressão Aritmética. Sabendo–se que que X recebe R$2.100,00 e é a menor remuneração e que Y recebe R$5.500,00 e é a maior remuneração. Qual o salário de Z que é o colaborador intermediário?

a) R$3.400,00.

b) R$2.980,00.

c) R$3.600,00.

d) R$2.780,00.

e) R$3.800,00.

18. **(AVANÇA SP – 2023 – PREFEITURA DE AMERICANA/SP – PROFESSOR)** Em uma Progressão Geométrica, a2 = 16 e a4 = 64. Assinale a alternativa que apresenta o valor correspondente a a5:

a) 104.

b) 128.

c) 144.

d) 81.

e) 72.

19. **(FUMARC – 2023 – AL/MG – TÉCNICO DE APOIO LEGISLATIVO)** Max recebe, mensalmente, seu salário na empresa em que trabalha e resolveu poupar, mensalmente, parte de seu dinheiro, de maneira que guardasse valores obedecendo a uma determinada sequência em progressão aritmética. Após alguns cálculos, ele constatou que, ao somar o valor poupado no 11º mês com o valor poupado no 19º mês, resultará um montante de R$ 480,00. Se somar apenas os valores poupados no 7º e no 15º mês, terá um montante de R$ 360,00.

Sendo assim, qual será o total poupado por ele ao final de 20 meses?

a) R$ 315,00.

b) R$ 3.400,00.

c) R$ 3.450,00.

d) R$ 6.015,00.

20. **(IBFC – 2023 – SEC/BA – PROFESSOR)** Considere as sequências de termos gerais dados por $a_n = 2 - 2n$ e $b_n = 5n$, onde $n \in N^*$. O décimo termo de uma sequência dada por $c_n = a_n \cdot b_n$, onde $n \in N^*$, é igual a:

a) 800.

b) −100.

c) 300.

d) −900.

e) 500.

21. **(CESPE/CEBRASPE – 2023 – PO/AL – PAPILOSCOPISTA)** Com relação a tópicos de matemática, julgue o item a seguir.

Em uma progressão aritmética em que o segundo termo é 21 e o quinto termo é 42, o 12.º termo da sequência será 91.

Certo ( ) Errado ( )

22. **(FAFIPA – 2022 – PREVISCAM/PR – ASSISTENTE ADMINISTRATIVO)** Analise as sequências a seguir:

I. (1933, 1936, 1939, 1942, 1945);

II. (1, 2, 3, 5, 8, 13);

III. (10, 15, 21, 28);

IV. (-100, -50, 10, 25, 30).

Sobre as sequências, pode-se afirmar que:

a) Todas são progressões aritméticas.

b) Nenhuma das sequências representa uma progressão aritmética.

c) Somente I e IV são progressões aritméticas.

d) Somente I é uma progressão aritmética.

(CESPE/CEBRASPE - 2022 – SEE/PE - PROFESSOR) Julgue os próximos itens, relativo a sequências de números reais.

23. Existe uma sequência (a_n) que é, simultaneamente, uma progressão aritmética e uma progressão geométrica.

Certo ( ) Errado ( )

24. Considere–se que (a_n) seja uma sequência tal que $a_6 = 3$, $a_7 = 5$ e $a_9 = 12$. Nesse caso, é possível estabelecer um valor para a_8, de modo que os termos a_6, a_7, a_8 e a_9 estejam em progressão geométrica.

Certo ( ) Errado ( )

25. **(FCC – 2022 – SEDU/ES – PROFESSOR)** Sabe–se que x, x + 4 e x + 12, $x \in R$, são três termos consecutivos de uma progressão geométrica e que a soma dos 6 primeiros termos dessa progressão geométrica é 63. O primeiro termo dessa progressão é:

a) 1/2.

b) 3/2.

c) 2.

d) 1.

e) 5/2.

26. **(AOCP – 2022 – CÂMARA DE BAURU/SP – ASSISTENTE LEGISLATIVO)** Assinale a alternativa que apresenta o valor de x para que $(x + 2, 5x, 4x^2)$ forme uma progressão aritmética decrescente.

a) 1.

b) 1/4.

c) 4.

d) 1/2.

e) 2.

27. **(IUDS – 2022 – CÂMARA DA ESTÂNCIA DE SOCORRO/SP – ASSESSOR LEGISLATIVO)** Carlos é professor de matemática e propôs o seguinte problema para seus alunos:

"Uma determinada progressão aritmética de razão igual a 4 começa com o número 12. Qual será o seu 51º termo?

a) 200.

b) 212.

c) 216.

d) 604.

28. **(IBADE – 2022 – PREFEITURA DE BARRA DE SÃO FRANCISCO/ES – PROCURADOR MUNICIPAL)** Em uma fila de banco foram distribuídas senhas, de modo que cada pessoa recebesse apenas uma senha enumeradas da seguinte forma:

- Pessoa 1: $2(\sqrt{16} + 3)$
- Pessoa 2: $3(\sqrt{16} + 4)$
- Pessoa 3: $4(\sqrt{16} + 5)$

Sabendo que a fila possui 20 pessoas, qual o número da senha que a 20ª pessoa recebeu?

a) 480.

b) 500.

c) 546.

d) 618.

e) 608.

29. **(IBADE – 2022 – PREFEITURA DE BARRA DE SÃO FRANCISCO/ES – TÉCNICO DE ENFERMAGEM)** Uma espécie de planta é atacada sistematicamente por certa espécie de lagarta, fazendo com que a quantidade de folhas presentes na árvore seja reduzida. No primeiro dia de contato entre as duas espécies haviam 2000 folhas e 2 lagartas e no segundo dia 1000 folhas e 6 lagartas. Supondo que o padrão de crescimento das lagartas e redução das folhas se mantenha até o quinto dia, qual a quantidade de folhas e lagartas, nessa ordem, no quinto dia?

a) 500 e 162.

b) 125 e 500.

c) 162 e 125.

d) 125 e 164.

e) 125 e 162.

30. **(IBADE – 2022 – CÂMARA DE ACRELÂNDIA/AC – PROCURADOR JURÍDICO)** Certa sequência é determinada calculando–se o dobro do número anterior acrescido de um número primo distinto. Por exemplo, supondo que o primeiro termo seja X, então o segundo termo será o dobro de X acrescido do primeiro primo existente, o terceiro termo será o dobro do segundo acrescido do segundo primo existente, e assim sucessivamente. Logo, qual o valor do 5º termo sabendo que o primeiro termo dessa sequência é 4?

a) 51.

b) 107.

c) 109.

d) 46.

e) 225.

31. **(FADENOR – 2022 – PREFEITURA DE DORES DE GUANHÃES/MG – CARGOS DE NÍVEL MÉDIO)** Considere a P.A (26, 35, 44...). É CORRETO afirmar que o 31.º termo dessa P.A é

a) 297.

b) 296.

c) 269.

d) 286.

e) 268.

32. **(VUNESP – 2022 – DOCAS/PB – ADMINISTRADOR)** Considere a seguinte sequência numérica:

1, 4, 10, 22, x, 94, 190, y, 766

Sabendo-se que a sequência é modelada por uma única lei de formação, é correto afirmar que x + y é igual a

a) 424.

b) 426.

c) 428.

d) 430.

e) 432.

33. **(COTEC – 2022 – PREFEITURA DE PARACATU/MG – OFICIAL ADMINISTRATIVO)** Considere uma PA (a1; a2; a3; a4) e a lei de formação $a_n = 1 + 3n$. Nessas condições, é CORRETO afirmar que (a1 + a2·a3 – a4) é

a) 8.

b) 34.

c) 61.

d) 97.

e) -24.

34. **(COTEC – 2022 – PREFEITURA DE PARACATU/MG – OFICIAL ADMINISTRATIVO)** Na PG cujos três primeiros termos (a1, a2, a3) são, respectivamente, $(2\sqrt{2}, 4\sqrt{6}, 24\sqrt{2})$, pode–se afirmar que a razão é

a) $1/2\sqrt{3}$.

b) $2\sqrt{3}$.

c) $2\sqrt{6}$.

d) $3\sqrt{2}$.

e) $6\sqrt{2}$.

35. **(FAU – 2022 – PREFEITURA DE PONTA GROSSA/PR – MOTORISTA) A sequência (10, 12, 16, 24, ...)** segue um padrão lógico e desta forma o próximo elemento da sequência é igual a:

a) 30.

b) 32.

c) 36.

d) 40.

e) 44.

36. **(FAU – 2022 – PREFEITURA DE PONTA GROSSA/PR – AGENTE DE TRÂNSITO)** Uma série tem 12 temporadas e foi pensada da seguinte forma, a 1ª temporada vai ter 12 capítulos, a 2ª 11, 3ª 10, e assim, sucessivamente. Assim, o total de capítulos desta série é igual a:

a) 64.

b) 78.

c) 82.

d) 84.

e) 96.

37. **(CESPE / CEBRASPE – 2022 – PREFEITURA DE MARINGÁ/PR – PROFESSOR)** Treze professores de matemática estão planejando uma festa para comemorar o aniversário de inauguração da escola em que trabalham. Para comprar os itens necessários à festa, cada um deles irá pagar um valor que está diretamente relacionado à sua idade. Eles combinaram que o professor mais velho pagará menos, o mais novo irá pagar mais e os valores a serem pagos deveriam estar em progressão aritmética. Todos os professores têm idades diferentes, o segundo professor mais novo pagou R$ 220,00 e o professor que tem a idade do meio pagou R$ 199,00.

Na situação hipotética precedente, o valor total arrecadado foi igual a

a) R$ 2.723,50.

b) R$ 1.495,00.

c) R$ 2.587,00.

d) R$ 2.632,50

e) R$ 2.626,00.

38. **(FEPESE – 2022 – PREFEITURA DE BALNEÁRIO CAMBORIÚ/SC – PROFESSOR)** Se (x–3, 2x – 14, x + 11) forma uma progressão aritmética, então o valor de x é:

a) Maior que 26.

b) Maior que 23 e menor que 26.

c) Maior que 20 e menor que 23.

d) Maior que 17 e menor que 20.

e) Menor que 17.

39. **(VUNESP – 2022 – PREFEITURA DE SOROCABA/SP – ANALISTA DE SISTEMAS)** Na sequência numérica 10, 21, 33, 46, 60, ..., o número 10 é o primeiro elemento. Mantida a regularidade da sequência, o sétimo elemento dela será igual a

a) 87.

b) 88.

c) 89.

d) 90.

e) 91.

40. **(AVANÇA SP – 2022 – PREFEITURA DE VINHEDO/SP – PROFESSOR)** Considere a progressão aritmética abaixo.

(α, β, γ)

Assinale a resposta correta.

a) $2\beta = \gamma + \alpha$.

b) $2\beta = 3\gamma + \alpha$.

c) $\beta = \gamma + 3\alpha$.

d) $2\beta = \gamma\alpha$.

e) $\beta = \gamma\,\alpha$.

41. **(CONSULPAM – 2022 – PREFEITURA DE IRAUÇUBA/CE – PROFESSOR)** A soma dos 40 primeiros termos da progressão aritmética (2, 5, 8, 11, ...) é:

a) 2420.

b) 2426.

c) 2430.

d) 2434.

42. **(OBJETIVA – 2022 – PREFEITURA DE CARMO DO PARANAÍBA/MG – ADVOGADO)** Considerar a sequência a seguir cujos termos são obtidos segundo determinado padrão: 1, 4, 9, 16, 25, ... O 13° termo da sequência é igual a:

a) 121.

b) 144.

c) 169.

d) 196.

43. **(FAUEL – 2022 – CÂMARA DE SERTANÓPOLIS/PR – ASSISTENTE ADMINISTRATIVO)** Progressão aritmética (PA) é a sequência numérica onde, a partir do primeiro termo, todos os demais termos são obtidos somando uma constante denominada de razão. A soma dos 40 primeiros termos da PA (7,11,15...) é igual a:

a) 3.000.

b) 3.400.

c) 3.600.

d) 3.945.

e) 4.450.

44. **(SELECON – 2022 – PREFEITURA DE CUIABÁ/MT – TÉCNICO ADMINISTRATIVO)** Os termos da sequência (2, 5, 11, 23, 47, n) foram escritos segundo um determinado padrão.

O valor de n é:

a) 91.

b) 93.

c) 95.

d) 97.

Gabarito

1	C	12	B	23	CERTO	34	B
2	C	13	D	24	ERRADO	35	D
3	B	14	C	25	D	36	B
4	ERRADO	15	B	26	B	37	C
5	CERTO	16	B	27	B	38	D
6	B	17	E	28	C	39	E
7	C	18	B	29	E	40	A
8	C	19	C	30	C	41	A
9	ERRADO	20	D	31	B	42	C
10	D	21	CERTO	32	C	43	B
11	A	22	D	33	C	44	C

CAPÍTULO BONUS

8 CÁLCULOS ARITMÉTICOS

Os números são divididos em Naturais (N), Inteiros (Z), Racionais (Q), Irracionais (I) e Reais (R).

Os **números naturais** são: N = {0, 1, 2, 3, 4, 5, 6, 7, ..., +∞}

Os **números inteiros** são: Z = {-∞, ..., -3, -2, -1, 0, 1, 2, 3, ..., +∞}

Os **números racionais** são as frações:

Q = {a/b; com a e b ∈ Z e b ≠ 0; a = numerador e b = denominador}.

Compõem também o conjunto dos números racionais os números decimais (aqueles escritos com a vírgula e cujo denominador são as potências de 10) e as dízimas periódicas (números em que a parte decimal de repete infinitamente).

Os **números irracionais** (I) são as dízimas não periódicas e as raízes não exatas, ou seja, são números decimais, não-periódicos e que não podem ser representados por frações.

I = {π = 3.14159265359...; √2 = 1.41421356237...; etc}

Os **números reais** (R) são a união dos números racionais e irracionais.

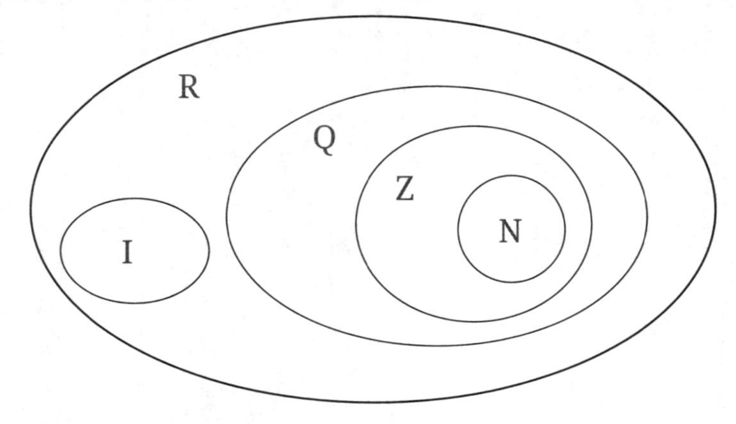

8.1 Operações com números

As operações com números são: Soma, Subtração, Multiplicação, Divisão e Potenciação.

Somas (+) e subtrações (-) são operações "irmãs"

Com sinais iguais, basta somar os valores e conservar o sinal, já com sinais diferentes, faz-se uma subtração e coloca o sinal do maior número em valor absoluto.

Exs.:

4 + 7 = 11

4 – 7 = -3

-4 + 7 = 3

-4 – 7 = -11

Obs.:

par + par = par

par + ímpar = ímpar

ímpar + par = ímpar

ímpar + ímpar = par

Fique ligado!

4 – (-7) = 4 + 7 = 11

Multiplicação (·) e divisão (÷) são operações "irmãs"

Jogo de sinais

+	+	+
+	–	–
–	+	–
–	–	+

Exs.:

4 · 7 = 28

4 · -7 = -28

-4 · 7 = -28

-4 · -7 = 28

Obs.:

par · par = par

par · ímpar = par

ímpar · par = par

ímpar · ímpar = ímpar

A potenciação (e radiciação)

$a^n = a \cdot a \cdot a \cdot a \cdot ... \cdot a$ (multiplica o "a" tantas vezes quanto for o valor de n; em que a = base e n = expoente)

Fique ligado!

$a^0 = 1$ (com $a \neq 0$)

$a^1 = a$

Propriedades das potências

$a^m \cdot a^n = a^{m+n}$

$a^m \div a^n = a^{m-n}$

$(a^m)^n = a^{m \cdot n}$

$a^{m^n} = (a)^{m^n}$

$a^{-m} = (1/a)^m$

$-a^m$ = negativo

$(-a)^m$ = positivo de “m” par e negativo se “m” ímpar

$a^{m/n} = \sqrt[n]{a^m}$

$1/\sqrt{a} = (1/\sqrt{a})\cdot(\sqrt{a}/\sqrt{a}) = \sqrt{a}/a$

8.2 Múltiplos e divisores

Múltiplos

Múltiplos de um número são o resultado da multiplicação de um número por todos os números naturais.

Os múltiplos de 4 são, por exemplo:

0, 4, 8, 12, 16, 20, 24, 28, 32, 36, 40, 44, 48, ...

Divisores

Divisores de um número são os números que dão resultados exatos ao dividir um número qualquer por eles.

Os divisores de 36 são:

1, 2, 3, 4, 6, 9, 12, 18, 36

8.3 Regras de divisibilidade

Divisibilidade é saber se um número é divisível por outro ou não.

Os múltiplos de um número são divisíveis por esse número, e esse número é divisor de seus múltiplos.

As regras de divisibilidade são:

Por 2

Um número é divisível por 2 quando ele é par.

Ex.:

18 é divisível por 2, pois 22 é par

Por 3

Um número é divisível por 3 quando a soma dos seus algarismos for divisível por 3 (múltiplo de 3).

Ex.:

138 é divisível por 3, pois 1+3+8=12 e 12 é múltiplo de 3, logo divisível por 3.

Por 4

Um número é divisível por 4 quando seus dois últimos algarismos são 00 ou são múltiplos de 4.

Ex.:

348 é divisível por 4, pois 48 é múltiplo de 4.

Por 5

Um número é divisível por 5 quando ele termina em 0 ou em 5.

Ex.:

185 é divisível por 5, pois termina em 5.

Por 6

Um número é divisível por 6 quando ele é divisível por 2 e por 3 ao mesmo tempo.

Ex.:

84 é divisível por 6, pois é par e 8 + 4=9.

Por 8

Um número é divisível por 8 quando seus três últimos algarismos são 000 ou são múltiplos de 8.

Ex.:

3000 é divisível por 8, pois termina em 000.

Por 9

Um número é divisível por 9 quando a soma dos seus algarismos for divisível por 9 (múltiplo de 9).

Ex.:

693 é divisível por 9, pois 6+9+3=18 e 18 é múltiplo de 9, logo divisível por 9.

Por 10

Um número é divisível por 10 quando ele termina em 0.

Ex.:

450 é divisível por 10, pois termina em 10.

Por 12

Um número é divisível por 12 quando ele é divisível por 3 e por 4 ao mesmo tempo.

Ex.:

4128 é divisível por 12, pois 4+1+2+8=15 e 28 é múltiplo de 4 (4128/12 = 344).

Por 7

Um número é divisível por 7 quando multiplicando seu último algarismo por 2 e diminuindo esse resultado do restante do número sem o último algarismo o resultado for múltiplo de 7.

Ex.:

665 é divisível por 7, pois 5·2 = 10 e 66 – 10 = 56 (665/7 = 52).

Por 11

Um número é divisível por 11 quando a soma dos algarismos de ordem par "menos" a soma dos algarismos de ordem ímpar for múltipla de 11.

Ex.:

2849 é divisível por 11, pois 8+9=17; 2+4=6; e 17 – 6 = 11 (2849/11 = 259).

8.4 Números primos

Os números primos são números naturais que têm apenas 2 divisores, o 1 e ele mesmo:

2, 3, 5, 7, 11, 13, 17, 19, 23, 29, 31, 37, 41, 43, 47, ...

Números compostos

São os números resultados da multiplicação dos números primos (ou seja, os números que não são primos, logo têm mais de dois divisores).

Fatores primos (fatoração)

Todo número pode ser expresso em fatores primos, para tanto, é preciso fatorar esse número. Fatorar é dividir um número pelos números primos com divisões exatas até o resultado das divisões chegar em 1.

Ex.:

$45 = 3^2 \cdot 5$

Mínimo Múltiplo Comum (MMC)

MMC entre dois ou mais números é o menor número que é múltiplo ao mesmo tempo desses números.

Para determinar o MMC basta fazer a fatoração desses números e multiplicar todos os fatores primos elevados aos maiores expoentes.

Ex.:

MMC de 24 e 36

$24 = 2^3 \cdot 3$

$36 = 2^2 \cdot 3^2$

$MMC = 2^3 \cdot 3^2 = 8 \cdot 9 = 72$

Máximo divisor comum (MDC)

MDC entre dois ou mais números é o maior número que divide ao mesmo tempo esses números.

Para determinar o MDC basta fazer a fatoração desses números e multiplicar os fatores primos, comuns aos números, elevados aos menores expoentes.

Ex.:

MDC de 24 e 36

$24 = 2^3 \cdot 3$

$36 = 2^2 \cdot 3^2$

$MDC = 2^2 \cdot 3 = 4 \cdot 3 = 12$

Fique ligado!

O produto do MMC e do MDC de dois números é igual a multiplicação desses números.

8.5 Frações

Fração é a parte de um todo que foi dividido.

Por exemplo, 3/7 quer dizer que um todo foi dividido em 7 partes e dessas 7 partes foram "pegas" 3 partes.

As frações podem ser próprias (numerador menor que o denominador), impróprias (numerador maior que o denominador), aparentes (numerador múltiplo do denominador), mistas (tem uma parte inteira e uma parte própria) e equivalentes (frações que podem ser simplificadas).

- 4/13 = própria
- 7/2 = imprópria
- 30/6 = aparente
- $5\frac{1}{11}$ = mista
- 45/75 (simplificando por 3) = 15/25 (simplificando por 5) = 3/5 (irredutível) = equivalentes

Operações com frações

- Para somar ou subtrair frações com denominadores iguais, basta repetir o denominador e somar ou subtrair os numeradores:

  4/18 + 11/18 = 15/18

- Para somar ou subtrair frações com denominadores diferentes, tem que fazer o MMC dos denominadores, fazer as frações equivalentes e somar ou subtrair os numeradores:

  3/4 – 5/7 (MMC de 4 e 7 = 28) =

  21/28 – 20/28 = 1/28

- Para multiplicar frações, basta multiplicar numeradores com numeradores e denominadores com denominadores:

  4/11 · 7/8 = 28/88 =

  14/44 = 7/22

- Para dividir frações, a regra é "conservar" a primeira fração e multiplicar pelo "inverso" da segunda fração:

  14/23 / 6/26 =

  14/23 · 26/6 =

  364/138 = 182/69

8.6 Números decimais

Números decimais são os números "com vírgula".

Operações com números decimais

- Para somar ou subtrair os números decimais, basta igualar as casas decimais dos números e fazer a soma ou subtração:

  2,71 + 13,4 =

  2,71 + 13,40 = 16,11

  30,8 – 22,56 =

  30,80 – 22,56 = 8,24

- Para dividir os números decimais, basta igualar as casas decimais dos números, retirar as vírgulas e fazer a divisão:

  141,7/44,18 =

  141,70/44,18 =

  14170/4418 = 7085/2209

- Para multiplicar os números decimais, basta multiplicar os números e ao final da multiplicação contar quantas casas decimais tem ao todo depois das vírgulas e aplicar essa quantidade de casas ao resultado:

  18,4 · 22,28 = 409,952

8.7 Dízimas periódicas

São números decimais que têm na sua parte decimal (após a vírgula) uma repetição infinita.

Ex.:

7,228282828... é uma dízima periódica, pois tem na sua parte decimal o 28 repetido infinitamente.

Operações com dízimas

Com as dízimas periódicas, a ideia é transformar as dízimas em fração para poder "operar" com elas.

Para transformar dízimas em frações, as regras são:

- Olhando para a parte decimal, ver quantas "casas" têm a parte da dízima e quantas forem essas casas serão a quantidade de 9 no denominador; ainda na parte decimal, se tiver casas não periódicas, essas serão 0 no denominador.
- Para o numerador, basta escrever todo o número até a primeira "casa" da dízima e subtrair do que não for dízima.

Ex.:

0,777777... = 7/9

0,27272727... = 27/99 = 9/33 = 3/11

0,144144144144... = 144/999 = 48/333 = 16/111

0,14444... = 14-1/90 = 13/90

9,303030... = 930-9/99 = 921/99 = 307/33

8,288888... = 828-82/90 = 746/90 = 373/45

7,1813131313... = 71813-718/9900 = 71095/9900 = 14219/1980

4,444444... = 44-4/9 = 40/9

8.8 Grandezas

Grandeza é tudo que pode ser medido, contado ou quantificado.

8.9 Razão

Razão é uma comparação entre grandezas.

É uma fração **a/b** com $b \neq 0$, em que a = antecedente e b = consequente.

8.10 Proporção

Proporção é uma igualdade de razões.

$$a/b = c/d$$

As proporções, geralmente, são utilizadas para determinar o valor de alguma grandeza pela variação das outras grandezas que estão sendo comparadas.

Propriedade Fundamental Das Proporções

A propriedade fundamental das proporções é:

O produto dos meios é igual ao produto dos extremos

(multiplicação cruzada = "cruz credo").

$$a/b = c/d$$

(b e c são os meios, veja que na igualdade eles estão no meio; já a e d são os extremos)

$$b \cdot c = a \cdot d$$

As proporções têm algumas outras propriedades bem comuns:

- 1ª propriedade: a soma do antecedente e do consequente de uma razão está para o seu antecedente ou o seu consequente, assim como a soma do antecedente com o consequente da outra razão está para o seu antecedente ou consequente.

$$\mathbf{a+b/a = c+d/c}$$

$$\mathbf{a+b/b = c+d/d}$$

- 2ª propriedade: a diferença do antecedente e do consequente de uma razão está para o seu antecedente ou o seu consequente, assim como a diferença do antecedente com o consequente da outra razão está para o seu antecedente ou consequente.

$$\mathbf{a - b/a = c - d/c}$$

$$\mathbf{a - b/b = c - d/d}$$

- 3ª propriedade: a soma dos antecedentes está para a soma dos consequentes, assim como cada antecedente está para o seu consequente.

$$\mathbf{a+c/b+d = a/b}$$

$$\mathbf{a+c/b+d = c/d}$$

- 4ª propriedade: a diferença dos antecedentes está para a diferença dos consequentes, assim como cada antecedente está para o seu consequente.

$$\mathbf{a - c/b - d = a/b}$$

$$\mathbf{a - c/b - d = c/d}$$

- 5ª propriedade: o produto dos antecedentes está para o produto dos consequentes, assim como o quadrado de cada antecedente está para o quadrado do seu consequente.

$$\mathbf{a \cdot c/b \cdot d = a^2/b^2}$$

$$\mathbf{a \cdot c/b \cdot d = c^2/d^2}$$

8.11 Divisão em partes proporcionais

Dividir em partes proporcionais pode ser tanto em partes diretamente proporcionais – em que quem tem mais fica com mais e quem tem menos fica com menos, como em partes inversamente proporcionais – em que quem tem mais fica com menos e quem tem menos fica com mais.

Para dividir em partes proporcionais, é importante conhecer a constante proporcional (k), que será usada nos cálculos.

Em partes diretamente proporcionais

Ex.:

Certa carga de 500kg de carne será distribuída entre três famílias de forma diretamente proporcional à quantidade de integrantes das famílias. A família 1 tem 5 integrantes, a família 2 tem 7 integrantes e a família 3 tem 8 integrantes. Sendo assim, qual a quantidade de carne correspondente a cada família?

Família 1 = 5

Família 2 = 7

Família 3 = 8

Como a divisão é em partes diretamente proporcionais, fica:

$5x + 7x + 8x = 500$

$20x = 500$

$X = 500/20$

$X = 25$

Então as famílias receberão:

Família 1: $5 \cdot (25) = 125$ *kg de carne*

Família 2: $7 \cdot (25) = 175$ *kg de carne*

Família 3: $8 \cdot (25) = 200$ *kg de carne*

Em partes inversamente proporcionais

Ex.:

Uma obra está orçada em, aproximadamente, R$ 800.000,00, o valor orçado será dividido entre 3 construtoras (alfa, beta e gama) de forma inversamente proporcional a 10, 2 e 5, respectivamente. O valor correspondente a cada construtora é igual a?

Na divisão em partes inversamente proporcionais, vamos ajustar as proporções para uma situação diretamente proporcional, pois isso facilita o cálculo.

Esse ajuste é feito pela regra da o tapa do professor Marco Mantovani, que consiste em multiplicar os valores não pertencentes a uma determinada parte, e esse produto será o equivalente diretamente proporcional da referida parte. Veja:

Em partes inversamente proporcionais:

Construtora 1 (alfa) = 10

Construtora 2 (beta) = 2

Construtora 3 (gama) = 5

Convertendo em partes diretamente proporcionais:

Construtora 1 (alfa) = 2x5 = 10

Construtora 2 (beta) = 10x5 = 50

Construtora 3 (gama) = 10x2 = 20

Calculando agora em partes diretamente proporcionais, fica:

10x + 50x + 20x = 800000

80x = 800000

X = 800000/80

X = 10000

Então, as construtoras receberão:

Construtora 1 (alfa) = 10x10000 = R$ 100000,00

Construtora 2 (beta) = 50x10000 = R$ 500000,00

Construtora 3 (gama) = 20x10000 = R$ 200000,00

Regra das torneiras

É um caso específico de divisão proporcional aplicado quando determinada situação é feita em tempos diferentes, quando feitas separadas, e por outro tempo, quando feitas juntas.

$$\mathbf{1/t_T = 1/t_1 + 1/t_2}$$

$$\mathbf{t_T = t_1 \cdot t_2 / (t_1 + t_2)}$$

Ex.:

Uma torneira enche um balde em 6 min. Outra torneira enche o mesmo balde em 4 min. Em quanto tempo as duas torneiras juntas encherão o balde?

$t_1 = 6$ *minutos*

$t_2 = 4$ *minutos*

$t_T = t_1 \cdot t_2 / (t_1 + t_2)$

$t_T = 6 \cdot 4 / (6 + 4)$

$t_T = 24/10$

$t_T = 2{,}4$ *minutos*

$t_T = 2$ *minutos e 24 segundos*

Portanto, o tempo que as duas torneiras enchem o balde juntos é 2 minutos e 24 segundos.

8.12 Regra de três

Regra de três é um dispositivo ou mecanismo prático para calcular proporções.

Regra de três simples

A regra de 3 é simples quando compara apenas 2 grandezas.

O" segredo" é descobrir se as grandezas comparadas são diretas ou inversamente proporcionais e fazer o cálculo pedido.

Ex.:

Uma máquina produz 25 brinquedos por dia. O número de brinquedos que essa máquina produzirá em 12 dias será?

Organizando as informações e resolvendo a proporção:

Dias	*Brinquedos*
1	*25*
12	*x*

*(veja que quanto mais dias mais brinquedos serão produzidos, então as grandezas são **diretamente** proporcionais)*

$25/x = 1/12$

(fazendo a proporção)

X = 300 brinquedos

Ex.:

A reforma de uma casa será realizada em 30 dias por 3 funcionários. Em quantos dias 5 funcionários fariam a mesma reforma?

Organizando as informações e resolvendo a proporção:

Dias	*Funcionários*
30	*3*
x	*5*

*(veja que quanto mais funcionários menos dias serão necessários para a reforma, então as grandezas são **inversamente** proporcionais)*

$30/x = 5/3$

(fazendo a proporção)

$5x = 90$

$X = 90/5$

X = 18 dias

Regra de três composta

A regra de 3 é composta quando compara mais de 2 grandezas.

Fique ligado!

Depois de determinar quais grandezas são diretas e inversamente proporcionais, é só fazer o cálculo pedido (a comparação das grandezas é feita sempre com a grandeza que se quer descobrir o valor).

Ex.:

8 máquinas iguais, de mesmo rendimento, trabalhando simultaneamente durante 9 horas por dia, produzem 100 unidades de peças em 10 dias. Nas mesmas condições, o número de máquinas necessárias para produzir 50 unidades dessa peça em 9 dias, trabalhando 8 horas por dia, será igual a?

Organizando as informações e resolvendo a proporção:

Máquinas	*Horas*	*Quantidade*	*Dias*
8	*9*	*100*	*10*
X	*8*	*50*	*9*

(veja que quanto menos horas por dia mais máquinas serão necessárias, então as grandezas são ***inversamente*** *proporcionais; quanto menos unidades menos máquinas serão necessárias, então as grandezas são* ***diretamente*** *proporcionais; e quanto menos dias mais máquinas serão necessárias, então as grandezas são* ***inversamente*** *proporcionais)*

$8/x = 8/9 \cdot 100/50 \cdot 9/10$

(fazendo as simplificações e multiplicações)

$8/x = 8/5$

(fazendo a proporção)

$8x = 40$

$X = 40/8$

$X = 5$ *máquinas*

8.13 Porcentagem

É uma razão/fração cujo denominador é igual a 100.

Taxa percentual

É o valor que vem acompanhado do símbolo da porcentagem %.

Ex.:

7% = 7/100 (fração centesimal) = 0,07 (número decimal).

28% = 28/100 (fração centesimal) = 0,28 (número decimal).

Cálculo de porcentagem

É a aplicação da taxa percentual a determinado valor.

Essa aplicação da taxa percentual é feita por regra de 3 (sempre de forma diretamente proporcional) ou multiplicando a taxa percentual pelos valores (use a taxa percentual em forma de fração com denominador 100 ou em número decimal).

Ex.:

30% de 1400

Resolvendo por regra de 3:

1400 100%

X 30%

1400/x = 100/30

(fazendo as simplificações e a proporção)

10x = 4200

X = 4200/10

X = 420

Resolvendo com a fração:

30/100 · 1400 = 3 · 140 = 420

Resolvendo com o número decimal:

0,3 · 1400 = 3 · 140 = 420

Porcentagens sucessivas

Quando aplicamos a porcentagem sucessivas vezes, devemos ficar atentos para incidir a taxa percentual sobre os valores corretos, principalmente, após alguma taxa já ter incidido sobre os valores.

Exs.:

Dois aumentos seguidos de 20%:

(usando 100 como base, porque são mais fáceis as comparações)

Primeiro aumento:

100 + 20% de 100

100 + 20 = 120

Segundo aumento:

120 + 20% de 120

120 + 24 = 144

Comparando: 144 – 100 = 44%

Logo, dois aumentos seguidos de 20% correspondem a um aumento único de 44%

Dois descontos seguidos de 20%:

(usando 100 como base, porque são mais fáceis as comparações)

Primeiro desconto:

100 – 20% de 100

100 – 20 = 80

Segundo desconto:

80 – 20% de 80

80 – 16 = 64

Comparando: 100 – 64 = 36%

Logo, dois descontos seguidos de 20% correspondem a um desconto único de 36%

Um aumento de 20% seguido de um desconto de 20%:

(usando 100 como base, porque são mais fáceis as comparações)

Primeiro o aumento:

100 + 20% de 100

100 + 20 = 120

Agora o desconto:

120 – 20% de 120

120 – 24 = 96

Comparando: 100 – 96 = 4%

Logo, um aumento de 20% seguido de um desconto de 20% correspondem a um desconto único de 4%

Um desconto de 20% seguido de um aumento de 20%:

(usando 100 como base, porque são mais fáceis as comparações)

Primeiro o desconto:

100 – 20% de 100

100 – 20 = 80

Agora o aumento:

80 + 20% de 80

80 + 16 = 96

Comparando: 100 – 96 = 4%

Logo, um desconto de 20% seguido de um aumento de 20% correspondem a um desconto único de 4%.

8.14 Equações de primeiro grau

É a equação que tem a incógnita – valor desconhecido (o “x”) – no 1º grau.

Escrita na forma genérica por:

$$\mathbf{ax \dot{+} b = 0}$$

Fique ligado!

A ideia é achar o valor de x, somando, subtraindo, multiplicando ou dividindo os valores. Geralmente, as equações do 1º grau são obtidas pelos problemas matemáticos mais simples.

Ex.:

O dobro da idade de Bia menos 6 anos da a idade de Luiza. Se Luiza tem 12 anos, qual a idade de Bia?

X = idade de Bia

2x – 6 = 12

2x = 12 + 6

2x = 18

X = 18/2

X = 9

Logo, a idade de Bia é 9 anos.

8.15 Equação de segundo grau

É a equação que tem a incógnita – valor desconhecido (o “x”) – no 2º grau (x^2).

Escrita na forma genérica por:

$ax^2 + bx + c = 0$

Fique ligado!

Como a incógnita está no 2º grau, ela pode assumir até 2 valores no conjunto dos números reais.

Fórmula de Bhaskara

Para achar os valores de “x” usa-se a fórmula de Bhaskara e calcula-se em duas etapas:

- Calcula o discriminante (vulgo delta “Δ”)

  $\Delta = b^2 - 4 \cdot a \cdot c$

- Depois calcula as raízes:

  $x = (-b \pm \sqrt{\Delta})/2 \cdot a$

  $x' = (-b + \sqrt{\Delta})/2a$

  $x'' = (-b - \sqrt{\Delta})/2a$

Ex.:

Quais os valores de “x” na equação $x^2 - 7x + 5 = -7$?

$x^2 - 7x + 5 = -7$

$x^2 - 7x + 5 + 7 = 0$

$x^2 - 7x + 12 = 0$

$a = 1; b = -7; c = 12$

$\Delta = b^2 - 4 \cdot a \cdot c$

$\Delta = (-7)^2 - 4 \cdot 1 \cdot 12$

$\Delta = 49 - 48$

$\Delta = 1$

$\sqrt{\Delta} = 1$

$x = (-b \pm \sqrt{\Delta})/2 \cdot a$

$x = (-(-7) \pm 1)/2 \cdot 1$

$x = 7 \pm 1/2$

$x' = 7 + 1/2$

$x' = 8/2 = 4$

$x'' = 7 - 1/2$

$x'' = 6/2 = 3$

Fique ligado!

Quando $\Delta > 0$ a equação tem duas raízes reais diferentes;

Quando $\Delta = 0$ a equação tem duas raízes reais iguais;

Quando $\Delta < 0$ a equação tem suas raízes no conjunto dos números complexos.

Relação entre a soma e produto das raízes

Existe uma relação entre as raízes da equação de 2º grau com a equação do 2º grau, que é:

Relação entre a soma e produto das raízes:

$$\mathbf{ax^2 + bx + c = 0}$$

Soma = S = x' + x'' = -b/a

Produto = P = x' · x'' = c/a

$$\mathbf{x^2 - Sx + P = 0}$$

Ex.:

$x^2 - 7x + 5 = -7$

$x^2 - 7x + 5 = -7$

$x^2 - 7x + 5 + 7 = 0$

$\mathbf{x^2 - 7x + 12 = 0}$

$x' = 8/2 = 4$

$x'' = 6/2 = 3$

Soma

$S = x' + x'' = -b/a$

$S = 4 + 3 = 7$

$S = -(-7)/1 = 7$

Produto

$P = x' \cdot x'' = c/a$

$P = 4 \cdot 3 = 12$

$P = 12/1 = 12$

$\boldsymbol{x^2 - 7x + 12 = 0}$

9 CÁLCULOS GEOMÉTRICOS

9.1 Ângulos

Ângulo é a área entre duas semirretas com a mesma origem (vértice).

Os ângulos são medidos em graus (°) ou radianos (rad).

Relação entre grau e radiano

$360° = 2\pi$ rad

$180° = \pi$ rad

$90° = \pi/2$ rad

$60° = \pi/3$ rad

$45° = \pi/4$ rad

$30° = \pi/6$ rad

9.2 Classificação dos ângulos

- Nulos (iguais a 0°);
- Agudos (menores que 90°);
- Retos (iguais a 90°);
- Obtusos (maiores que 90°);
- Rasos (iguais a 180°);
- Côncavos (maiores que 180° e menores que 360°);
- Inteiro ou completo (iguais a 360°);
- Ângulos complementares: a soma de dois ângulos dá 90°;
- Ângulos suplementares: a soma de dois ângulos dá 180°;
- Ângulos replementares: a soma de dois ângulos dá 360°.

9.3 Triângulos

Conceito, elementos e classificação

Triângulo é o polígono com 3 lados, 3 ângulos e 3 vértices.

Obs.1: o triângulo tem também uma base (lado na horizontal) e uma altura.

Obs.2: condição de existência de um triângulo: **qualquer lado é maior que a diferença dos outros dois e menor do que a soma dos outros dois**.

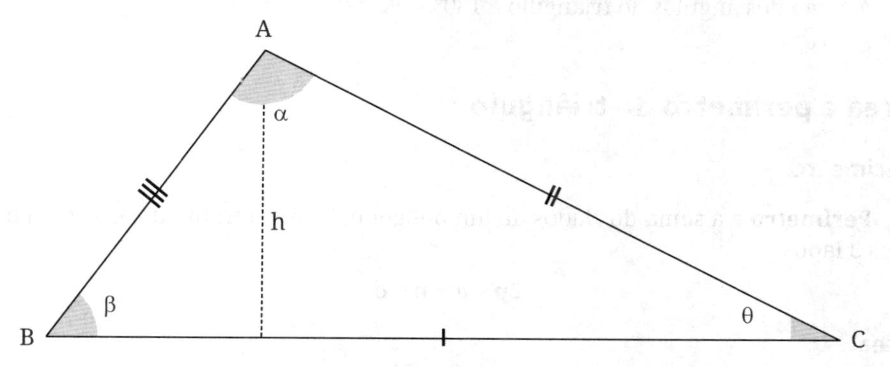

De acordo com **OS LADOS**, o triângulo pode ser classificado em:

- Escaleno (todos os lados diferentes);
- Isósceles (2 lados iguais);
- Equilátero (os 3 lados iguais).

De acordo com **OS ÂNGULOS**, o triângulo pode ser classificado em:

» Acutângulo (os 3 ângulos agudos – menores que 90°);

» Retângulo (um ângulo de 90°);

» Obtusângulo (um ângulo maior que 90°).

Tipos de Triângulos

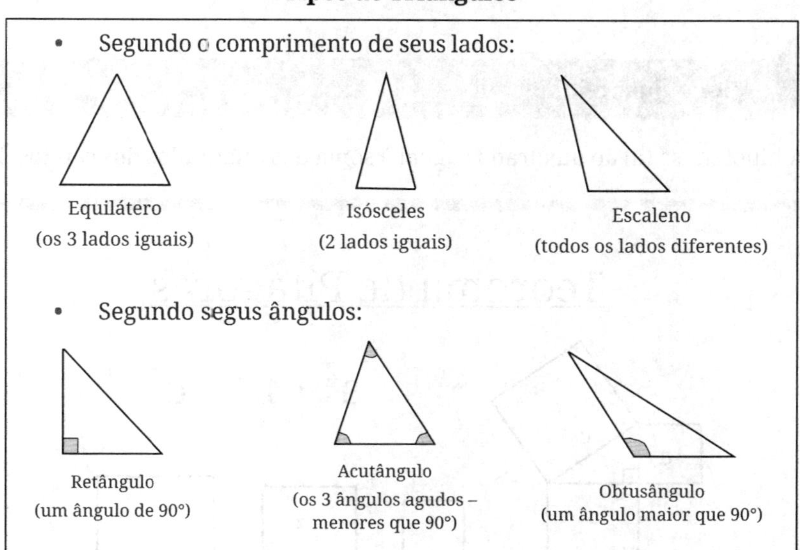

Soma dos ângulos internos do triângulo

A soma dos ângulos do triângulo é 180°.

$S_i = 180°$

Área e perímetro do triângulo

Perímetro

Perímetro é a soma dos lados de um polígono, logo, no triângulo, é a soma dos seus 3 lados.

$$\mathbf{2p = a + b + c}$$

Área

Área é o espaço ocupado pelo polígono no plano.

A área do triângulo é: base "vezes" altura, "dividido" por 2

$$\mathbf{A = b \cdot h/2}$$

No triângulo retângulo, a área pode ser calculada multiplicando um cateto pelo outro e dividindo o resultado da multiplicação por 2.

No triângulo equilátero, a área do triângulo será determinada por: $A = l^2\sqrt{3}/4$.

(a altura do triângulo equilátero também pode ser determinada por: $h = l\sqrt{3}/2$).

Teorema de Pitágoras (triângulo retângulo)

A principal relação no triângulo retângulo é o famoso Teorema de Pitágoras, que diz:

Fique ligado!

A hipotenusa (a) ao quadrado é igual à soma dos quadrados dos catetos (b e c).

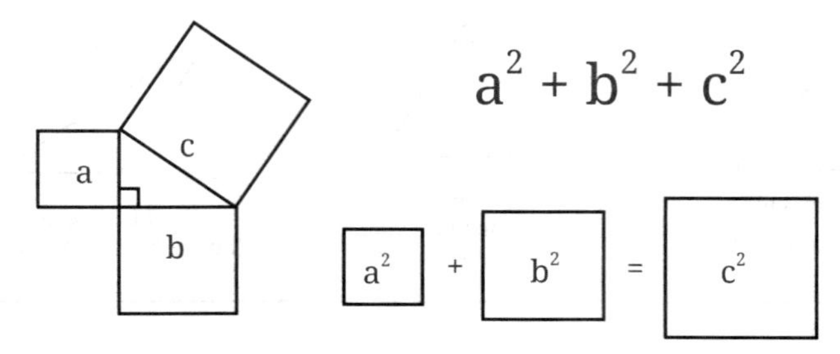

Obs.: triângulos pitagóricos famosos

cateto, cateto, hipotenusa

3, 4, 5 (e seus múltiplos)

5, 12, 13 (e seus múltiplos)

8, 15, 17 (e seus múltiplos)

Outras relações métricas no triângulo retângulo

No triângulo retângulo, existem algumas relações bem conhecidas e que ajudam a resolver as questões que abordam esse assunto.

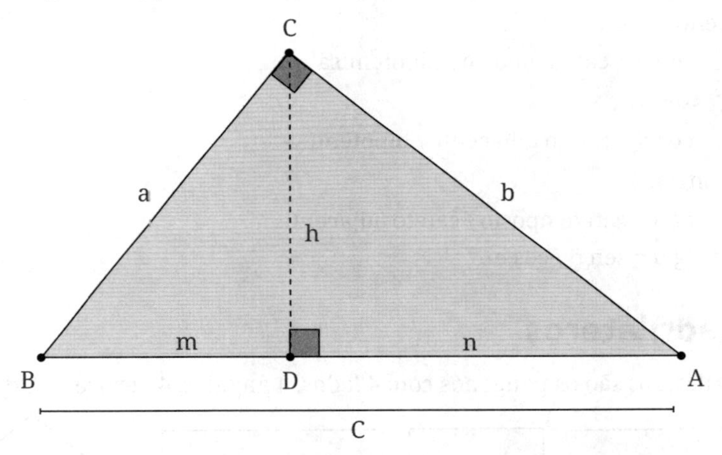

Essas relações são:

$a \cdot h = b \cdot c$

$h^2 = m \cdot n$

$b^2 = a \cdot m$

$c^2 = a \cdot n$

Seno, cosseno e tangente (trigonometria no triângulo retângulo)

No triângulo retângulo (triângulo um ângulo de 90°), as relações (razões) são:

Hipotenusa = lado oposto ao ângulo de 90°;

Cateto oposto = lado oposto ao ângulo destacado;

Cateto adjacente = lado "ao lado" do ângulo destacado.

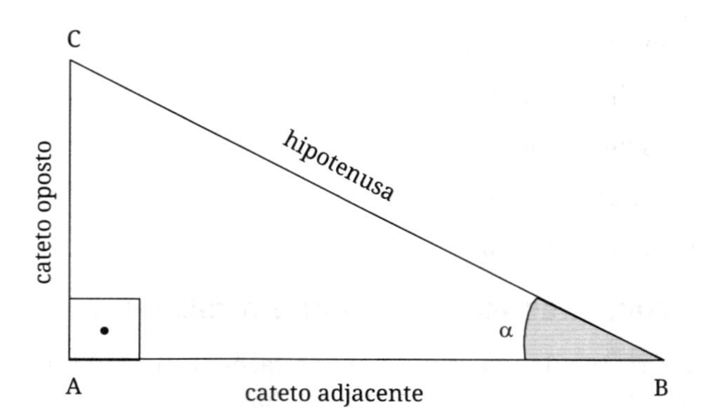

- Seno

  sen α = cateto oposto / hipotenusa

- Cosseno

  cos α = cateto adjacente / hipotenusa

- Tangente

  tg α = cateto oposto / cateto adjacente

  tg α = sen α / cos α

9.4 Quadriláteros

Quadriláteros são os polígonos com 4 lados, 4 ângulos, 4 vértices e 2 diagonais.

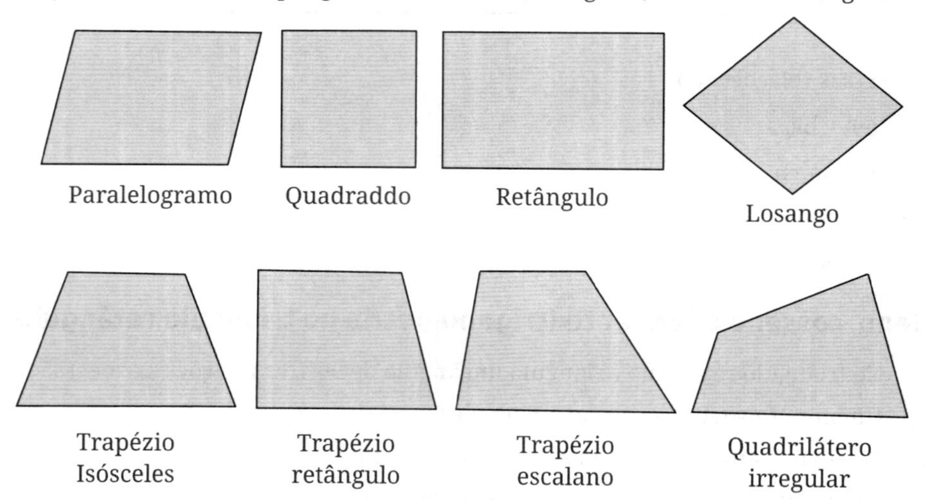

Soma dos ângulos

A soma dos ângulos dos quadriláteros é 360°.

S_i = 360°.

Classificação

Os quadriláteros podem ser classificados como paralelogramos (lados opostos paralelos) ou como trapézios (apenas as bases são paralelas).

Fique ligado!

Quando nenhum dos lados for paralelo, os quadriláteros podem ser classificados como trapezóides.

9.5 Os paralelogramos se dividem em

- Quadrados:
  - » Quatro lados iguais;
  - » Quatro ângulos iguais;
  - » Diagonais iguais, perpendiculares e se cortam ao meio.
- Retângulos:
  - » Lados paralelos iguais;
  - » Quatro ângulos iguais;
  - » Diagonais iguais e se cortam ao meio.
- Losangos:
  - » Quatro lados iguais;
  - » Ângulos opostos iguais;
  - » Diagonais perpendiculares e se cortam ao meio.
- Paralelogramos - propriamente ditos:
  - » Lados paralelos iguais;
  - » Ângulos opostos iguais;
  - » Diagonais se cortam ao meio.

9.6 Os trapézios podem ser

- Isósceles: lados não paralelos iguais;
- Retângulos: dois ângulos de 90°;
- Escalenos: todos os lados diferentes.

Perímetro e área

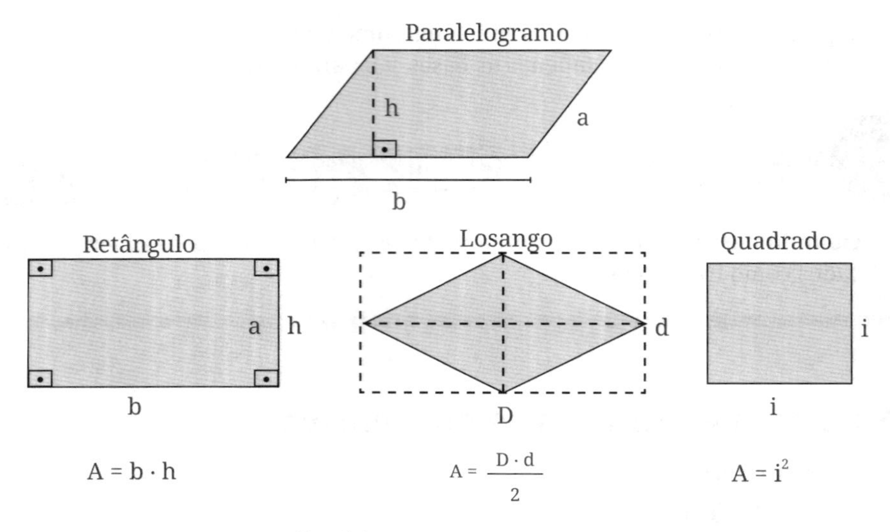

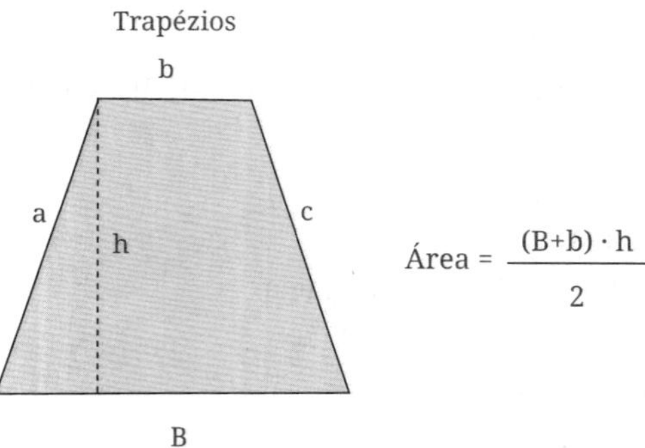

Perímetro (2p) é a soma dos lados de um polígono, então no quadrilátero é a soma dos quatro lados.

- Se quadrado e losango:
- $2p = 4L$
- Se retângulo e paralelogramo:
- $2p = 2a + 2b$
- Se trapézio:
- $2p = B + b + a + c$

A área é o espaço ocupado pelo polígono no plano, logo as áreas dos quadriláteros são:

- Se quadrado:
- $A = L^2$

A diagonal do quadrado é dada por:

» $D = L\sqrt{2}$

- Se retângulo:
- A = b·h ou a·b

A diagonal do retângulo é dada por:

» $D = \sqrt{a^2 + b^2}$

- Se losango:
- A = D·d/2
- Se paralelogramo:
- A = b·h
- Se trapézio:
- A = (B+b)·h / 2

9.7 Circunferência e círculo

Circunferência é a figura geométrica que reúne todos os pontos que estão a uma mesma distância de "outro" ponto.

Esse "outro" ponto é chamado de **centro** da circunferência e a distância aos outros pontos é denominada **raio** (r).

Círculo é a área dentro da circunferência.

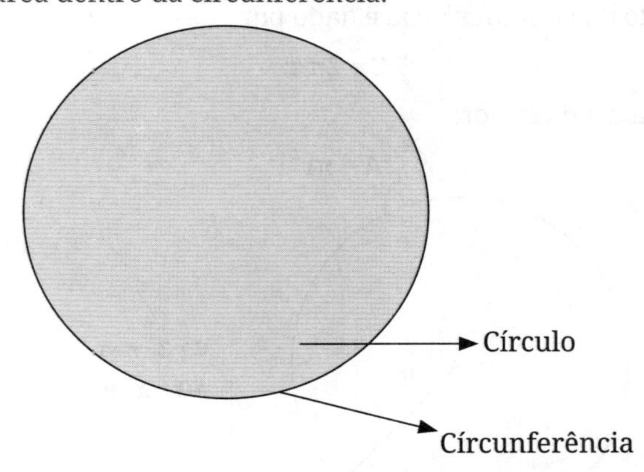

Quando dois pontos da circunferência são ligados por um segmento de reta, esse segmento é chamado de corda.

Fique ligado!

Uma corda que passa pelo centro da circunferência é chamada de diâmetro. A medida do diâmetro é o dobro do raio.

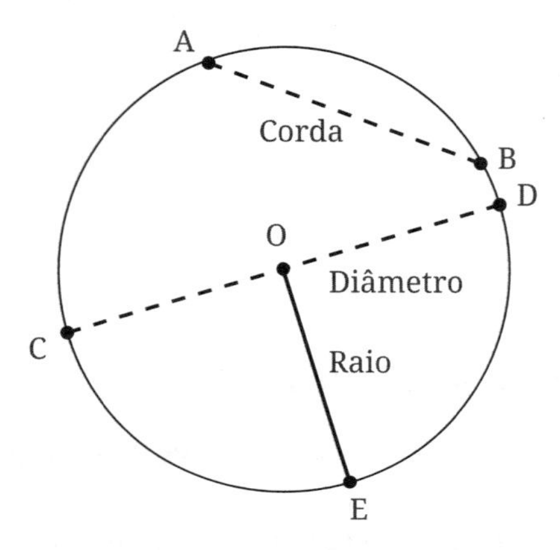

Comprimento da circunferência e área do círculo

O comprimento da circunferência é dado por:

$$\mathbf{C = 2\pi \cdot r}$$

A área do círculo é dada por:

$$\mathbf{A = \pi r^2}$$

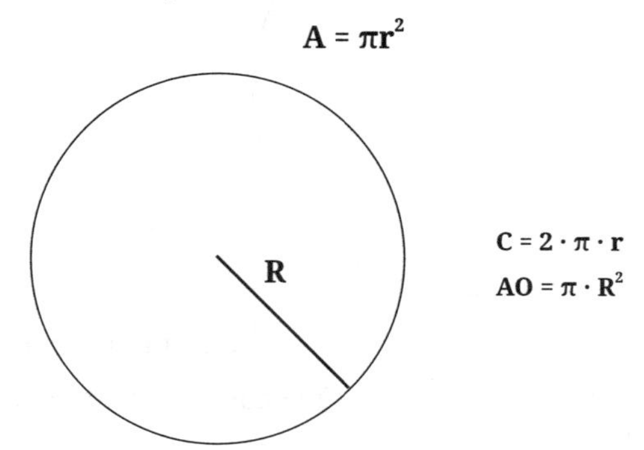

9.8 Polígonos

Polígono é uma figura geométrica – fechada – com muitos lados ou ângulos.

De acordo com a quantidade de lados, o polígono tem um nome:

- 3 lados → Triângulo;
- 4 lados → Quadrilátero;
- Pentágono → 5 lados;
- Hexágono → 6 lados;
- Heptágono → 7 lados;
- Octógono → 8 lados;
- Eneágono → 9 lados;
- Decágono → 10 lados;
- Undecágono (ou hendecágono) → 11 lados;
- Dodecágono → 12 lados;
- ...
- Icoságono → polígono de 20 lados.

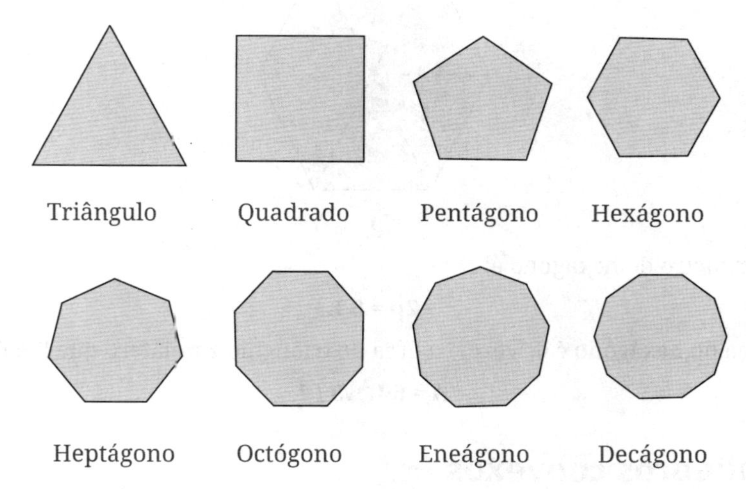

Número de diagonais de um polígono qualquer

Diagonal de um polígono é o segmento de reta que une um vértice ao outro, desde que esses vértices não sejam adjacentes.

O número de diagonais de um polígono depende do número de lados do polígono e é definido pela fórmula:

$$\mathbf{d = n \cdot (n - 3)/2}$$

Soma dos ângulos internos (e externos) de um polígono qualquer

A soma dos ângulos internos de um polígono também depende do número de lados do polígono.

É definida pela fórmula:

$$S_i = (n - 2) \cdot 180°$$

O ângulo interno do polígono é definido pela divisão da soma dos ângulos internos pela quantidade de lados desse polígono:

$$a_i = S_i/n$$

A soma dos ângulos externos de um polígono não depende do número de lados do polígono, ela é sempre igual a 360°.

Hexágono – regular

Polígono de 6 lados, formado pela junção de 6 triângulos equiláteros num mesmo vértice.

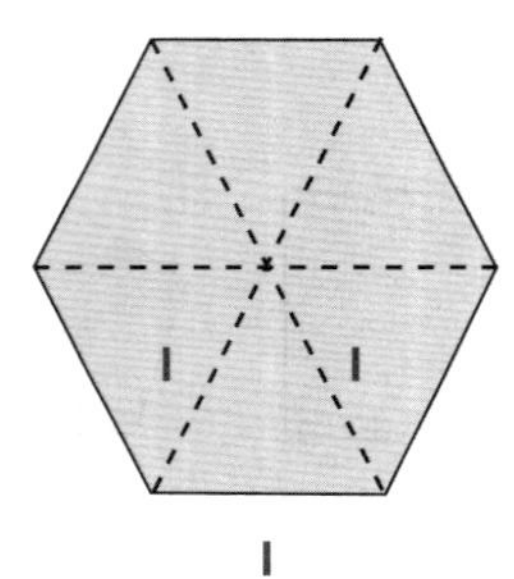

O perímetro do hexágono é:

$$2p = 6 \cdot L$$

A área do hexágono é 6 "vezes" a área do triângulo equilátero que lhe forma:

$$A = 6 \cdot L^2 \cdot \sqrt{3} / 4$$

9.9 Poliedros convexos

Poliedros são figuras geométricas tridimensionais formadas pela união de polígonos regulares, compostas por vértices, arestas e faces – unidas entre si.

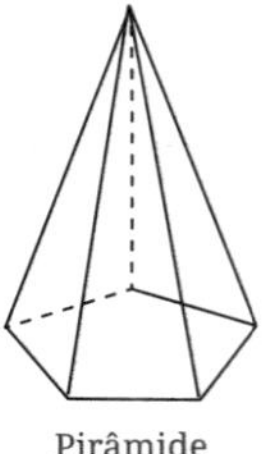
Pirâmide pentagonal

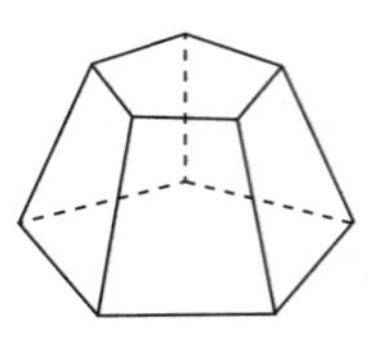
Tronco de Pirâmide pentagonal

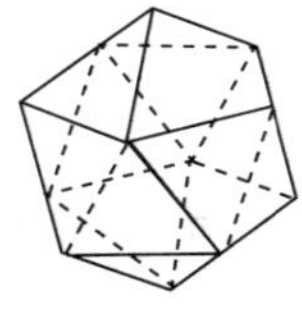
Icosaedro

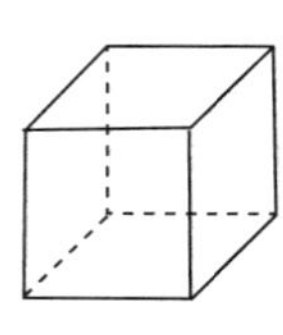
Cubo

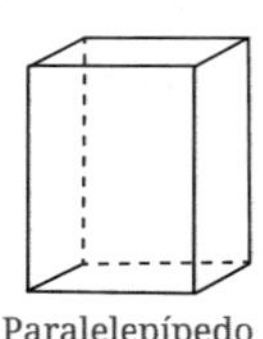
Paralelepípedo retângulo

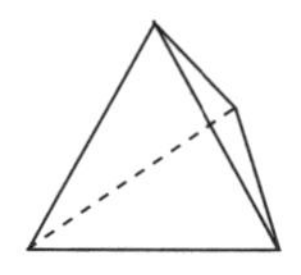

Tetraedro

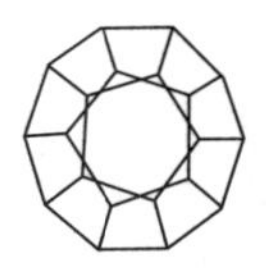

Dodecaedro

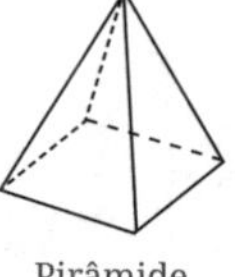

Pirâmide quadrangular

Trondo de Pirâmide quadrangular

Os vértices são as "pontas", as arestas são as "linhas" e as faces são os planos (os polígonos).

Poliedros regulares

Um poliedro é regular quando tanto suas arestas quanto suas faces são iguais, é também chamado de **Poliedro de Platão**.

Os poliedros de Platão são:

- Tetraedro: 4 faces triangulares;
- Hexaedro: 6 faces quadrangulares;
- Octaedro: 8 faces triangulares;
- Dodecaedro: 12 faces pentagonais;
- Icosaedro: 20 faces triangulares.

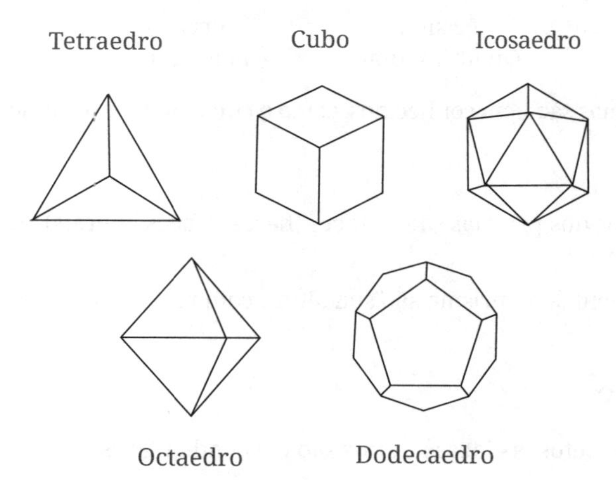

Relação de Euler

Nos poliedros convexos, é possível determinar a quantidade de suas faces, arestas e vértices pela Relação de Euler.

Na Relação de Euler, o número de faces somado ao número de vértices é igual ao número de arestas "mais" 2.

$$V + F = A + 2$$

Em que:

V = quantidade de vértices;

F = quantidade de faces;

A = quantidade de arestas.

Cada aresta do poliedro pertence a duas faces desse poliedro, logo o número de arestas do poliedro é a metade no número de arestas dos polígonos que formam esse poliedro.

9.10 Prisma

Prisma é um poliedro convexo, com duas bases iguais e paralelas e faces laterais que são paralelogramos.

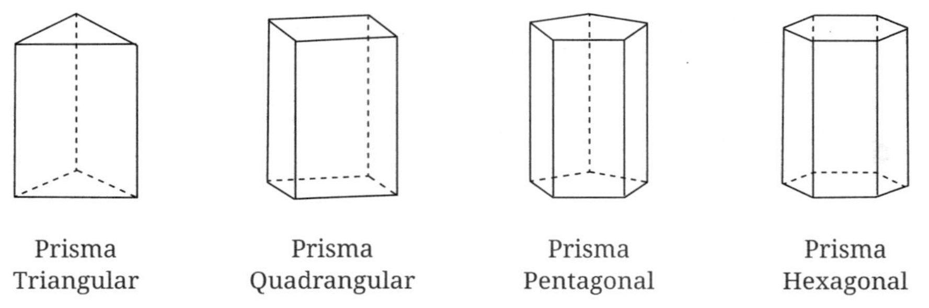

Prisma Triangular | Prisma Quadrangular | Prisma Pentagonal | Prisma Hexagonal

Alguns prismas são bem conhecidos, como o cubo (dado) e o paralelepípedo (tijolo).

Elementos

Os elementos dos prismas são as faces (bases e faces laterais), arestas (da base e laterais) e vértices.

Outros elementos do prisma são sua altura com relação às bases (distância entre as bases).

Classificação

- Prismas retos: as faces laterais são perpendiculares às bases.
- Prisma oblíquo: os ângulos entre as bases e as faces laterais não são de 90°.

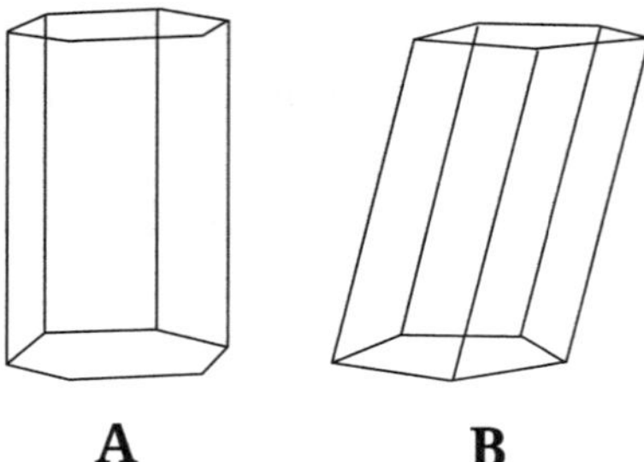

A **B**

Prismas regulares são aqueles em que suas bases são polígonos regulares, são prismas retos.

Um prisma também será classificado de acordo com sua base:

- Se a base for um triângulo, então o prisma será triangular;
- Se a base for um quadrado, será um prisma quadrangular;
- Se a base for um pentágono, será um prisma pentagonal;
- E, assim por diante.

Áreas e volumes (e diagonais do cubo e do paralelepípedo)

As áreas dos prismas são as áreas da base, as áreas laterais e a área total.

- As áreas das bases (duas bases) dependem da figura geométrica da base;
- As áreas laterais são áreas retangulares (ou quadrangulares) na quantidade da figura geométrica da base;
- A área total do prisma será a soma das duas áreas da base mais a soma das áreas laterais.

O volume do prisma será um produto da área da base pela altura – em relação à base – do prisma.

As áreas, o volume e as diagonais do cubo e do paralelepípedo são definidas pela relação com suas arestas.

- No cubo:

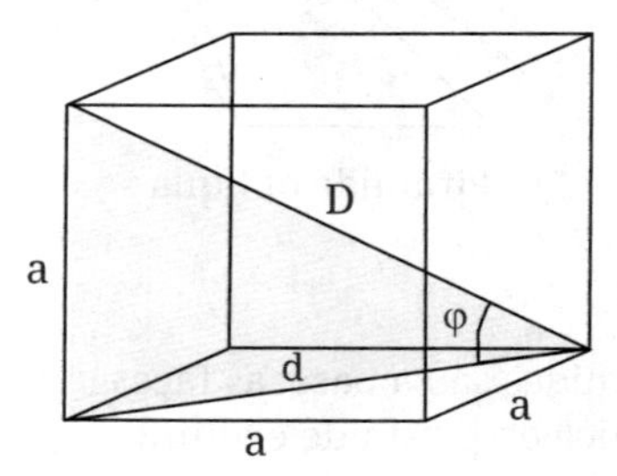

» Área lateral: $A_l = 4a^2$

» Diagonal da face: $d = a\sqrt{2}$

» Área total: $A_t = 6a^2$

» Diagonal do cubo: $D = a\sqrt{3}$

» Volume: $V = a^3$

- No paralelepípedo:

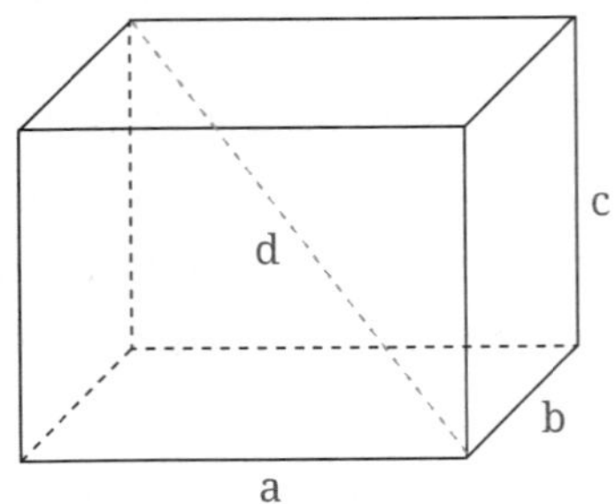

  - Área total: $A = 2ab + 2ac + 2bc$
  - Diagonal: $d = \sqrt{a^2+b^2+c^2}$
  - Volume: $V = abc$

9.11 Pirâmides

Pirâmide é um poliedro convexo, com uma base poligonal e faces triangulares unidas em um ponto a certa altura da base – chamado de vértice da pirâmide.

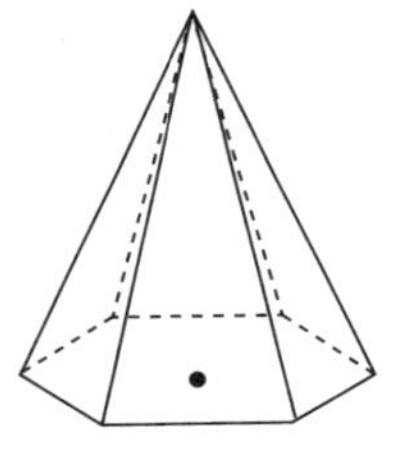

Piramide reta

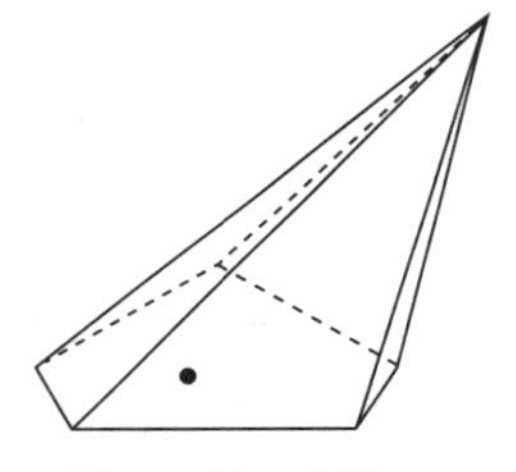

Piramide oblíqua

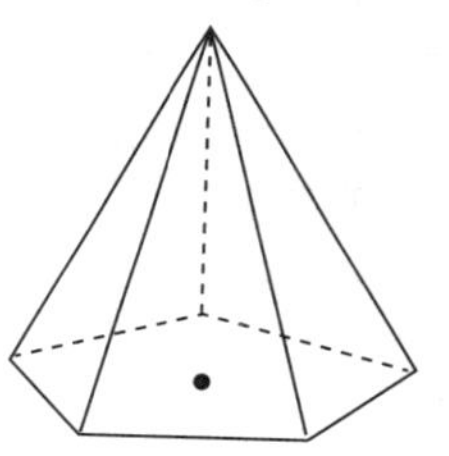

Piramide regular

Elementos

Os elementos das pirâmides são a base, as faces laterais, arestas (da base e laterais), vértices da base, vértice da pirâmide e altura da pirâmide em relação à base.

Classificação

Uma pirâmide também será classificada de acordo com sua base:

- Se a base for um triângulo, então a pirâmide será triangular;
- Se a base for um quadrado, será uma pirâmide quadrangular;
- Se a base for um pentágono, será uma pirâmide pentagonal;
- E, assim por diante.

Áreas e volumes

As áreas da pirâmide são a área da base, as áreas laterais e a área total.

- A área da base depende da figura geométrica da base;
- As áreas laterais são áreas triangulares na quantidade da figura geométrica da base.

Fique ligado!

Para determinar a área lateral, é necessário calcular a altura do triângulo da face lateral (geratriz da pirâmide ou apótema da pirâmide), e essa altura será obtida por uma relação pitagórica entre o apótema da base e a altura da pirâmide.

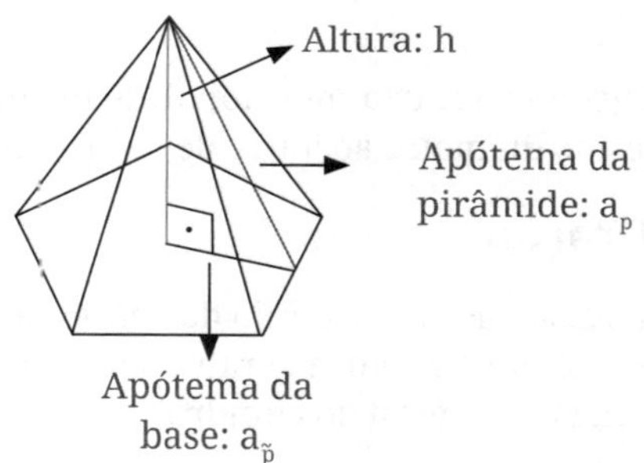

https://cursoenemgratuito.com.br/area-da-piramide/

A área total da pirâmide será a soma da área da base mais a soma das áreas laterais.

$$A_t = A_b + n \cdot A_l$$

O volume da pirâmide será o produto de 1/3 da área da base pela altura da pirâmide.

$$V = A_b \cdot h/3$$

9.12 Tronco de pirâmides

Tronco de pirâmide é o sólido geométrico resultante quando na pirâmide é realizada uma secção transversal, paralela à base, a qualquer altura.

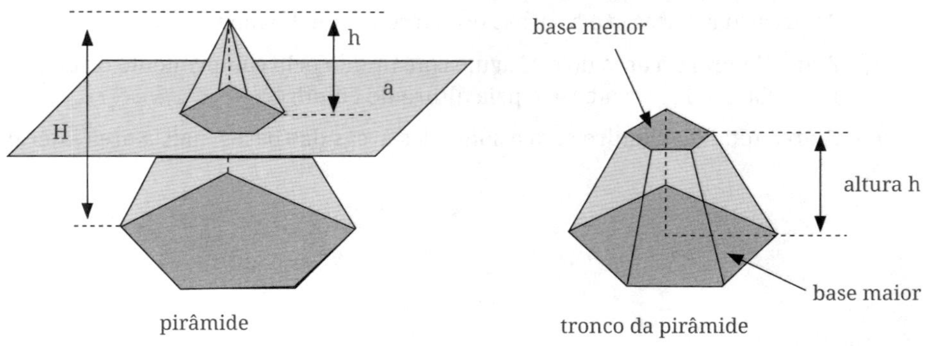

Áreas e volumes do tronco de pirâmide

As áreas do tronco de pirâmide são a área da base maior, a área da base menor, as áreas laterais e a área total.

- As áreas das bases dependem da figura geométrica das bases;
- As áreas laterais são as áreas dos trapézios resultantes, na quantidade da figura geométrica da base;
- A área total do tronco pirâmide será a soma das áreas das bases mais a soma das áreas laterais.

$$A_t = A_B + A_b + n \cdot A_l$$

O volume do tronco de pirâmide será determinado pela diferença entre o volume da pirâmide maior e da pirâmide menor – determinada pela secção transversal.

9.13 Cilindro

Cilindro é uma figura geométrica tridimensional, de formato circular (um corpo redondo), que possui o mesmo diâmetro ao longo de todo o seu comprimento/altura.

Elementos e classificação

Os elementos do cilindro são as bases, o raio das bases, a altura e a área lateral, além da geratriz (quando o cilindro é reto, a geratriz coincide com a altura, quando o cilindro é oblíquo, a geratriz é a lateral do cilindro).

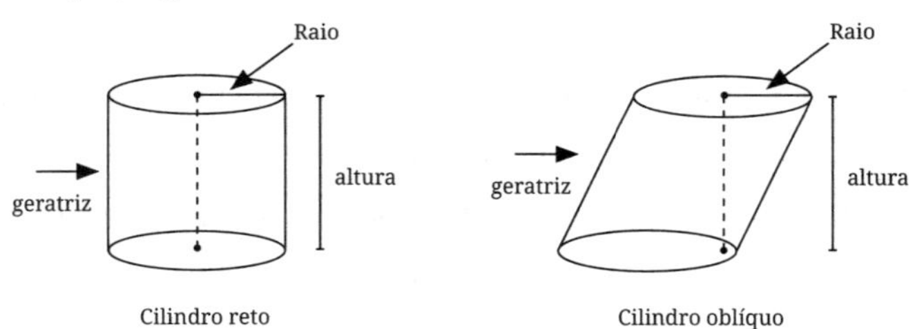

Cilindro reto

Cilindro oblíquo

Áreas e volumes

As áreas do cilindro são as áreas das bases, a área lateral e a área total:

- As áreas das bases são as áreas dos círculos que formam a base;
- A área lateral é a área do retângulo constituído pelo comprimento da circunferência que forma a base e pela altura do cilindro;
- A área total do cilindro será a soma das áreas das bases mais a área lateral.

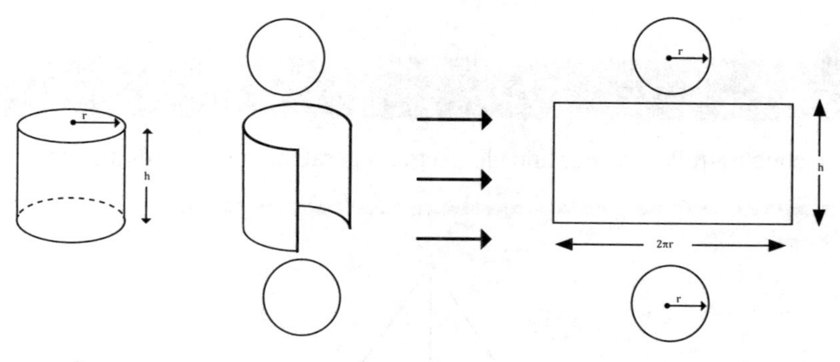

$A_b = \pi r^2$

$A_l = 2\pi r \cdot h$

$A_t = 2A_b + A_l$

O volume do cilindro será o produto da área da base pela altura do cilindro.

$V = A_b \cdot h$

$V = \pi r^2 \cdot h$

9.14 Cones

Cone é uma figura geométrica tridimensional (um corpo redondo), de base circular, que se assemelha a uma pirâmide, mas sua área lateral é apenas de "UM triângulo" (setor circular) que faz uma rotação sobre essa base.

Elementos

Os elementos do cone são a base, o raio da base, o vértice do cone, a altura com relação à base (distância entre a base e o vértice do cone) e a geratriz do cone (segmento de reta que une o vértice a qualquer ponto da circunferência da base).

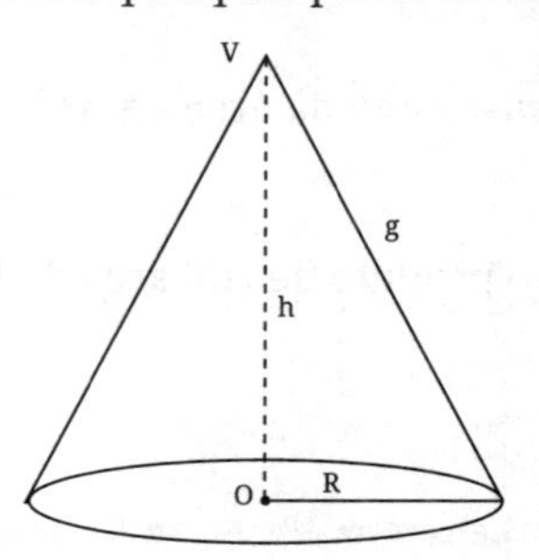

Fique ligado!

Um cone é equilátero, quando ele é reto e a geratriz é igual ao diâmetro da base.

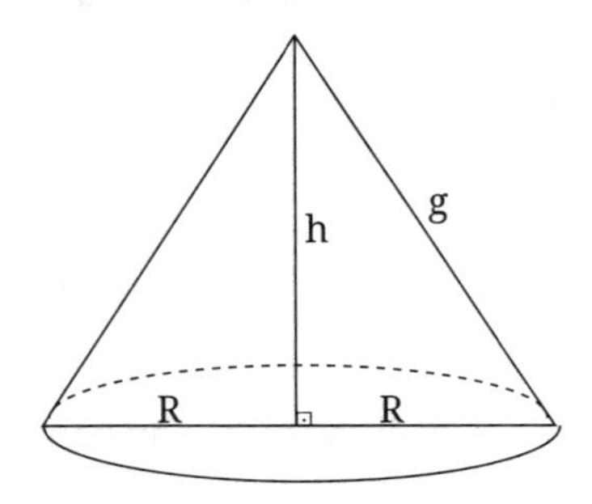

Áreas e volumes

As áreas do cone são a área da base, a área lateral e a área total.

Fique ligado!

A área da base é a área do círculo da base

$A_b = \pi r^2$

A área lateral do cone é a área determinada pelo produto da geratriz do cone com o raio da base, além de pi (π).

$A_l = \pi rg$

A área total do cone será a soma da área da base mais a soma da área lateral.

$A_t = A_b + A_l$

O volume do cone será o produto de da área da base pela altura do cone:

$V = A_b \cdot h/3$

$V = \pi r^2 \cdot h/3$

9.15 Tronco de cones

Tronco de cone é o sólido resultante quando no cone é realizada uma secção transversal, paralela à base, a qualquer altura.

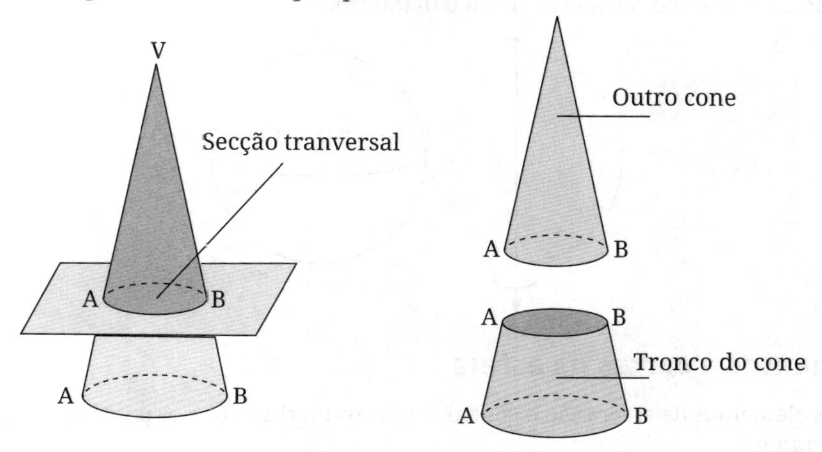

Áreas e volumes do tronco de pirâmide

As áreas do tronco de cone são a área da base maior, a área da base menor, as áreas laterais e a área total.

- As áreas das bases maior e menor são as áreas de dois círculos, cada um com seu raio;
- A área lateral resulta da planificação do tronco (sem as bases), e usa a geratriz do cone;

» Geratriz do tronco de cone:

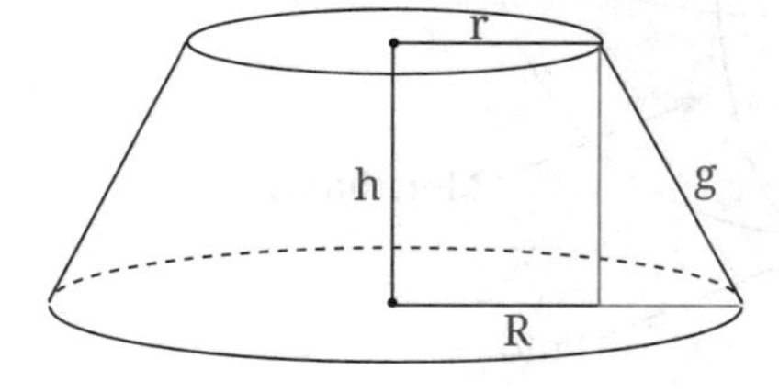

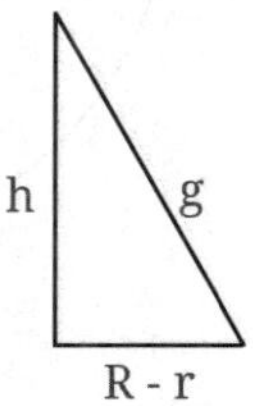

» Aplicando o teorema de Pitágoras no triângulo retângulo, temos que:

» $g^2 = h^2 + (R - r)^2$

» Área Lateral do Tronco de Cone:

» $A_l = \pi g \cdot (R + r)$

- A área total do tronco de cone será a soma das áreas das bases mais a soma da área lateral.
- $\mathbf{A_t = A_B + A_b + A_l}$

O volume do tronco de cone será determinado pela diferença entre o volume cone maior e do cone menor – determinada pela secção transversal.

9.16 Esferas

Esfera é uma figura geométrica tridimensional (corpo redondo), resultado da rotação de semicírculo pelo eixo do seu diâmetro.

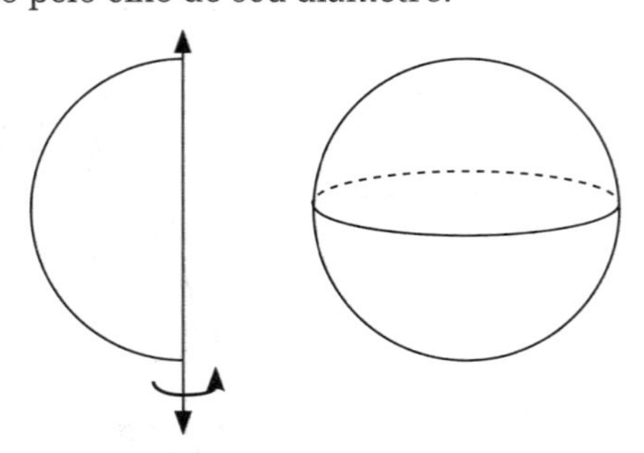

Elementos e partes da esfera

Os elementos da esfera são o centro, o raio, os meridianos e os paralelos, os polos e o equador.

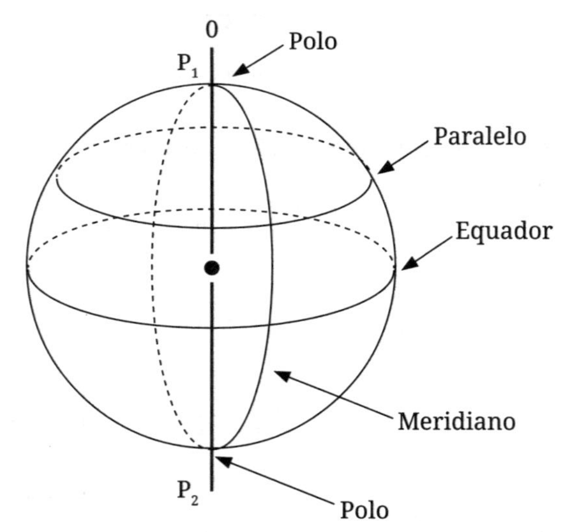

Áreas e volumes

As áreas e os volumes da esfera são determinados pelo raio da esfera.

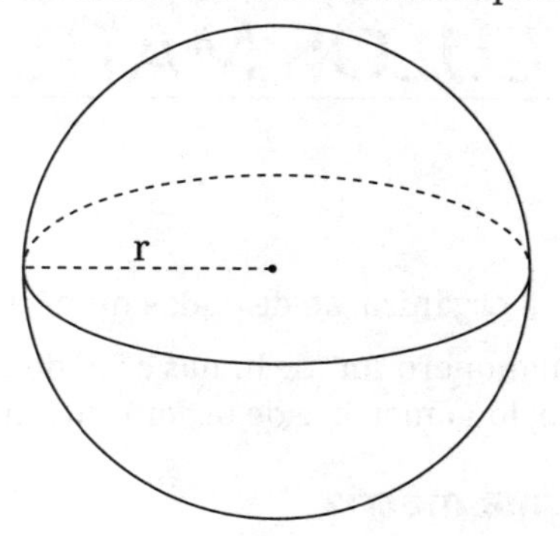

Área:

$A = 4\pi r^2$

Volume:

$V = 4\pi r^3/3$

10 CÁLCULOS MATRICIAIS

10.1 Matrizes

Tabela que serve para a organização de dados numéricos.

Toda matriz possui um número “m” de linhas e “n” de colunas que chamamos de ordem da matriz. Portanto, toda matriz é de ordem “m x n” (m ‘por’ n).

Representação de uma matriz

A matriz pode ser representada por parênteses ( ) ou colchetes [ ], e uma letra maiúscula do alfabeto – acompanhada da ordem da matriz – dando-lhe nome, veja:

$$A_{2x2} = \begin{pmatrix} a_{11} & a_{12} \\ a_{21} & a_{22} \end{pmatrix}$$

ExS.:

$$B_{3x2} = \begin{pmatrix} 2 & 7 \\ 10 & 4 \\ 13 & 18 \end{pmatrix}$$

matriz com 3 linhas e 2 colunas, ordem 3x2

$$M_{2x2} = \begin{bmatrix} 1 & 22 \\ 28 & 30 \end{bmatrix}$$

matriz com 2 linhas e 2 colunas, ordem 2x2, também chamada de matriz quadrada de ordem 2.

Fique ligado!

Matriz quadrada é quando o número de linhas é igual ao número de colunas.

Lei de formação de uma matriz

A lei de formação é a que define quais serão os elementos da matriz na sua respectiva linha e coluna.

$D_{3x2} = [d_{ij}]_{3x2}$, $d_{ij} = 2i - j$, matriz de 3 linhas e 2 colunas, veja:

$$D_{3x2} = \begin{bmatrix} d_{11} & d_{12} \\ d_{21} & d_{22} \\ d_{31} & d_{32} \end{bmatrix}$$

$$D_{3x2} = \begin{bmatrix} (2 \cdot 1 - 1) & (2 \cdot 1 - 2) \\ (2 \cdot 2 - 1) & (2 \cdot 2 - 2) \\ (2 \cdot 3 - 1) & (2 \cdot 3 - 2) \end{bmatrix}$$

$$D_{3x2} = \begin{bmatrix} 1 & 0 \\ 3 & 2 \\ 5 & 4 \end{bmatrix}$$

Tipos de matrizes

Matriz linha: é aquela que possui somente uma linha:

$$A_{1x3} = [1 \quad 2 \quad 7]$$

Matriz coluna: é aquela que possui somente uma coluna:

$$A_{3x1} = \begin{bmatrix} 6 \\ 13 \\ 22 \end{bmatrix}$$

Matriz transposta (A^t): é aquela em que ocorre a troca "ordenada" das linhas pelas colunas:

$$D_{3x2} = \begin{bmatrix} 1 & 0 \\ 3 & 2 \\ 5 & 4 \end{bmatrix}$$

$$D^t_{2x3} = \begin{bmatrix} 1 & 3 & 5 \\ 0 & 2 & 4 \end{bmatrix}$$

Matriz oposta (–A): é aquela cujo elementos de A são todos multiplicados por –1:

$$D_{2x3} = \begin{bmatrix} 1 & 0 \\ 3 & 2 \\ 5 & 4 \end{bmatrix}$$

$$-D_{2x3} = \begin{bmatrix} -1 & 0 \\ -3 & -2 \\ -5 & -4 \end{bmatrix}$$

Matriz simétrica: é aquela cujo $A^t = A$ (só é possível com as matrizes quadradas):

$$M_{2x2} = \begin{bmatrix} 2 & 7 \\ 7 & 2 \end{bmatrix}$$

$$M^t{}_{2x2} = \begin{bmatrix} 2 & 7 \\ 7 & 2 \end{bmatrix}$$

Matriz antissimétrica: é aquela cujo $A^t = -A$ (também só possível com as matrizes quadradas):

$$L_{2x2} = \begin{bmatrix} 0 & 4 \\ -4 & 0 \end{bmatrix}$$

$$L^t{}_{2x2} = \begin{bmatrix} 0 & -4 \\ 4 & 0 \end{bmatrix}$$

$$-L^t{}_{2x2} = \begin{bmatrix} 0 & -4 \\ 4 & 0 \end{bmatrix}$$

Matriz quadrada: é aquela que possui o número de linhas igual ao número de colunas:

$$A_{3x3} = \begin{bmatrix} a_{11} & a_{12} & a_{13} \\ a_{21} & a_{22} & a_{23} \\ a_{31} & a_{32} & a_{33} \end{bmatrix}$$

Matriz identidade: é uma matriz quadrada que tem os elementos da diagonal principal iguais a 1 e os outros iguais a 0:

$$I_{n2x2} = \begin{bmatrix} 1 & 0 \\ 0 & 1 \end{bmatrix}$$

Matriz nula: é aquela que possui todos os elementos nulos, ou zero:

$$A_{2x2} = \begin{pmatrix} 0 & 0 \\ 0 & 0 \end{pmatrix}$$

Características das matrizes quadradas

- Tem diagonal principal e secundária;
- Formam Matriz Identidade.

Podem ser Matriz Diagonal (aquela cujos elementos da diagonal principal são diferentes de zero e o restante são zeros).

Podem ser Matriz Triangular (aquela cujos elementos de um dos triângulos formados pela diagonal principal são zeros).

Operações com matrizes

Igualdade de matrizes

Duas matrizes são iguais quando possuem o mesmo número de linhas e colunas (mesma ordem) e os elementos correspondentes são iguais.

$$A_{3x3} = \begin{bmatrix} 1 & 13 & 2 \\ 18 & 7 & 10 \\ 4 & 6 & 22 \end{bmatrix}$$

$$=$$

$$Z_{3x3} = \begin{bmatrix} 1 & 13 & 2 \\ 18 & 7 & 10 \\ 4 & 6 & 22 \end{bmatrix}$$

Soma de matrizes

Só é possível somar matrizes de mesma ordem, e basta somar-se os elementos correspondentes.

Ex.:

$$P_{2x2} = M_{2x2} = \begin{bmatrix} 1 & 22 \\ 28 & 30 \end{bmatrix} + L_{2x2} = \begin{bmatrix} 2 & 7 \\ 7 & 2 \end{bmatrix}$$

$$P_{2x2} = \begin{bmatrix} 1+2 & 22+7 \\ 28+7 & 30+2 \end{bmatrix}$$

$$P_{2x2} = \begin{bmatrix} 3 & 29 \\ 35 & 32 \end{bmatrix}$$

Produto de uma constante por uma matriz

Basta multiplicar a constante por todos os elementos da matriz.

Ex.:

$$M_{2x2} = \begin{bmatrix} 1 & 22 \\ 28 & 30 \end{bmatrix}$$

$$3 \cdot M_{2x2} = \begin{bmatrix} 3 & 66 \\ 84 & 90 \end{bmatrix}$$

Produto de matrizes

Para multiplicar duas matrizes existe uma exigência que deve ser seguida:

- **Exigência:** o número de colunas da primeira matriz tem que ser igual ao número de linhas da segunda: A_{3x2} x B_{2x3} → (3 x **2**) x (**2** x 3); e a nova matriz terá a ordem das linhas da primeira matriz pelas colunas da segunda: A_{3x2} x B_{2x3} → (**3** x 2) x (2 x **3**), portanto, a matriz C (produto de A por B) será de ordem 3 x 3 → C_{3x3}

Após verificar a exigência, basta realizar os seguintes procedimentos:

- Elementos da nova matriz: $\mathbf{c}_{ij}$ = produto dos elementos da linha “i” da primeira matriz pelos elementos da coluna “j” da segunda matriz, **ordenadamente**.

Ex.: $\mathbf{c}_{11}$ = **produto dos elementos da primeira linha da primeira matriz pelos elementos da primeira** coluna da segunda matriz

$$L_{nxn} = D_{2x3} = \begin{bmatrix} 1 & 3 & 5 \\ 0 & 2 & 4 \end{bmatrix} \text{x } B_{3x2} = \begin{pmatrix} 2 & 7 \\ 10 & 4 \\ 13 & 18 \end{pmatrix}$$

$$L_{2x2} = \begin{bmatrix} (1x2 + 3x10 + 5x13) & (1x7 + 3x4 + 5x18) \\ (0x2 + 2x10 + 4x13) & (0x7 + 2x4 + 4x18) \end{bmatrix}$$

$$L_{2x2} = \begin{bmatrix} (2 + 30 + 65) & (7 + 12 + 90) \\ (0 + 20 + 52) & (0 + 8 + 72) \end{bmatrix}$$

$$L_{2x2} = \begin{bmatrix} 97 & 109 \\ 72 & 80 \end{bmatrix}$$

Obs.:

As propriedades da multiplicação das matrizes são:

- Associativa: (A · B) · C = A · (B · C)
- Distributiva – em relação à adição: A · (B + C) = AB + AC ou (A + B) · C = AC + BC
- Elemento Neutro: A · In = In · A = A, sendo I_n a matriz identidade de ordem n
- Matriz Inversa (A^{-1})

Tipo de matriz quadrada que será obtida ao multiplicar a matriz “A” pela sua **matriz inversa** “A^{-1}” e o resultado (produto) será a matriz identidade (I_n).

$$\mathbf{A \cdot A^{-1} = I_n}$$

10.2 Determinante

É o valor de uma matriz quadrada

Fique ligado!

Só existe determinante de matriz quadrada!

Determinante de uma matriz de ordem 1 ou de 1ª ordem

Matriz de 1ª ordem tem apenas uma linha e uma coluna, portanto só tem um elemento e que é o próprio determinante da matriz.

$A_{1x1} = [18]$

Det A = 18

Determinante de uma matriz de ordem 2 ou de 2ª ordem

Será calculado pela diferença do produto dos elementos da diagonal principal pelos elementos da diagonal secundária.

$$B_{2x2} = \begin{pmatrix} 4 & 23 \\ 9 & 45 \end{pmatrix}$$

Det B = (4x45) – (9x23)

Det B = 180 – 207

Det B = -27

Determinante de uma matriz de ordem 3 ou de 3ª ordem

Será calculado pela **REGRA DE SARRUS.**

Repetir as duas primeiras colunas ao lado da matriz.

Multiplicar os elementos da diagonal principal e das outras duas diagonais que seguem sua mesma direção, e somá-los.

Multiplicar os elementos da diagonal secundária e das outras duas diagonais que seguem sua mesma direção, e somá-los.

O valor do determinante será dado por: II – III (da regra acima).

$$L_{3x3} = \begin{pmatrix} 1 & 2 & 4 \\ 7 & 10 & 13 \\ 9 & 5 & 14 \end{pmatrix} \begin{matrix} 1 & 2 \\ 7 & 10 \\ 9 & 5 \end{matrix}$$

Det L = [(1x10x14) + (2x13x9) + (4x7x5)] – [(9x10x4) + (5x13x1) + (14x7x2)]

Det L = [(140) + (234) + (140)] – [(360) + (65) + (196)]

Det L = (514) – (621)

Det L = –107

Fique ligado!

Se for uma **matriz triangular** ou **matriz diagonal**, o seu determinante será calculado pelo produto dos elementos da diagonal principal, somente.

Determinante de uma matriz de ordem superior a 3

Usaremos a Regra de Chió ou o Teorema de LaPlace

Regra de Chió

- Escolher um elemento $a_{ij} = 1$.
- Obtenha o menor complementar (D_{ij}) do referido elemento – uma nova matriz com uma ordem a menos (eliminando a linha e a coluna correspondente ao elemento a_{ij}).
- Subtraia de cada elemento dessa nova matriz – menor complementar (D_{ij}) – o produto dos elementos que pertenciam a sua linha e coluna e que foram retirados, e forme outra matriz.
- Calcule o determinante dessa última matriz e multiplique por $(-1)^{i+j}$, sendo que i e j pertencem ao elemento $a_{ij} = 1$.

Teorema de La Place

Primeiramente, precisamos saber o que é um cofator.

O cofator de um elemento a_{ij} de uma matriz é: $A_{ij} = (-1)^{i+j} \cdot D_{ij}$.

Agora, vamos ao **TEOREMA**:

1. Escolha uma fila (linha ou coluna) qualquer da matriz;
2. Calcule o cofator de cada elemento dessa fila;
3. Multiplique cada elemento da fila selecionada, pelo seu respectivo cofator;
4. O determinante da matriz será a soma desses produtos.

Propriedades dos determinantes

Determinante da matriz transposta

Det. A = Det. A^t

$A_{2x2} = \begin{pmatrix} 1 & 2 \\ 4 & 7 \end{pmatrix}$

Det A = -1

$A^t{}_{2x2} = \begin{pmatrix} 1 & 4 \\ 2 & 7 \end{pmatrix}$

Det A^t = -1

Determinante de uma matriz com fila nula

Det. A = 0

$A_{3x3} = \begin{pmatrix} 1 & 2 & 4 \\ 0 & 0 & 0 \\ 7 & 10 & 14 \end{pmatrix}$

Det A = [(1x0x14) + (2x0x7) + (4x0x10)] – [(7x0x4) + (10x0x1) + (14x0x2)]

Det A = (0) – (0)

Det A = 0

Determinante de uma matriz com filas paralelas iguais

Det. A = 0

$A_{2x2} = \begin{pmatrix} 13 & 22 \\ 13 & 22 \end{pmatrix}$

Det A = (13x22) – (13x22)

Det A = 286 – 286

Det A = 0

Determinante de uma matriz com filas paralelas proporcionais

Det. A = 0

$$A_{3x3} = \begin{pmatrix} 1 & 2 & 4 \\ 7 & 8 & 9 \\ 2 & 4 & 8 \end{pmatrix}$$

$\text{Det A} = [(1x8x8) + (2x9x2) + (4x7x4)] - [(2x8x4) + (4x9x1) + (8x7x2)]$

$\text{Det A} = [(64) + (36) + (112)] - [(64) + (36) + (112)]$

$\text{Det A} = (212) - (212)$

$\text{Det A} = 0$

Determinante de uma matriz com troca de filas paralelas

Det. A = –Det. B

$$A_{2x2} = \begin{pmatrix} 1 & 2 \\ 4 & 7 \end{pmatrix}$$

$\text{Det A} = 7 - 8$

$\text{Det A} = -1$

$$B_{2x2} = \begin{pmatrix} 2 & 1 \\ 7 & 4 \end{pmatrix}$$

$\text{Det B} = 8 - 7$

$\text{Det B} = 1$

$\text{Det. A} = -\text{Det. B}$

$-1 = -(1)$

$-1 = -1$

Determinante de uma matriz cuja fila foi multiplicada por uma constante

Det. A' (k vezes uma fila de A) = k · Det. A

$A_{2x2} = \begin{pmatrix} 1 & 2 \\ 4 & 7 \end{pmatrix}$

Det A = 7 – 8

Det A = -1

$A'_{2x2} = \begin{pmatrix} 6 & 12 \\ 4 & 7 \end{pmatrix}$ (primeira linha multiplicada por 6)

Det A' = 42 – 48

Det A' = -6

Det A' = 6·Det A

Det A' = 6·(-1)

Det A' = -6

Determinante de uma matriz multiplicada por uma constante

Det (k·A) = k^n · Det. A

(em que "n" é a ordem da matriz.)

$A_{2x2} = \begin{pmatrix} 1 & 2 \\ 4 & 7 \end{pmatrix}$

Det A = 7 – 8

Det A = -1

$A_{2x2} = \begin{pmatrix} 3 & 6 \\ 12 & 21 \end{pmatrix}$ (matriz A multiplicada por 3)

Det 3A = 63 – 72

Det 3A = -9

Det 3A = 3^2 · Det A

Det 3A = 9·(-1)

Det 3A = -9

Determinante do produto de matrizes

Det. (A · B) = Det. A · Det. B

$A_{2x2} = \begin{pmatrix} 1 & 2 \\ 4 & 7 \end{pmatrix}$

Det A = 7 – 8

Det A = -1

$B_{2x2} = \begin{pmatrix} 5 & 9 \\ 6 & 4 \end{pmatrix}$

Det B = 20 – 54

Det B = -34

Det. A · Det. B = (-1) x (-34) = 34

$AB_{2x2} = \begin{pmatrix} 17 & 17 \\ 62 & 64 \end{pmatrix}$

Det. (A · B) = (1088) x (1054) = 34

Determinante de uma matriz inversa

Det. B = 1/Det. A

10.3 Sistemas lineares

Equações lineares

Toda equação do 1º grau com uma ou mais incógnitas.

Ex.:

x + 2y = 4

5x + 7y – 9z = 10

Fique ligado!

Os números que acompanham as incógnitas são chamados de coeficientes e os números sem incógnita são os termos independentes.

Sistemas lineares

Conjuntos de equações lineares.

Exs.:

$$\begin{cases} x + 2y = 4 \\ 2x + 5y = 9 \end{cases}$$

$$\begin{cases} x + 2y - z = 1 \\ 2x - 5y + z = 0 \\ -x + 3y + 2z = 7 \end{cases}$$

Representação dos sistemas lineares em matrizes

Todo sistema linear pode ser escrito na forma de matriz e isso ajudará na solução do sistema.

Ex.:

$$\begin{cases} x + 2y = 4 \\ 2x + 5y = 9 \end{cases}$$

Na forma de Matriz:

$$\begin{pmatrix} 1 & 2 \\ 2 & 5 \end{pmatrix} * \begin{pmatrix} x \\ y \end{pmatrix} = \begin{pmatrix} 4 \\ 9 \end{pmatrix}$$

Matriz Incompleta

$$\begin{pmatrix} 1 & 2 \\ 2 & 5 \end{pmatrix}$$

Matriz de X (troca os coeficientes de X pelos termos independentes)

$$\begin{pmatrix} 4 & 2 \\ 9 & 5 \end{pmatrix}$$

Matriz de Y (troca os coeficientes de Y pelos termos independentes)

$$\begin{pmatrix} 1 & 4 \\ 2 & 9 \end{pmatrix}$$

Resolução de um sistema linear

Para resolver os sistemas lineares, podemos usar a **Regra de Cramer**.

Regra de Cramer

Condição: A regra de Cramer só é possível de ser usada quando, no sistema linear, a quantidade de incógnitas for igual ao número de equações.

Consiste em calcular os determinantes da matriz incompleta e das matrizes das incógnitas e, após isso, calcular o valor das incógnitas, dividindo o valor dos determinantes das incógnitas e pelo valor do determinante da matriz incompleta.

Veja:

$$\begin{cases} x + 2y = 4 \\ 2x + 5y = 9 \end{cases}$$

Matriz incompleta:

$$\begin{pmatrix} 1 & 2 \\ 2 & 5 \end{pmatrix}$$

Det. I = 1

Matriz de X:

$$\begin{pmatrix} 4 & 2 \\ 9 & 5 \end{pmatrix}$$

Det. X = 2

Matriz de Y:

$$\begin{pmatrix} 1 & 4 \\ 2 & 9 \end{pmatrix}$$

Det. Y = 1

Calculando as incógnitas:

X = Det. X/Det. I

X = 2/1

X = 2

Y = Det. Y/Det. I

Y = 1/1

Y = 1

Ou podemos usar o **Escalonamento**.

Escalonamento

No escalonamento, a ideia é diminuir o número de incógnitas em algumas das equações do sistema linear para encontrar os valores das incógnitas mais facilmente.

Para tanto, multiplicaremos e somaremos as equações entre elas formando sistemas equivalentes até chegar no valor dessas incógnitas.

Veja:

$$\begin{cases} 2x + y - z = 0 \ (I) \\ x - 4y + 2z = 1 \ (II) \\ -3x + y + 3z = 11 \ (III) \end{cases}$$

$$\begin{cases} 2x + y - z = 0 \ (I) & (4)(-1) \\ x - 4y + 2z = 1 \ (II) \Leftarrow & \\ -3x + y + 3z = 11 \ (III) \Leftarrow & \end{cases}$$

$$\begin{cases} 2x + y - z = 0 \ (I) \\ 9x - 2z = 1 \ (II) \\ -5x + 4z = 11 \ (III) \end{cases}$$

$$\begin{cases} 2x + y - z = 0 \ (I) & \\ 9x - 2z = 1 \ (II) & (2) \\ -5x + 4z = 11 \ (III) \Leftarrow & \end{cases}$$

$$\begin{cases} 2x + y - z = 0 \ (I) \\ 9x - 2z = 1 \ (II) \\ 13x = 13 \ (III) \end{cases}$$

Com isso:

Em III:

X = 13/13

X = 1

Em II:

9x – 2z = 1

9(1) – 2z = 1

9 – 2z = 1

-2z = 1 – 9

-2z = -8 (-1)

$2z = 8$

$Z = 8/2$

$Z = 4$

Em I:

$2x + y - z = 0$

$2(1) + y - 4 = 0$

$2 + y - 4 = 0$

$Y - 2 = 0$

$Y = 2$

Classificação dos sistemas lineares

Sistema Possível e Determinado (SPD)

Quando o sistema possui apenas uma única solução.

Quando Det. I $\neq$ 0

Sistema Possível e Indeterminado (SPI)

Quando o sistema possui infinitas soluções.

Quando Det. I = 0; Det. X = 0; Det. Y = 0; ...

Sistema Impossível (SI)

Quando o sistema não possui solução.

Quando Det. I = 0 e Det. X $\neq$ 0 ou Det. Y $\neq$ 0 ou ...